U0790477

计算机"十三五"规划教材

计算机组装与维护实用教程

刘雨瞳　黄 芳　主编

上海科学普及出版社

图书在版编目（C I P）数据

计算机组装与维护实用教程 / 刘雨瞳，黄芳主编
. --上海 : 上海科学普及出版社， 2014
ISBN 978-7-5427-6105-7

Ⅰ. ①计… Ⅱ. ①刘…②黄… Ⅲ. ①电子计算机－组装－教材②计算机维护－教材 Ⅳ. ①TP30

中国版本图书馆 CIP 数据核字（2014）第 097021 号

责任编辑　徐丽萍

计算机组装与维护实用教程
刘雨瞳　黄芳主编
上海科学普及出版社出版发行
（中山北路 832 号　邮政编码 200070）
http://www.pspsh.com

各地新华书店经销	北京市通县华龙印刷厂印制
开本 787×1092　1/16	印张 13.5　　字数 345 600
2014 年 6 月第 1 版	2023 年 8 月第 2 次印刷

ISBN 978-7-5427-6105-7　　定价：32.00 元

前　言

随着信息技术的不断发展，计算机技术的应用已经熟透到社会的各行各业，计算机综合应用能力已成为院校学生党基本素质之一，并直接关系到学生的择业以及对工作的适应能力。

计算机的选购、组装与维护已成为广大计算机用户最需要掌握的知识与技术。自己动手组装计算机已成为计算机市场中的一个重要潮流和趋势。能否掌握和熟练操作电脑已经成为衡量人才的标准，而对电脑软硬件知识的要求是最基本的标准。

➢ 本书特点

为帮助广大读者快速掌握电脑硬件方面的知识，我们特地组织专家和一些一线骨干老师编写了《计算机组装与维护计实用教程》一书。本书具有以下几个主要特点：

（1）本书是一本全面介绍电脑硬件及实际应用的图书，以各种重要技术为主线，对电脑中主要硬件都进行详细介绍。

（2）本书通过全新的写作手法和写作思路，使读者在阅读和学习本书之后能够快速掌握电脑硬件知识，真正成为组装与维护计算机的行家里手。

（3）本书以使用为出发点，以培养读者的实践和实际应用能力为目标，并通过通俗易懂的文字和手把手的教学方式讲解电脑组装与维护中的要点、难点，使读者不仅能掌握硬件知识，还能掌握实际的应用技能。

（4）为便于教学，本书配有精美的课件，可扫封底二维码或登录 www.bjzzwh.com 联系获得。

➢ 本书结构安排

本书结构安排如下：

课题一　计算机基础知识。本课题主要讲述了计算机的基本知识和微型电子计算机。通过本课题的学习，读者应该了解计算机的发展简史、特点；掌握计算机硬件系统和软件系统，以及它们的作用；了解微型计算机的基本知识、微型计算机硬件组成和主要参数。

课题二　认识与选购计算机硬件。本课题主要讲述了计算机的一些基本硬件设备、输入/输出设备，以及其他的外围设备。通过本课题的学习，读者应该掌握 CPU、内存和硬盘的主要性能参数，以及主板的结构；了解显示卡、声卡的工作原理及主要参数，并掌握显示器的种类及主要参数，以及音箱的作用和分类；了解电源的分类和结构，以及机箱的分类和结构；熟悉键盘和鼠标的分类及参数；了解打印机、扫描仪、摄像头的性能参数。

课题三　组装计算机硬件系统。本课题主要讲述了组装计算机硬件系统，包括计算机配置方案设计和硬件的安装。通过本课题的学习，读者应该了解计算机配置方案设计流程和选购整机配件注意事项；了解装机的必备工具、辅助工具都有哪些；了解装机的注意事项；掌握如何安装机箱电源、CPU、内存条，如何安装主板、显卡、光驱盒和硬盘，以及各种线缆的连接；了解如何安装机箱侧面板，以及主机与其他设备的连接。

课题四　BIOS 设置与升级。本课题主要讲述了 BIOS 的设置与升级的方法。通过本课题的学习，读者应该了解什么是 BIOS，以及计算机的启动过程，掌握进入 BIOS 的方法、CMOS 设置参数，以及如何破解 CMOS 密码；掌握如何设置启动程序、如何禁用板载芯片和设置密码；了解升级 BIOS 前的准备工作，掌握升级 BIOS 的方法，以及升级 BIOS 失败后如何处理。

课题五　硬盘分区、格式化与安装操作系统。本课题主要讲述了硬盘分区和格式化、安装全新 Windows XP 操作系统和安装多操作系统的方法。通过本课题的学习，读者应该熟悉主分区、扩展分区和逻辑分区的概念和作用；了解操作系统的概念和作用；掌握 Windows XP 操作系统安装的全过程；了解安装多操作系统的意义，并掌握安装多操作系统的方法。

课题六　安装驱动、系统补丁及实用程序。本课题主要讲述了如何安装驱动程序、系统补丁，以及如何安装应用软件。通过本课题的学习，读者应该了解驱动程序的作用和获取驱动程序，以及驱动程序的安装顺序；掌握如何查看驱动程序的安装情况，并掌握各种设备的驱动程序安装方法；了解系统补丁的概念和作用，并掌握系统补丁的安装方法；了解应用软件的概念和分类，并掌握应用软件的安装和卸载方法。

课题七　计算机硬件性能测试。本课题主要讲述了如何对计算机硬件性能进行测试，包括硬件单项测试和硬件综合性能测试。通过本课题的学习，读者应该掌握计算机硬件的常见性能指标、使用硬件测试软件对各配件的性能进行测试的方法；掌握计算机各硬件测试的方法，并了解硬件综合性能测试的评判标准。

课题八　计算机日常维护与故障排除。本课题主要讲述了计算机使用环境的检测、计算机硬件的日常维护与保养、系统的备份与恢复和计算机病毒的防治。通过本课题的学习，读者应该了解计算机使用的环境要求，并能够判断计算机的使用环境是否良好；掌握计算机各部件日常维护与保养的基本方法；了解系统备份与恢复的意义，并掌握常用系统备份与恢复方法；了解计算机病毒的概念及分类，并掌握计算机病毒防治的基本方法。

➢　本书创作人员

本书由刘雨瞳、黄芳任主编，夏涛、张国庆、王鑫等参与了本书的部分编写工作。

➢　本书适合对象

本书既可作为应用型院校、职业院校相关专业的教材，也可作为电脑培训班及电脑学校的教学用书，也适合于相关行业的从业人员自学使用。

本书在编写过程中，难免有疏漏和不当之处，敬请各位专家及读者不吝赐教。

编　者

目　录

课题 1　计算机基础知识

【课题概览】

21 世纪，人们进入了信息化的时代，计算机不仅在科研、教育、生产等领域得到广泛的应用，在我们日常的学习、生活中都成为了不可或缺的工具。

了解计算机的基本知识，掌握计算机的日常使用与维护，不仅仅是专业技术人员必备的技能，同时，也是信息时代中现代职场对每一位计算机应用者提出的基本要求。

【课题重点】

- 计算机的基本知识
- 微型电子计算机的相关知识

【课题目标】

- 了解计算机的发展简史、特点、应用领域，以及信息技术和信息产业
- 掌握计算机由哪些部分组成，它们各有什么作用
- 了解微型计算机的种类、主要性能指标及其系统组成

任务 1　了解计算机基本知识

【任务引入】

随着电子技术的不断发展和计算机的广泛应用，计算机的发展可谓是日新月异。计算机从诞生到现在的短短几十年时间中，其发展和对人类生产、生活的作用已经超越了人类历史几千年来的任意一项技术。计算机已经作为一门单独的学科，且又被细化为更多研究领域和方向。在应用方面更是深入到了我们工作、生活中的每一方面。正确地了解计算机对我们使用计算机有很重要的作用。

【任务分析】

在学习计算机组装与维护之前，我们应该了解计算机的基本知识。如计算机的发展简史、计算机的分类、计算机的特点、其应用领域，以及其工作原理等。

【相关知识】

一、计算机发展简史

1946 年，世界上第一台数字式电子计算机 ENIAC 诞生于美国的宾夕法尼亚大学，全称是“数字积分计算机”（The Electronic Numerical Integrator And Calculator），如图 1-1 所示。ENIAC 占地 170 平方米，重 30 余吨，耗资 40 多万美元，每秒可进行 5000 次加法运算。从 1946 年 2 月交付使用，到 1955 年 10 月最后切断电源，ENIAC 服役了九年时间。

图 1-1 第一台电子计算机 ENIAC

自第一代计算机诞生至今的半个多世纪里，计算机的制造技术和使用方法发生了翻天覆地的变化。不论是运算速度、存储容量，还是元件制造工艺和系统结构等都有了惊人的发展和提高。根据计算机所采用的电子元件的不同，计算机的发展历程可划分为以下 4 个阶段。

1．第一代计算机（1946 年——1957 年）

第一代计算机是电子管计算机，其基本元件是电子管。其运算速度为每秒千次到几万次。计算机程序设计语言还处于最低阶段，用一串 0 和 1 表示的机器语言进行编程，直到 20 世纪 50 年代才出现汇编语言。由于尚无操作系统出现，因此操作机器困难。

第一代计算机体积庞大、造价昂贵、速度低、存储容量小、可靠性差、不易掌握，主要应用于军事和科学研究领域。

2．第二代计算机（1958 年——1964 年）

第二代计算机是晶体管计算机，以晶体管为主要元件。运算速度从每秒万次提高到几十万次。与此同时，计算机软件也有了较大的发展，出现了监控程序并发展成为后来的操作系统，高级语言 Basic、FORTRAN 被推出，使编写程序的工作变得更为方便并实现了程序兼容。

与第一代计算机相比，晶体管计算机体积小、成本低、重量轻、速度高、功能强和可靠性较高。使用范围也从单一的科学计算扩展到数据处理和事务管理等其他领域。

3．第三代计算机（1965 年——1971 年）

第三代计算机的主要元件是小规模集成电路和中规模集成电路。所谓集成电路是用特殊的工艺将完整的电子线路做在一个硅片上，通常只有四分之一邮票大小。与第二代中使用的晶体管电路相比，集成电路计算机的体积、重量都进一步减小，运算速度、逻辑运算功能和可靠性都进一步提高。另外，软件在这个时期形成了产业。操作系统在规模和功能上发展很快，开始提出了结构化、模块化的程序设计思想，出现了结构化的程序设计语言 Pascal。第三代计算机主要应用于科学计算、企业管理、自动控制、辅助设计和辅助制造等领域。

4．第四代计算机（1971 年至今）

第四代计算机的主要元件是大规模集成电路和超大规模集成电路。随着集成电路技术的不断发展，20 世纪 70 年代出现了可容纳数千至几十万个晶体管的大规模和超大规模集成电路。这使得计算机的制造者们把计算机的核心部件甚至整个计算机都做在一个硅片上，从而使计算机的体积、重量都进一步减小。计算速度可达每秒钟几百万次至上亿次。操作系统向虚拟操作系统发展，数据管理系统不断完善和提高，程序语言进一步发展和改进，软件行业发展成为新兴的高科技产业。计算机的应用领域不断向社会各个方而渗透，如办公自动化、数据库管理、图形识别、专家系统等，并且进入了家庭。

5．第五代计算机

第五代计算机将把信息采集、存储、处理、通信和人工智能结合在一起，具有形式推理、联想、学习和解释能力。目前第五代计算机仍然处于研发阶段。

二、计算机的分类

计算机的种类很多，随着它的发展和新机型的出现，分类方法也在不断变化。当前沿用较多的是按计算机的性能和体积进行分类，大致分为四类。

1．超级计算机

超级计算机也成为巨型计算机，具有极高的性能和极大的规模，价格昂贵。多用于尖端科技领域。生产这类计算机的能力可以反映一个国家的计算机科学水平。我国是世界上能生产巨型计算机的少数国家之一。

2．大型计算机

具有大容量存储器、多种类型的 I/O 通道，能同时支持批处理和分时处理等多种工作方式。其规模按照满足一个大、中型部门的工作需要进行设计和配置。相当于一个计算中心所要求的条件。

3．小型计算机

与大型主机和巨型机相比，小型计算机结构简单、成本较低、易于维护和使用。其规模按照满足一个中、小型部门的工作需要进行设计和配置。

4．微型计算机

微型计算机又称个人计算机、微机、PC 机，这种计算机是为个人使用而设计的。微型计算机是四个类型中使用最广泛的，本书的绝大部分内容都是围绕微机展开的。

三、计算机的特点

计算机开始主要用于数值计算，但随着计算机技术的迅猛发展，其应用范围不断扩大，广泛地应用于自动控制、信息处理、智能模拟等各个领域。计算机能处理数字、文字、表格、图形、图像等信息。计算机之所以具有如此强大的功能，主要因为它有以下几方面的特点：

1．运算速度快

运算速度是计算机性能的重要指标之一，衡量计算机处理速度的尺度一般是用计算机一秒钟时间内所能执行加法运算的次数。计算机的运算部件采用的是电子器件，其运算速度远非其他计算工具所能比拟，其高速运算能力可以应用在天气预报和地质勘探等需要进行大量运算的工作中。

2．存储容量大

计算机的存储器可以把原始数据、中间结果、运算程序等存储起来，以备随时调用。存储器不但能够存储大量的信息，而且能够快速准确地存入或取出这些信息。计算机的应用使得从浩如烟海的文献、资料、数据中查找信息并且处理这些信息成为容易的事情。

3．工作自动化

计算机内部的操作运算是根据人们预先编制的程序自动控制执行的。只要把包含一连串指令的处理程序输入计算机，计算机便会依次取出指令，逐条执行，完成各种规定的操作，直到得出结果为止。

4．运算精度高

由于计算机内部采用二进制数进行运算，使数值计算非常精确。一般计算机可以有十几位以上的有效数字，如利用计算机可以计算出精确到小数点后 200 万位的 π 值。计算机的高精度性使它能够被运用于航空航天、核物理等方面的数值计算中，而且从计算机和算法的设计上考虑，在理论上可以保证达到所要求的计算精确度。

5．可靠性高、通用性强

由于采用了大规模和超大规模集成电路，现在的计算机具有非常高的可靠性。现代计算机不仅可以用于数值计算，还可以用于数据处理、工业控制、辅助设计、辅助制造和办公自动化等，具有很强的通用性。

6．具有逻辑判断能力

逻辑运算与逻辑判断是计算机基本的也是重要的功能。计算机的逻辑判断能力，能实现计算机工作的自动化，并赋予计算机某些智能处理能力，从而奠定了计算机作为一种智能工具的基础。

四、计算机的工作原理

现在普遍使用的计算机是第四代计算机，它是依据冯·诺依曼原理工作的：计算机从输入设备中读取程序和数据，然后存储在存储器中；程序最基本的要素是指令和数据，指令告诉计算机干什么，数据则是指令加工的对象，程序一般储存在外部存储器中，在启动程序后经由控制器从输入设备读入内部存储器。然后，控制器和运算器便在程序的控制下，按顺序一步步地读取指令，加工处理数据，得出最终结果。在运算处理过程中，运算器和控制器要借助存储器存储许多中间过程和结果，最后通过输出设备输出，如图 1-2 所示。而在实际的计算机中，控制器和运算器合二为一构成一个微机部件件——中央处理器，也称 CPU（Central Processing Unit）；存储器又细分为内部存储器和外部存储器，其代表性部件有内存条和硬盘；输入和输出设备的代表性部件有键盘、鼠标和显示器。

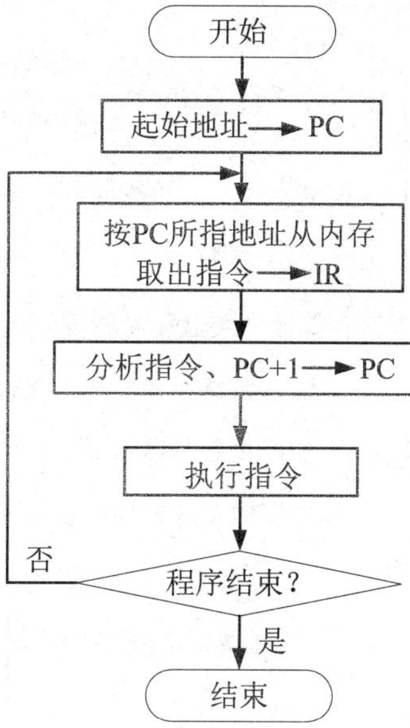

图 1-2　计算机的工作原理

五、计算机系统的基本组成

硬件是指各种物理装置，包括计算机系统中的控制器、运算器、内存储器、I/O 设备以及外存储器等。它是计算机系统的物质基础。

软件是相对于硬件而言的。从狭义的角度上讲，软件是指计算机运行所需的各种程序；而从广义的角度上讲，还包括手册、说明书和有关的资料，软件系统看重解决如何管理和使用计算机的问题。没有硬件，谈不上应用计算机；但光有硬件而没有软件，计算机也不能工作。硬件和软件是相辅相成的，只有配上软件的计算机才成为完整的计算机系统。计算机系统的基本组成如图 1-3 所示。

硬件和软件是一个完整的计算机系统互相依存的两大部分。它们的关系主要体现在以下几个方面：

1．硬件和软件互相依存

硬件是软件赖以工作的物质基础，软件的正常工作是硬件发挥作用的唯一途径。计算机系统必须要配备完善的软件系统才能正常工作，才能充分发挥其硬件的各种功能。

2．硬件和软件无严格界限

随着计算机技术的发展，在许多情况下，计算机的某些功能既可以由硬件实现，也可以由软件来实现。因此，硬件与软件在一定意义上说没有绝对严格的界限。

3．硬件和软件协同发展

计算机软件随硬件技术的迅速发展而发展，而软件的不断发展与完善又促进了硬件的更新，两者密切地协同发展，缺一不可。

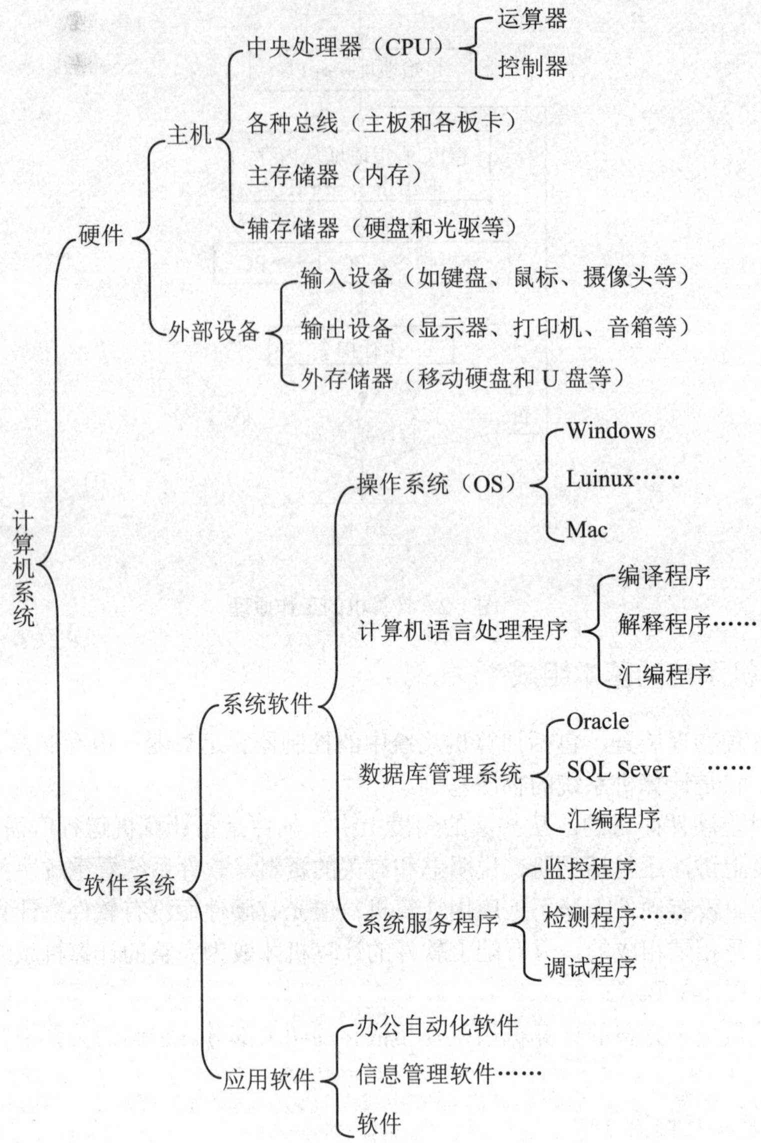

图 1-3　计算机系统的基本组成

六、计算机硬件系统

虽然计算机种类繁多，在规模、处理能力、价格、复杂程度，以及设计技术等方面有很大的差别，但各种计算机的基本原理都是一样的。1946 年 6 月美籍匈牙利科学家冯·诺依曼教授发表了“电子计算机装置逻辑结构初探”的论文，并设计出了第一台“存储程序”计算机 EDVAC（埃德瓦克），即离散变量自动电子计算机（The Electronic Discrete Variable Automatic Computer）。这种结构的计算机为现代计算机体系结构奠定了基础，成为“冯·诺依曼体系结构”。

计算机由运算器、控制器、存储器、输入设备和输出设备五大部件组成，每一部件分别按要求执行特定的基本功能，如图 1-4 所示。

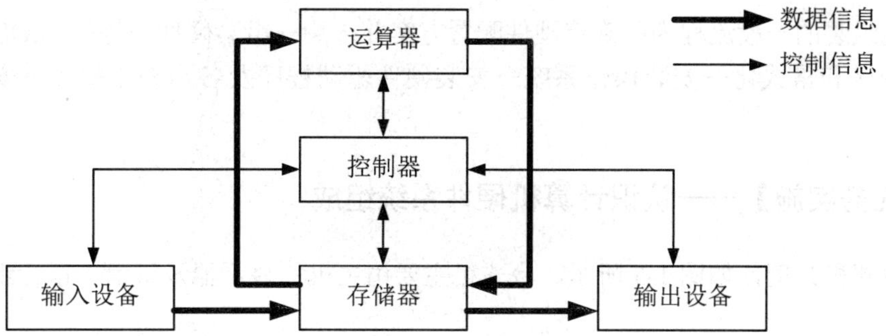

图 1-4 冯·诺依曼计算机结构示意图

1．运算器

运算器又称算术逻辑单元（Arithmetical and Logical Unit）。运算器的主要任务是执行各种算术运算和逻辑运算。运算器的主要功能是对数据进行各种运算。这些运算除了加、减、乘、除等基本的算术运算之外，还包括能进行逻辑判断的逻辑处理能力，即“与”、“或”、“非”这样的基本逻辑运算以及数据的比较、移位等操作。

2．控制器

控制器（Control Unit），是整个计算机系统的控制中心，协调指挥计算机各部件工作的元件。它的基本任务就是根据种类指令的要求，综合有关的逻辑条件与时间条件产生相应的微命令。它一般由指令寄存器、状态寄存器、指令译码器、时序电路和控制电路组成。

通常把运算器与控制器合称为中央处理单元（Central Processing Unit，CPU）。工业生产中总是采用最先进的超大规模集成电路技术来制造中央处理单元，即 CPU 芯片。它是计算机的核心部件。它的性能主要是工作速度和计算精度，对机器的整体性能有全面的影响。

3．存储器

存储器（Memory Unit）分为内存储器（简称内存或主存）、外存储器（简称外存或辅存）。其主要功能是存储程序和各种数据信息，并能在计算机运行过程中高速、自动地完成程序或数据的存取。

4．输入设备

输入设备（Input Device），是用来向计算机输入各种原始数据和程序的设备。它把各种形式的信息，如数字、文字、图像等转换为数字形式的“编码”，即计算机能够识别的用“1”和“0”表示的二进制代码（实际上是电信号），并把它们“输入”到计算机内存储起来。键盘是必备的输入设备，常用的输入设备还有鼠标、扫描仪、图形输入板、视频摄像机等。

5．输出设备

输出设备（Output Device），是从计算机输出各类数据的设备。它把计算机加工处理的结果（仍然是数字形式的编码）变换为人或其他设备所能接收和识别的信息形式，如文字、数字、图形、声音等。常用的输出设备有显示器、打印机、绘图仪等。通常把输入设备和输出设备合称为 I/O（输入/输出）设备。

七、微机组装的一般流程

微机组装的一般流程为：确定硬件配置方案并选购→组装硬件→进行 BIOS 设置→对硬盘进行分区和格式化→安装操作系统→安装硬件驱动程序及各类补丁程序→安装各类应用软件。

【任务实施】——认识计算机硬件系统组成

以台式机为例，如图 1-5 所示，台式机主要由主机、显示器及键盘、鼠标组成。

图 1-5　台式机的外观结构

主机机箱打开后，机箱内部的示意图，如图 1-6 所示。

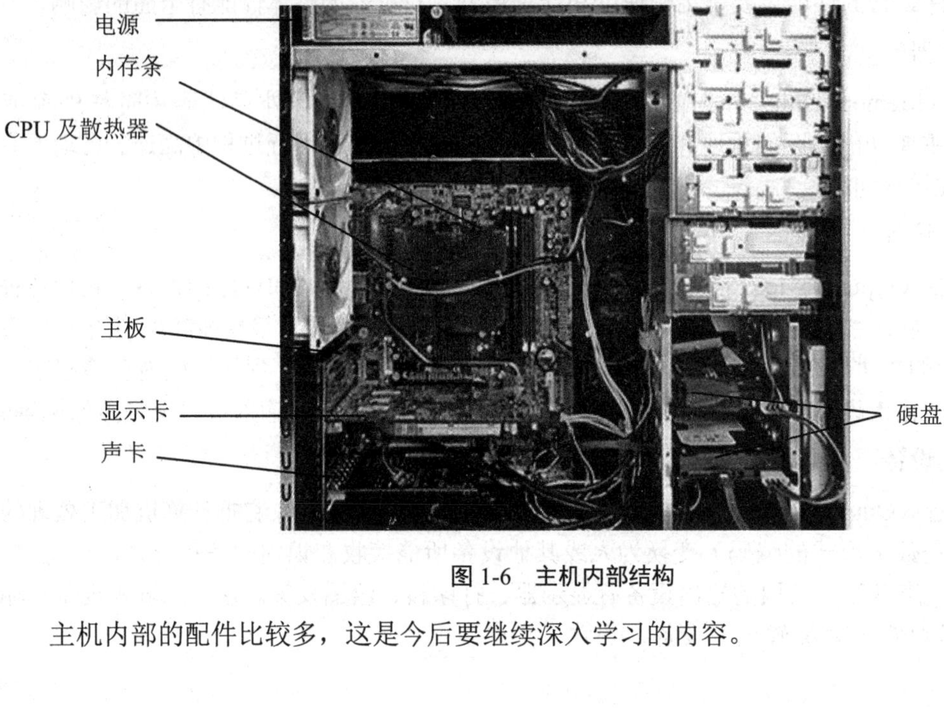

图 1-6　主机内部结构

主机内部的配件比较多，这是今后要继续深入学习的内容。

任务 2 掌握微型电子计算机

【任务引入】

在种类众多的计算机中，有专门用于工业的工控机，有应用于科研的巨型机和大型机，也有应用于网络的服务器和应用于专门领域的工作站，但是应用最为广泛的是微型计算机。微型计算机简称微机，又被称为个人电脑（PC，Personal Computer），在我们日常的工作、学习、生活、娱乐中都随处可见。

【任务分析】

微型计算机是以微处理器为核心，再配上半导体存储器、输入/输出接口电路、系统总线及其他支持逻辑电路组成的计算机。

【相关知识】

一、微型计算机的种类

随着微型计算机的广泛应用和技术的发展，微机的种类也从单一的台式机向多元化发展。常见的有台式机、笔记本、一体机、平板电脑以及掌上电脑（PDA）。

1．台式机

台式机（Desktop）也叫桌面机，主机、显示器等设备一般都是相对独立的，需要放置在电脑桌或者专门的工作台上，如图 1-7 所示。因此命名为台式机，是工作中最常见的微型计算机。

2．一体机

一体机的主机，包括 CPU、主板等，与显示器集成在一起，看起来像是由一台显示器、一个电脑键盘和一个鼠标组成的电脑，如图 1-8 所示。随着无线技术的发展，电脑一体机的键盘、鼠标与显示器可实现无线连接，机器只有一根电源线。这就解决了一直为人诟病的台式机线缆多而杂的问题。

图 1-7 台式机

图 1-8 一体机

3．笔记本电脑（Notebook）

笔记本电脑（Notebook），也称手提电脑或膝上型电脑，是一种小型、便于携带的个人电脑，通常重1~3公斤。笔记本电脑使用的软件与台式机的相同。如图1-9所示。

4．掌上电脑

掌上电脑（PDA）是一种运行在嵌入式操作系统之上的，小巧、轻便、易带的手持式计算设备。它无论在体积、功能和硬件配备方面都比笔记本电脑更简单轻便。在掌上电脑的基础上加上手机功能，就成了智能手机（Smartphone）。智能手机近年发展迅猛，在我国进入了普及阶段，如图1-10所示。

图1-9　笔记本电脑

图1-10　智能手机

5．平板电脑

平板电脑（Tablet Personal Computer，简称Tablet PC），是一种小型、方便携带的个人电脑，以触摸屏作为基本的输入设备。它除了几乎拥有笔记本电脑的所有功能外，还支持手写输入，移动性和便携性更胜一筹。平板电脑就是一款无须翻盖、没有键盘、小到足以放入女士手袋却功能完整的PC，如图1-11所示。

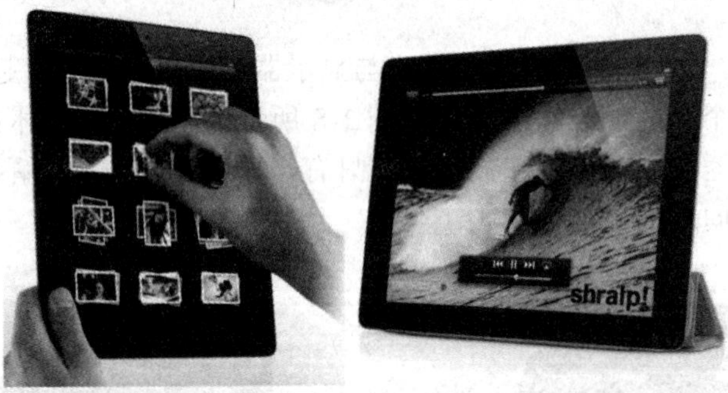

图1-11　平板电脑

二、微型计算机系统的组成

一个完整的微型计算机系统也是由硬件系统和软件系统两大部分组成的。

硬件系统是组成计算机系统的各种物理设备的总称，提供了计算机工作的物质基础。人们通过硬件向计算机系统发布命令、输入数据，并得到计算机的响应，计算机内部也必须通过硬件来完成数据存储、计算及传输等各项任务。

微型计算机的硬件系统是由中央处理单元（CPU）、内存储器、外存储器和输入/输出设备构成的一个完整的计算机系统。构成微型机的关键是如何把这些部件有机地连接起来，微型机多采用总线结构，如图1-12所示。

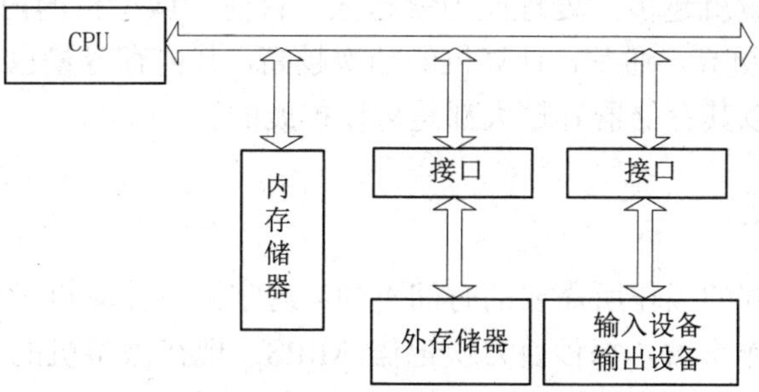

图1-12　微型计算机系统的硬件组成

软件内容丰富、种类繁多，和前一章所介绍的一样，也分为系统软件和应用软件两类。事实上，用户面对的是经过若干层软件“包装”的计算机，如图1-13所示。

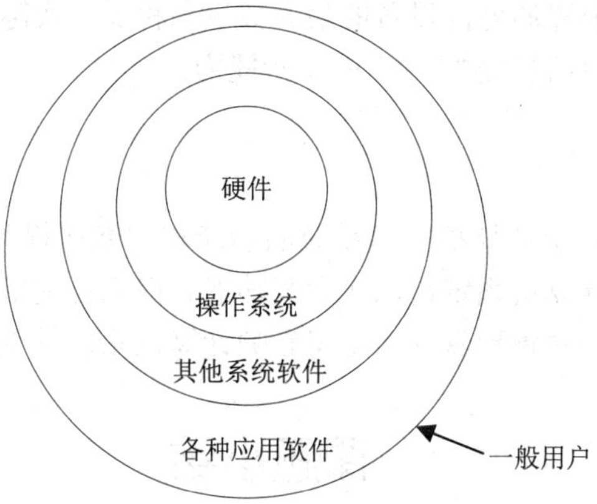

图1-13　微机系统层次结构图

【任务实施】——了解微型计算机的主要性能指标

计算机的技术指标影响着它的功能和性能，而计算机的功能和性能又是由其系统结构、硬件组成、指令系统、软件配置等多种因素所决定。全面评价一台计算机的性能，要综合考虑多种指标。在选购计算机时，除性能外还要考虑其价格，即其性能价格比。而且用途不同的计算机，其侧重也会不同。下面介绍微型计算机主要的技术指标。

一、字长

字长决定了微处理器内部寄存器、运算器、数据总线等的位数。字长是设计计算机时规定的，作为存储、传送、处理操作的信息单位。字长不仅标志着计算精度，也反映了计算机的处理能力。一般情况下，字长位数越多，其计算精度就越高，处理能力也更强。常见的计算机字长有8位、16位、32位、64位等。当前微型计算机最流行的字长是32位和64位。

二、存储容量

一般以字节为单位来计算存储容量，主要是指内存储器的容量。内存储器容量越大，能容纳的数据和程序量就越多，处理能力就越强。目前，微型机的内存容量一般有 128MB、256MB、512MB 或更高。通常，计算机的档次越高，其内存容量也就越大。当前的计算机由于其结构灵活，所以其存储器容量大都是可以扩展的。

三、运算速度

计算机执行不同的操作所需要的时间不同，通常衡量计算机运算速度的指标是每秒钟能执行基本指令的操作次数，每秒百万次记作 MIPS。现在微型机的主频，即微处理器时钟频率，在很大程度上决定了计算机的运行速度，一般主频越高，其运算速度就越快。以微型机为例，当前主频就有超过 1GHz 甚至更高的。

四、外部设备

这是指结构上允许配置的外部设备的最大数量和种类，实际数量和品种由用户根据需要选定。这关系到计算机对信息输入/输出的支持能力。

五、软件配置

软件的配置一般独立于计算机，但系统的功能和性能在很大程度上又受到软件的影响。丰富的软件系统是保证计算机系统得以实现其功能和提高性能的重要保证，如配置先进的操作系统，选用完善的数据库管理软件，都将影响计算机系统的整体能力。

课题小结

本课题主要讲述了计算机的基本知识和微型电子计算机。通过本课题的学习，读者应该了解计算机的发展简史、特点；掌握计算机硬件系统和软件系统，以及它们的作用；了解微型计算机的基本知识、微型计算机硬件组成和主要参数。

课后练习

一、填空题

1．计算机系统由__________和___________组成。

2．计算机软件系统由___________ 和___________组成。

3．中央处理器（CPU）由___________和___________构成。

4．计算机能直接访问的存储器是_______。

5．存储器、CPU 和输入/输出接口集成在一起，称为_______计算机。

二、选择题

1．以下哪个不是计算机的特点________。
   A．计算机的运算速度快
   B．计算机的准确度高
   C．计算机的存储容量巨大
   D．计算机的体积很小
2．办公自动化属于计算机的哪项应用________。
   A．数据处理　　B．科学计算　　C．辅助设计　　D．人工智能
3．下面有关计算机操作系统的叙述中，________是正确的。
   A．操作系统是计算机的操作规范
   B．操作系统是使计算机便于操作的硬件
   C．操作系统是便于操作的计算机系统
   D．操作系统是管理系统资源的软件
4．完整的计算机系统是由________组成的。
   A．主机和外设系统
   B．硬件系统和软件系统
   C．冯•诺依曼和非冯•诺依曼系统
   D．Windows 系统和 UNIX 系统
5．下面有关计算机的叙述中，_______是正确的。
   A．计算机的主机包括 CPU、内存储器和硬盘三部分
   B．计算机程序必须装载到内存中才能执行
   C．计算机必须具有硬盘才能工作
   D．计算机键盘上字母键的排列方式是随机的
6．CPU 中的_______可存放少量数据。
   A．存储器　　B．辅助存储器
   C．寄存器　　D．只读存储器
7．内存储器的基本存储单位是_______。
   A．比特　　B．字节　　C．字　　D．字符
8．内存储器中的每个存储单元都被赋予一个唯一的序号，称为_______。
   A．序号　　B．下标　　C．编号　　D．地址

三、简答题

1．什么是系统软件，它有哪些功能？
2．微机组装的一般流程是怎样的？
3. 简述微型计算机的工作原理。
4．微型计算机的主要技术指标有哪些？

课题 2　认识与选购计算机硬件

【课题概览】

在课题一中，我们已经初步认识计算机包含哪些组件以及它们的外观。但在现实生活中，具体要组装一台计算机时，就必须根据需求逐一确定各组件的具体型号。一般来说，配置微机的用户按照需求可分为以下三种类型：

A. 3D 游戏发烧友和 3D 建模设计用户

B. 普通家庭用户和 2D 平面设计用户

C. 普通办公用户

本课题将针对各个配件进行有针对性的选购。性能最好的配件肯定能满足所有用户的需求，但是价格却不是每个用户都能承受的。不同需求的用户选用不同档次的配件，要在性能和价格之间找到一个平衡点。

【课题重点】

- CPU、主板、内存、硬盘等的主要性能参数
- 输入设备/输出设备
- 其他外围设备

【课题目标】

- 掌握 CPU、内存和硬盘的主要性能参数，以及主板的结构
- 了解显示卡的工作原理及主要参数，并掌握显示器的种类及主要参数
- 了解声卡的工作原理和性能参数，以及音箱的作用和分类
- 了解电源的分类和结构，以及机箱的分类和结构
- 熟悉键盘、鼠标、打印机、扫描仪、摄像头等设备的性能参数

任务 1　认识及选购 CPU 与主板

【任务引入】

CPU 和主板都属于微机的核心部件。市场上 CPU 和主板种类繁多，性能差距比较大，而且不同种类的 CPU 和主板还存在匹配问题，比如 AMD 公司的 CPU 是不能安装到 Intel 主板上的。针对 A、B、C 三种不同类型的用户需求，如何选择 CPU 和主板呢？

【任务分析】

要完成上述任务，必须清楚了解 CPU 及配套主板的功能和分类，掌握它们的性能参数，明白用户需求与配件性能高低的搭配关系。

【相关知识】

一、CPU 的功能和分类

计算机的一切工作都受 CPU 的控制，目前主流的 CPU 的内部结构除了包含前面说的控制器和运算器之外，还包括存储单元（包括内部总线及缓存），它们相互协作，进行分析、判断、运算，并控制计算机各部分的协调工作。

目前主流微机的 CPU 按照生产厂家的不同，大致分为 Intel 和 AMD 两大阵营，如图 2-1 所示。

a）Intel QX9650 CPU（左）　　b）AMD Phenom X4 9150e CPU（右）

图 2-1　Intel 和 AMD 的 CPU

二、CPU 的主要性能参数

1．主频

CPU 主频是指 CPU 工作时的时钟频率，用来表示 CPU 的运算速度。不同的 CPU 核心架构，主频的高低与性能的好坏不具备可比性。比如早期的奔腾四处理器运行在 1.4GHz 的频率下，其性能还不如运行在 1.2GHz 的奔腾三处理器。只有核心架构完全相同的 CPU，其频率和性能才真正成正比关系。所以主频是 CPU 性能表现的一个重要方面，但不代表 CPU 的整体性能。

2．外频

外频是 CPU 的基准频率，一般以 MHz 为单位。CPU 的外频是固定的，有一系列的标准值，如 100MHz、133MHz、200MHz 等。

外频由 CPU 生产厂家根据某款 CPU 自行规定，但实际上也是由主板是否支持而决定的。例如：某奔腾四处理器的主频是 3000MHz，外频为 200MHz，那么主板是否提供 200MHz 的外频来支持 CPU 的正常运行，就是关键了。早期一些支持奔腾四处理器的主板，由于最高只提供 133MHz 的外频，就不能支持 200Mhz 外频的奔腾四 CPU 的正常运行。如果强行安装入这块主板，很可能不能正确识别导致无法开机。即使能开机，由于外频只能运行在 133MHz

上，其主频也将降为 2000MHz 运行，不能发挥 CPU 的额定性能。

3．倍频

CPU 的倍频是主频与外频的比值，也就是说倍频=主频/外频。市场上绝大部分 CPU 的倍频在出厂的时候都是被锁定的，是不可更改的。

倍频值以 0.5 递增或递减，例如 14、14.5、15、15.5、16 等。虽然主流的 CPU 倍频都被锁住，但很多节能型的 CPU 在工作中，当 CPU 负载较低时会自动降低倍频，同时也降低了主频，降低核心电压，以达到降低功耗和发热量的目的。而当 CPU 负载较大时，再恢复至默认倍频和主频，以获得较好的性能。这种技术，以前只出现在节能要求较高的便携式计算机（笔记本电脑）中，现在很多台式机 CPU 也采用了该技术。AMD 公司称为 C&Q 技术（Cool and Quiet ，冷又静技术），Intel 公司称为 SpeedStep 技术。

4．前端总线（FSB）

早期的微机，由于 CPU 主频较低，与主板的其他设备（尤其是内存）进行数据交换的频率不是很快，一般就运行在主板提供的外频的频率上。随着 CPU 频率的提升，通过外频同步与内存进行数据交换已经跟不上 CPU 的处理能力，所以前端总线技术应运而生。

前端总线是由 AMD 公司在推出代号为 K7 的第一代 Athlon CPU 时提出的概念，以 MHz 为单位。前端总线可以成倍或几倍地提升与内存的数据交换速度。例如 K7 处理器的外频是 133MHz，前端总线为 266MHz。如果没有前端总线的技术，就只能以 133MHz 的频率和内存进行数据交换，而加入该技术之后，就能以 266MHz 的频率与内存进行数据交换，理论上提升了一倍的数据交换率。

目前主流的 CPU 都支持在几倍于外频的前端总线下工作，从而大大提升 CPU 与内存的数据带宽，使微机工作得更快。前端总线频率=外频×倍率系数。这个倍率系数 Intel 和 AMD 公司稍有不同，目前的主流值为 4。例如 Intel 奔腾 E5300 CPU，外频是 200MHz，那么乘以 4 将得到它的前端总线频率，也就是 800MHz。

5．高速缓存（cache）

如前所述，在 CPU 的内部，不仅有计算器和控制器，还有在运算过程中临时存储数据的存储器，也叫高速缓存。

高速缓存又可以细分为一级、二级高速缓存（L1 、L2 Cache），部分高端 CPU 还有三级高速缓存（L3 Cache），一般来说高速缓存越大，CPU 处理数据的能力就越强。

CPU 只能直接与 L1 Cache 交换数据，当 L1 中的数据不够用时，从 L2 中调取数据放入 L1；再不够用时，从 L3 中读取数据至 L2，再调入 L1；以此类推，还不够用时，就要从内存中读取数据至 L3，再到 L2，再到 L1。所以 CPU 的高速缓存对于 CPU 性能的影响是相当大的。市场上内核架构相同的 CPU 档次，很多就是以主频和高速缓存大小来区分的。将 L2 Cache 容量进行缩减，成为相同内核的奔腾和赛扬处理器最大的区别。

6．CPU 核心的数量

单核的 CPU 在同时执行多任务的时候，性能上难免捉襟见肘。目前 CPU 在主频无法向更高的时钟频率突破时，有向多核心发展的趋势。多核 CPU 在核心增加的同时，也增加了功耗，对系统的供电和散热要求也就更高。另外能否发挥多核心 CPU 的性能，还有一个重要因素就是软件的支持，其中包括操作系统和应用软件。随着操作系统全面支持多核 CPU，越来越多的软件也对多核 CPU 作出更多的优化。目前 CPU 已经跨入了多核心的时代，双核、三核及四核的 CPU 逐渐成为市场的主流，单核 CPU 正逐步退出历史的舞台。

7．制造工艺

一般来说，“工艺技术”中的数据越小表明 CPU 生产技术越先进。目前生产 CPU 主要采用 CMOS 技术。CMOS 是英语“互补金属氧化物半导体”的缩写。采用这种技术生产 CPU 的过程中采用“光刀”加工各种电路和元器件，并采用金属铝沉淀在硅材料上，然后用“光刀”刻成导线连接各元器件。现在光刻的精度一般用微米（μm）表示，精度越高表示生产工艺越先进，CPU 可以达到的频率越高，集成的晶体管就可以越多。正因为如此，在只能使用 0.65μm 工艺时，生产的第一代 Pentium CPU 的工作主频只有 60/66MHz，在随后生产工艺逐渐发展到 0.35μm、0.25μm、0.18μm、0.13μm、0.09μm。目前，Intel 的 300mm 尺寸硅晶圆厂可以做到 0.065μm 的蚀刻尺寸。

三、CPU 及散热器的选购

1．CPU 档次的划分

Intel 的 CPU，从名称上可以很容易区分出档次的高低。目前的高端产品会以酷睿（酷睿 2）来命名，中端的产品以奔腾（Pentium）来命名，低端的以赛扬（Celeron）来命名。以名称来衡量 CPU 性能的好坏在一定程度上是可行的，但也不是绝对的。由于 CPU 更新换代的速度很快，新一代的 CPU 由于内核的升级和改进，性能往往提升很大。这就使得即使名称为赛扬的最新一代的 CPU，其性能可能会好于名称为奔腾的上一代产品。

AMD 的 CPU 从名称上可分为羿龙（Phenom 中高端）和速龙（Athlon 中低端）两大类，每一类再根据核心数量和主频的不同进行再次的细分。

具体某款 CPU 的档次和性能的高低，一般要凭借专业的测试软件，作出细致的测评。常用的 CPU 测试软件主要有：SiSoft Sandra、Super Pi、Business Winstone、3DMark 等。

2．CPU 选购的注意事项

（1）实用性。实际上，主频相差 20%对于一般应用软件的运行来说影响并不大，并且，高主频的 CPU 目前市场价格相对较高。不如等待高主频的 CPU 价格下降后再选购，现在只需考虑实用。如果购买的计算机需要进行大量的计算，就需要选购高主频的 CPU。

（2）兼容性。由于计算机是高科技的组合体，并非将最好的配件组合到一起就能得到一台最好的计算机，所以，必须考虑兼容性问题。

3．散热器的选购

目前台式机 CPU 随着性能的提升，其功耗和发热量也不容小觑，一款好的散热器可以保证 CPU 的稳定工作。一般来说，正品盒装 CPU 自带的散热器可以满足散热的需求。对于购买散装 CPU 或追求静音及更好散热效果的用户来说，单独再购买一款 CPU 散热器也是必要的。

台式机中的 CPU 散热器，一般由散热片和风扇组成。散热片与 CPU 通过散热硅脂紧密接触，将 CPU 工作中产生的热量传递到散热片，再由风扇将热量吹走，达到给 CPU 降温的目的。好的散热器，散热鳍片的表面积较大，与 CPU 的接触面会采用导热效率更高的铜，甚至会采用热管技术来加快热量的传导速度，再通过大尺寸的风扇将热量吹走。风扇尺寸越大，风压越大，这样可以在较低的转速下也达到好的散热和静音的效果。

CPU 散热器的购买也需要考虑价格因素，一般来说要与 CPU 的档次匹配。一般来说，如果没有特别的要求，散热器价格为 CPU 价格的 10%~20%比较合理。

四、主板的功能

主板是所有计算机硬件相互联系的枢纽。它安装在机箱内，是微机最基本的也是最重要的部件之一。主板为整个微机系统提供了一个平台，为系统的稳定运行和相互连接提供了物质纽带，如图 2-2 所示。

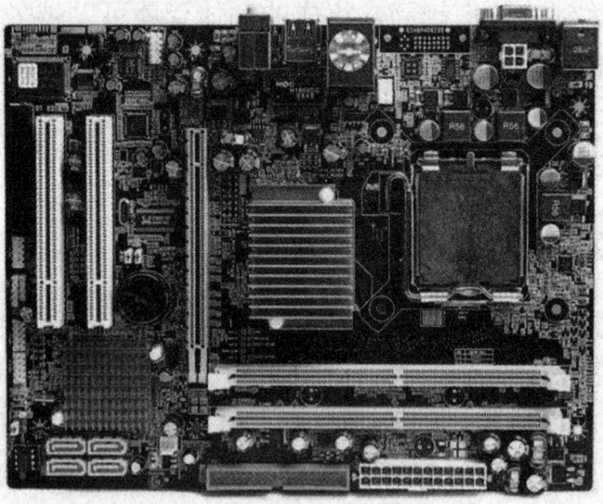

图 2-2　主板实物图

主板采用了开放式结构。主板上有若干个扩展插槽，供一些板卡进行插接和扩展。通过更换这些板卡，可以对微机的相应子系统进行局部升级，使厂家和用户在配置机型方面有更大的灵活性。总之，主板在整个微机系统中扮演着举足轻重的角色。

五、主板的结构组成

主板按结构由芯片部分、主板正面插拔部分和背面接口部分组成。

1．芯片部分

（1）主板芯片组。主板上最主要也是最重要的芯片，我们称之为主板芯片组。主板芯片组，根据结构分为北桥芯片和南桥芯片，如图 2-3 所示。

图 2-3　主板芯片组示意图

北桥芯片位置在主板的中上部位，北桥芯片负责与 CPU 联系并控制内存、显示卡数据在北桥内部传输，提供对 CPU 的类型和主频、系统的前端总线频率、内存的类型、最大容量及工作频率、显示卡的工作支持等。北桥芯片是主板芯片组中的主芯片，芯片组的名称一般以北桥芯片的名称来命名。对于整合型芯片组，北桥芯片还集成了显示核心。

目前北桥芯片的数据处理量比较大，发热量也较高，所以有些主板为了提高主板运行的稳定性，为北桥芯片安装散热片的同时，还加装了一个散热风扇。

南桥芯片负责 I/O 总线之间的通信，包括 PCI 总线、USB、ATA、音频控制器、键盘控制器、实时时钟控制器、高级电源管理等等。相对北桥芯片，南桥的数据处理量小得多，一般一个散热片就可以让它稳定工作。

（2）其他芯片

- **BIOS 芯片。**BIOS 是英文 Basic Input/Output System（基本输入输出系统）的简称。BIOS 芯片中存储了为计算机提供最底层最直接的硬件控制的程序，它是软件程序和硬件设备之间联通的枢纽。BIOS 程序是集成在一块 ROM 芯片中的。一般情况下无法改写，只有通过特定的升级程序才能改写。当 BIOS 芯片被病毒破坏或者升级过程中断电时，会造成计算机无法自检及无法启动的故障。

BIOS 芯片按生产厂家的不同，一般分为三类。它们分别是 AWARD、AMI 和 Phoenix BIOS 芯片，如图 2-4 所示。无论采用哪家的 BIOS 芯片，它们的功能基本相同，并无本质的区别。

图 2-4　不同 BIOS 芯片实物外观图

- **CMOS 芯片。**CMOS 是英文“互补金属氧化物半导体”的缩写。CMOS 中存储了 BIOS 程序的参数。BIOS 程序在一般情况下无需频繁升级，但是它的参数有时却要修改，以符合系统或用户的使用要求。BIOS 程序和设置参数分开保存，有利于系统的稳定。COMS 芯片是一块 RAM 芯片，通过主板电池供电，确保设置参数不丢失。正因为是 RAM 芯片，所以更改参数也更为简单。通过主板的 CMOS Setup 设置，可以很方便地修改并重新保存。关于 CMOS 和 BIOS 的设置可参见课题四。
- **其他功能芯片。**很多主板上还集成有一些功能芯片，比如显卡芯片、网卡芯片、声卡芯片等。这些集成芯片极大地提升了主板的实用性，在后续配件的篇章中将介绍这些芯片。

2．插拔部分

（1）CPU 插座。CPU 插座顾名思义就是用来安装 CPU 的，如图 2-5 所示。

图 2-5　Intel LGA775 插座（左）和 AMD AM3 插座（右）

目前主板的 CPU 插座类型是根据所选 CPU 的接口来确定的。

Intel 公司主流的 CPU 接口有 LAG775 接口（酷睿 2 级别的 CPU 采用）和 LGA1156 接口（I3 和部分 I5 处理器采用）。由于 Intel CPU 接口更新比较频繁，不同的接口完全不兼容，所以用户一定要注意主板 CPU 插座和 CPU 接口的匹配问题。

AMD 公司的 CPU 接口相对更新比较缓慢，主流的有 AM2+和 AM3 接口，但兼容性较好。其中 AM2+接口的 CPU 也可以插入 AM3 插槽中，但注意支持的内存仅仅为 DDR2 规格，因为 AM2+接口 CPU 集成的是 DDR2 内存控制器。AM3 接口的 CPU 集成了 DDR2 和 DDR3 两种内存控制器，还要由主板提供的内存插槽种类来决定采用何种内存。

（2）内存插槽。内存插槽是安装和扩展内存用的，如图 2-6 和 2-7 所示。由于很多主板支持双通道内存的工作模式，由同色内存插槽同时插上相同规格和容量的内存组建双通道模式。

图 2-6　DDR2 内存插槽

图 2-7　DDR3 内存插槽

（3）显卡插槽。目前主板上主流的显卡插槽是 PCI Express×16，如图 2-8 所示。早期 AGP 接口的显卡插槽已经退出了历史舞台。

PCI Express（PCI-E）接口是一种点对点的串行接口。比起 PCI 以及更早期的计算机总线的共享并行架构，每个设备可以各自拥有自己的专用连接通道，不需要向整个总线请求带宽，而且可以把数据传输率提高到一个很高的速率，达到 PCI 所不能提供的高带宽。PCI-E 的接口根据传输速率不同而有所差异，包括×1、×4、×8 以及×16。PCI-E 规格从 1 条通道到 32 条通道连接，有非常强的伸缩性，以满足不同系统设备对数据传输带宽的不同需求。

PCI-E×1 的带宽可以达到 250MB/s，其传输速率已经可以满足主流声效芯片、网卡芯片和存储设备对数据传输带宽的需求。但由于显示卡处理的数据量相当大，所以目前主流显示卡都采用 PCI-E×16 的接口，其单向带宽值可以达到 4GB/s，双向可以达到 8GB/s，远远大于 AGP 8×接口的 2.1GB/s 的带宽值。

很多高端主板还支持双显卡互联的工作模式，在单块显卡无法再提升性能的情况下，双显卡互联将可以大大提高显卡的性能，提升率最高可以达到 70%左右。所以，在这类主板上，常常可以看见 2 条 PIC-E×16 的插槽，如图 2-9 所示。

图 2-8　PCI-E×1（白色）和 PCI-E×16（浅蓝色）插槽

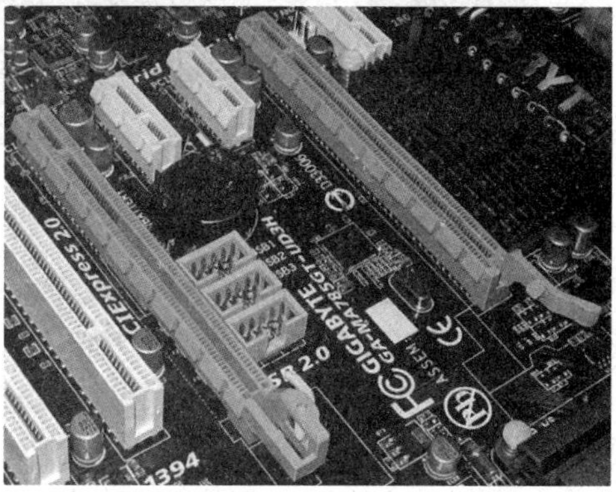

图 2-9　双 PCI-E×16 插槽

（4）PCI 总线插槽。PCI 总线插槽的历史比较悠久，但由于其良好的兼容性和不错的性能，在主板上还是得到了长久的保留，如图 2-10 所示。

图 2-10　两条 PCI 总线扩展插槽

PCI 总线的工作频率为 33.3MHz，位宽为 32bit，因此它的带宽值为 133MB/s，可以满足声卡、网卡等设备的数据传输的需要。目前主流的独立声卡和独立网卡，包括一些视频采集卡都采用 PCI 接口和主板相连。

（5）主板电源插座。目前主流的主板电源插座为 24 针结构，连接电源 24 针接头。采用防呆设计，防止因插反而损坏主板及硬件，如图 2-11 所示。

另外，CPU 供电部分还有一个 4 针的+12V 加强供电插头，保证 CPU 的稳定供电，如图 2-12 所示。

图 2-11　主板电源插座

图 2-12　4 针 CPU 加强供电插座

（6）IDE 插座。IDE 设备通过 IDE 数据线连接到主板的 IDE 插座，从而与系统相连。常见的 IDE 设备有光驱和硬盘。IDE 是一种并行传输的接口，如图 2-13 所示。

（7）SATA 插座。SATA 目前正逐步取代 IDE，成为硬盘和光驱的数据线接口。SATA 采用的是串行传输方式，传输率比 IDE 有大幅度的提升。另外数据线窄而细，有效减少对机箱内部空气对流的阻碍，更利于散热，如图 2-13 所示。

图 2-13　IDE（左）及 SATA（右）插座

（8）机箱面板按钮和指示灯插座。机箱面板的按钮通常有电源键（Power）和重启键（Reset），指示灯有电源工作指示灯（Power LED）及硬盘工作指示灯（HDD LED）。要使这些按键和指示灯正常工作，必须把它们正确连接到主板的对应插针（插座）上，如图 2-14 所示。

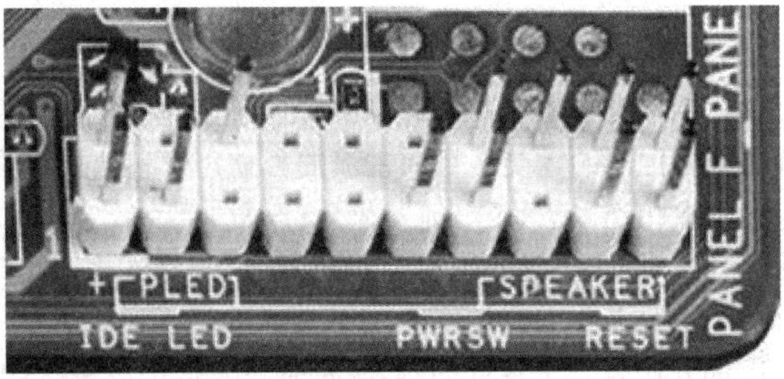

图 2-14　主板的面板插针

在主板插针附近一般会有简单的文字说明，或者可以查看主板说明书，以保证连接的正确性，尤其注意正负极性不要插反，如图 2-15 所示。

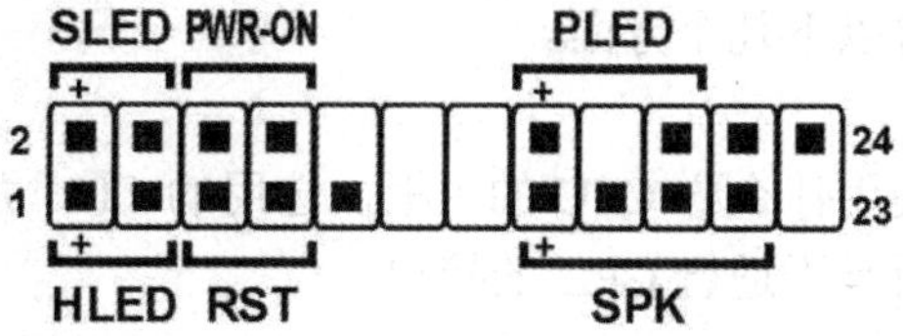

图 2-15 某主板说明书接线示意图

3．主板背部接口（如图 2-16 所示）

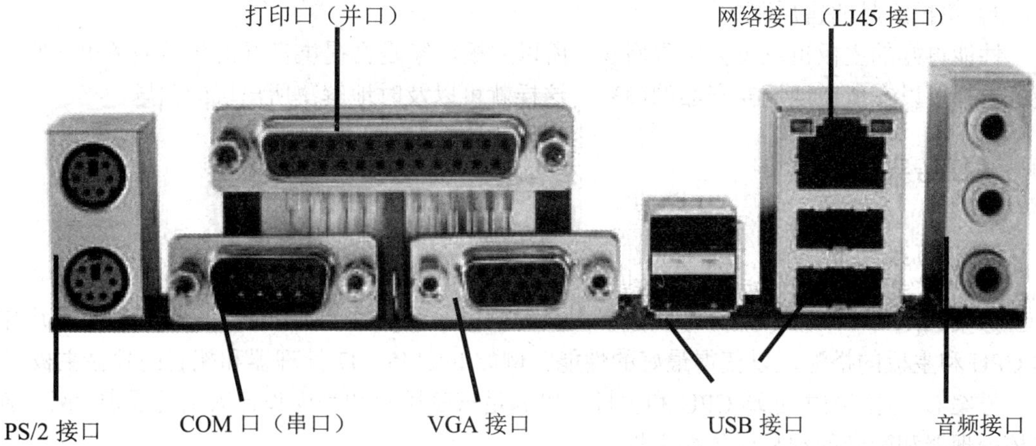

图 2-16 主板背部接口示意图

（1）PS/2 接口。鼠标和键盘与主板连接一般都采用 PS/2 接口，其中绿色口连接鼠标，紫色口连接键盘。

（2）COM 口。COM 口又称串口，由于数据传输率很低，已经逐渐被淘汰。

（3）打印口。打印口又称并口，一般用于连接老式的打印机，也可以连接一些并口设备。

（4）USB 口。USB 口是目前比较流行的外设接口，最大的优点就是传输速率快，并且支持热插拔。采用 USB 作为数据传输口的外部设备越来越多，例如移动硬盘、移动光驱、优盘、打印机、扫描仪、摄像头、数码影音播放器（MP3、MP5）等。

目前 USB 的最新标准是 USB 3.0 协议，向前兼容所有的 USB 老标准，可以使 USB 设备在 Full Speed（全速）、High Speed（高速）及 Super Speed（超高速）三种模式下工作。这三种工作模式的最高数据传输率分别为 12Mbps、480Mbps 和 4800Mbps，而且 USB 3.0 的最高传输率还在不断的提高中。

（5）RJ45 接口。RJ45 接口用于连接网线，是网卡的接口。目前的主板都集成了网卡功能，所以在主板背面提供该接口。

（6）音频接口。由于绝大部分的主流主板都集成了声卡功能，提供音频的输入输出端口。主要有 Line In、Line Out 及 Mic In 等音频端口，后续讲解声卡时会详细介绍。

六、主板的选购

选购主板要重点查看以下几个方面。

1．主板结构

首先用户要考虑需使用什么样 CPU 的主板，选用的 CPU 大致决定了整台系统的性能档次。一定要注意所购主板是否适合 CPU 的接口。

2．主板的技术性能

主板厂家研发的强弱也可以从主板的技术性能来体现。主板的特色技术主要体现在：超频稳定性能、安全稳定性能、方便快捷性能（免跳线技术、PC99 技术规格）、升级扩充性能和其他技术性能（UDMA100 技术、STR 技术）。

3．主板产品的售后服务

性能再好的主板也难免会出现问题，所以主板厂家是否提供良好的售后服务也非常重要。最好选择可以在所在地调换产品的商家，这样就可以及时地解决所出现的问题。

【任务实施】

一、方案分析

方案 A：3D 游戏发烧友和 3D 建模人员对微机系统的性能要求很高，所以建议采用中高端 CPU 和主板的搭配，以获得最好的性能。例如 Intel I5、I7 处理器和配套的独显主板。

方案 B：主流的中低端 CPU 和主板可以满足家庭用户和平面设计人员的需求。例如奔腾双核处理器和配套的独显或集显主板。

方案 C：与方案 B 类似，主流的低端配制就能满足要求。例如赛扬双核处理器和配套的集显主板。

二、完成方案

通过网络进行市场调研，分别为以上三类方案选择两款 CPU 及配套的主板产品，并将其主要的性能参数及参考价格以列表的形式表示。

任务 2　认识及选购内存与硬盘

【任务引入】

计算机的存储器分为内部存储器和外部存储器。能够与 CPU 直接交换数据的是内部存储器，简称内存。内存的“快”或“慢”将直接影响微机的整体性能。外部存储器（如硬盘和光驱）的性能对于微机系统的运行也有很大的影响。针对 A、B、C 三种不同类型的用户需求，到底该如何选择内存和硬盘呢？

【任务分析 】

要完成上述任务，必须清楚了解各种存储器的分类和性能参数，理解它们对系统性能的影响。

【相关知识】

一、内存的结构组成

内存对于微机性能有着很重要的影响。内存用于存放微机系统正在运行和处理的各类程序和数据，这是一个临时存储数据的场所，在关机或重新启动计算机后，内存中数据会丢失。

内存对微机系统性能的影响主要是两个方面：一是内存容量，二是运行速度。计算机中所有运行的程序都需要经过内存来执行，如果要执行的程序很大或者同时运行的程序很多，就会使内存消耗殆尽，导致系统性能下降，这主要是容量的影响。在内存容量一定的情况下，CPU 与内存交换数据的速率对系统性能的影响也很大，这就是内存运行速度的影响。内存条结构组成如图 2-17 所示。

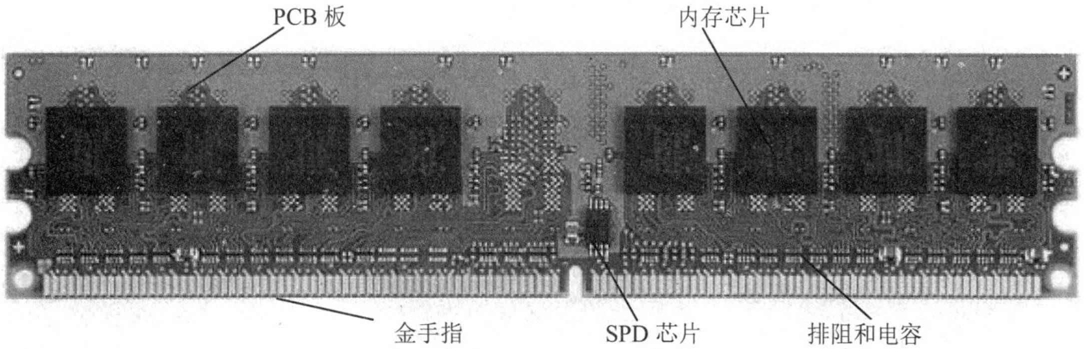

图 2-17　内存条结构组成

1．PCB 板

PCB 板也称为印制电路板，是最大的基板，内存上所有的部件都制作在 PCB 板之上，所以 PCB 板的质量是很重要的。

主流的内存 PCB 板采用 6 层设计，这样板上的布线应该比较宽松（同层布线），这样有利于减少相互间的电磁干扰，有利于提高内存工作的稳定性。部分高端内存采用 8～10 层的 PCB 设计。

2．内存芯片和封装形式

内存芯片也称为内存颗粒，是内存条最重要的组成部分。内存的类型、容量和工作频率都是由内存芯片决定的。

内存颗粒的封装其实就是内存芯片所采用的封装技术类型。封装就是将内存芯片包裹起来，以避免芯片与外界接触，防止外界对芯片的损害。空气中的杂质和不良气体，乃至水蒸气都会腐蚀芯片上的精密电路，进而造成电学性能下降。不同的封装技术在制造工序和工艺方面差异很大，封装后对内存芯片自身性能的发挥也起到至关重要的作用。目前主流的封装形式主要有TSOP、BGA和CSP三种。

- **TSOP技术封装的内存：**是在芯片的周围做出引脚，内存芯片是通过芯片引脚焊接在PCB板上的，焊点和PCB板的接触面积较小，散热相对困难。而且TSOP封装方式的内存在超过200MHz物理工作频率后，会产生较大的信号干扰和电磁干扰。DDR SDRAM类型的内存芯片大都采用这种封装形式。
- **BGA技术封装的内存：**可以使内存在体积不变的情况下内存容量提高两到三倍。BGA与TSOP相比，具有更小的体积，更好的散热性能和电气性能。BGA封装技术使每平方英寸的存储量有了很大提升，采用BGA封装技术的内存产品在相同容量下，体积只有TSOP封装的三分之一；另外，与传统TSOP封装方式相比，BGA封装方式具备更加快速和有效的散热能力。DDR2 SDRAM和绝大部分的DDR3 SDRAM的内存芯片采用BGA封装。
- **CSP（Chip Scale Package）技术封装的内存：**是芯片级封装的意思。CSP封装是最新一代的内存芯片封装技术，其技术性能又有了新的提升。CSP封装内存芯片的中心引脚形式有效地缩短了信号的传导距离，其衰减随之减少，芯片的抗干扰、抗噪性能也能得到大幅提升。CSP封装的内存只在高端内存上使用，主流零售市场很难寻觅到它的身影。各种封装形式如图2-18所示。

a）TSOP　　b）BGA　　c）CSP

图2-18　内存芯片的封装

3．SPD芯片

SPD是一块EEPROM（电可擦写可编程只读存储器）芯片，容量为256字节，里面主要保存了该内存条相关资料，如容量、芯片厂商、内存模组厂商、工作速度等。SPD的内容一般由内存模组制造商写入。微机在启动时会自动检测内存条SPD中的资料，并以此设定内存条的工作参数。

4．引脚

内存条的引脚是与主板内存插槽连接时直接接触的部分，所有的信号都是通过引脚进行传送的。大部分内存条为了提高引脚的抗氧化性，提高接触的可靠性，对引脚进行特殊的电镀工艺覆上一层金。因引脚排列如手指状且其表面镀金，所以还有金手指的别称。

5．排阻和电容

在内存芯片和内存引脚之间，为了提高电流的稳定性和抗干扰性，提高数据信号的准确性，内存条在这些部分都加装有贴片电容和电阻。

内存芯片下方均匀分布的“芝麻粒”，实际上是位于内存颗粒和金手指之间的“排阻”。排阻，是一排电阻的简称。内存在处理、传输数据时会产生大小不一的工作电流，而在内存颗粒走线的必经之处安装一排电阻和电容，则能够帮助内存起到稳压作用，从而提升内存的稳定性，延长内存的使用寿命。

二、内存的分类

1．按内存条品牌分

内存条的品牌主要有：金士顿、金泰克、宇瞻、威刚、三星、海盗船、胜创、金邦等等，如图 2-19 所示。这些品牌的内存条质量可靠，售后保障到位，占据了零售市场绝大部分的份额。

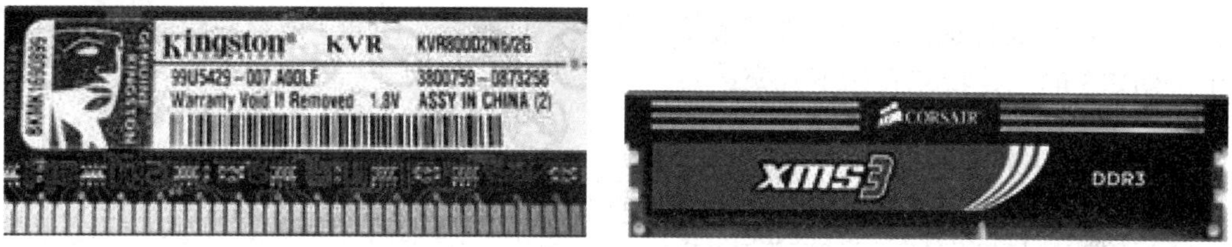

图 2-19　部分品牌内存

2．按内存条类型分

市场上的主流内存类型有：DDR SDRAM、DDR2 SDRAM 和 DDR3 SDRAM，随着时间的推移，DDR 规格的内存逐渐退出主流市场，而 DDR3 大有取代 DDR2 的趋势。

（1）DDR SDRAM。双倍速率同步动态随机存储器，如图 2-20 所示。DDR 内存是在 SDRAM 内存基础上发展而来的，沿用 SDRAM 生产体系，因此对于内存厂商而言，只需对制造普通 SDRAM 的设备稍加改进，即可实现 DDR 内存的生产，可有效地降低成本。

图 2-20　DDR SDRAM

SDRAM 在一个时钟周期内只传输一次数据，是在时钟周期的上升沿进行数据传输；而 DDR 内存则是一个时钟周期内传输两次数据，它能够在时钟的上升沿和下降沿各传输一次数据，因此称为双倍速率同步动态随机存储器。DDR 内存可以在与 SDRAM 相同的总线频率下达到更高的数据传输率。

（2）DDR2 SDRAM。DDR2 SDRAM 是当前使用最普遍的主流内存类型，如图 2-21 所示。与 DDR 相比，DDR2 最主要的改进是在内存模块核心速度相同的情况下，其有效工作频率相当于 DDR 内存的两倍。

图 2-21　DDR2 SDRAM

（3）DDR3 SDRAM。由于 DDR2 的数据传输频率发展到 800MHz 时，其内核工作频率已经达到 200MHz，因此再向上提升较为困难，这就需要采用新的技术来保证速度提升的可持续发展。另一方面，也是由于速度提高的缘故，内存的地址/命令与控制总线需要有全新的拓朴结构，而且业界也要求内存要具有更低的能耗，所以，DDR3 内存应运而生，如图 2-22 所示。DDR3 的主要特点有如下几个：

- 更高的外部数据传输率。
- 更先进的地址/命令与控制总线的拓朴架构。
- 在保证性能的同时将能耗进一步降低。

图 2-22　DDR3 SDRAM

从整体的规格上看，DDR3 在设计思路上与 DDR2 的差别并不大，主要还是在内存模块核心速度相同的情况下，其有效工作频率再次提升了一倍，达到了 DDR2 内存的两倍。目前 DDR3 规格的内存正在普及，随着价格的逐步下降，终将替代 DDR2 成为市场的主流。

三、内存的主要参数

1．容量

内存容量以 MB 或 GB 为单位，目前单根内存条有 256MB、512MB、1GB（1024MB）、2GB 的典型容量。

2．有效工作频率

内存的有效工作频率是内存工作速度的重要指标之一，从内存的命名方式上就可以看出。如：DDR400 规格的内存，其内存类型为 DDR SDRAM，拥有 400MHz 的有效工作频率。DDR2 667 规格的内存，其内存类型为 DDR2 SDRAM，拥有 667MHz 的有效工作频率。DDR3 1333 规格的内存，其内存类型为 DDR3 SDRAM，拥有 1333MHz 的有效工作频率。

3．内存引脚数量

内存引脚的数量与内存的类型有关，DDR 内存引脚为 184 线，DDR2 和 DDR3 内存都是 240 线，但防呆缺口位置不同。

4．内存的位宽和带宽

目前主流内存拥有 64bit 的位宽，即每次工作可以传输 64bit 的数据。但随着双通道和三通道技术的发展，由两条或三条相同规格的内存条，在特定条件下（微机系统平台支持多通道技术）其位宽可以达到 128bit 或 192bit，那么整个内存模块在有效工作频率不变的情况下，其理论带宽（内存与微机系统的最大数据传输率）值是单通道下的两倍或三倍。

带宽 = 有效工作频率*位宽

以 DDR2 800 规格内存为例，DDR2 800 内存的单通道位宽是 64bit，故：

其单通道带宽值 = 800MHz *64bit = 800MHz *8byte = 6400MB/s

其双通道带宽值 = 800MHz *128Bit = 12800MB/s

由于有效工作频率的提升比较缓慢，多通道技术有时比有效工作频率更能提升内存的整体性能。

5．内存延迟

内存延迟表示系统进入数据存取操作就绪状态前等待内存响应的时间。一般由 4 个连续的阿拉伯数字来表示，如图 2-23 所示，“9-9-9-24”。

图 2-23　海盗船内存标签

这 4 位数字分别代表 CAS latency 值、tRCD 值、tRP 值和 tRAS 值。

- **CAS Latency：**即列地址选通脉冲时间延迟，即人们常说的 CL 值，指的是内存存取数据所需的延迟时间，简单的说，就是内存接到 CPU 的指令后的反应速度。
- **RAS－to－CAS Delay（tRCD）：**对应于 CAS，RAS 是指 Row Address Strobe（行地址选通脉冲）。CAS 和 RAS 共同决定了内存寻址。RAS（数据请求后首先被激发）和 CAS（RAS 完成后被激发）并不是连续的，存在着延迟。即内存行地址传输到列地址的延迟时间。
- **Row－precharge Delay（tRP）：**内存行地址选通脉冲预充电时间，即内存从结束一个行访问到重新开始的间隔时间。
- **Row－active Delay（tRAS）：**内存行地址选通延迟。是指从收到一个请求后到初始化 RAS（行地址选通脉冲）真正开始接受数据的间隔时间。

从理论上来说，内存延迟时间设置得越短，计算机从内存中读取数据的速度也就越快，进而计算机的性能也就越高。

五、硬盘驱动器的结构

硬盘驱动器简称硬盘，是微机系统最主要的外部存储器。硬盘与内存相比，其中的数据可以长期保存，容量大，但数据的存取速度比较慢。硬盘的结构组成如图 2-24 所示。

图 2-24　硬盘的结构组成

一般说来，无论哪种硬盘，都是由盘片、磁头、盘片主轴、控制电机、磁头控制器、数据转换器、接口、缓存等几个部分组成。所有的盘片都固定在一个旋转轴上，这个轴即盘片主轴。而所有盘片之间是绝对平行的，在每个盘片的存储面上都有一个磁头，磁头与盘片之间的距离比头发丝的直径还小。所有的磁头连在一个磁头控制器上，由磁头控制器负责各个磁头的运动。磁头可沿盘片的半径方向动作，而盘片以每分钟数千转到上万转的速度在高速旋转，这样磁头就能对盘片上的指定位置进行数据的读写操作。

1．硬盘内部结构

硬盘的内部结构通常专指盘体的内部结构。其中磁头和盘片组件是构成硬盘的核心，它封装在硬盘的净化腔体内，包括有浮动磁头组件、磁头驱动机构、盘片、主轴驱动装置及前置读写控制电路这几个部份。

（1）硬盘盘片。盘片是硬盘存储数据的载体。现在硬盘盘片大多采用铝金属薄膜材料，这种金属薄膜载体具有很高的存储密度、高剩磁及高矫顽力等优点。

（2）磁头组件。磁头组件是硬盘中最精密的部位之一，它由读写磁头、传动手臂、传动轴三部份组成。磁头是硬盘技术中最重要和关键的一环，实际上是集成工艺制成的多个磁头的组合，它采用了非接触式头、盘结构，加电后在高速旋转的磁盘表面移动，与盘片之间的间隙只有 0.1～0.3 微米，这样可以获得很好高的数据传输率。现在转速为 7200rpm 硬盘的磁头飞高一般都低于 0.3 微米，以利于读取较大的高信噪比信号，提供数据传输率的可靠性。

2．硬盘的外观结构

（1）硬盘数据接口。硬盘数据接口是硬盘与微机系统数据交换时的连接部件，作用是在硬盘缓存和主机内存之间传输数据。不同的硬盘数据接口决定着硬盘与计算机之间的数据传输速度，在整个系统中，硬盘数据接口的优劣在一定程度上影响着程序运行快慢和系统性能的好坏。台式机硬盘的数据线接口可分为三类：IDE（PATA）、SCSI 和 SATA 接口。

➢ **IDE（Integrated Drive Electronics）**：即“电子集成驱动器”，它的本意是指把“硬

盘控制器”与“盘体”集成在一起的硬盘驱动器。把盘体与控制器集成在一起的做法减少了硬盘接口的电缆数目与长度，数据传输的可靠性得到了增强，硬盘制造起来变得更容易，因为硬盘生产厂商不需要再担心自己的硬盘是否与其他厂商生产的控制器兼容。对用户而言，硬盘安装起来也更为方便。IDE 这一接口技术从诞生至今就一直在不断发展，性能也不断提高，其拥有价格低廉、兼容性强的特点，如图 2-25 所示。

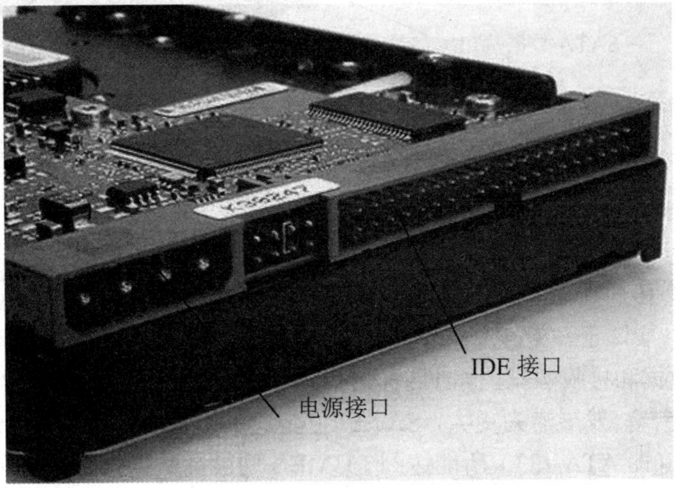

图 2-25　**硬盘 IDE 接口**

- **SCSI（Small Computer System Interface）**：即小型计算机系统接口，是同 IDE 完全不同的接口。IDE 接口是硬盘的专用接口，而 SCSI 并不是专门为硬盘设计的接口，是一种广泛应用于小型机上的高速数据传输技术，如图 2-26 所示。SCSI 接口具有应用范围广、多任务、带宽大、CPU 占用率低，以及热插拔等优点，但较高的价格使得它很难如 IDE 般普及，因此 SCSI 接口的硬盘主要应用于中、高端服务器和高档工作站中。

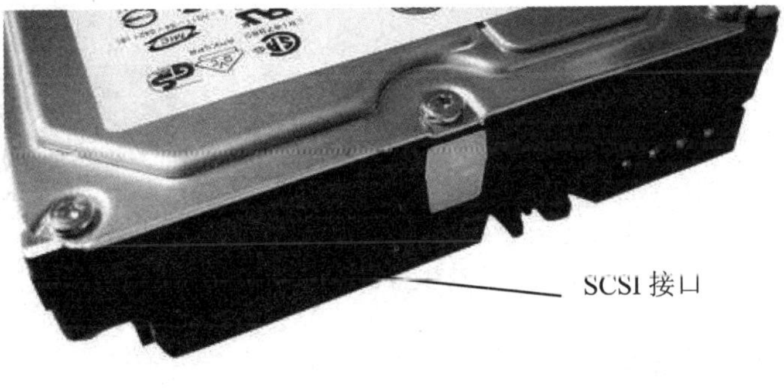

图 2-26　**硬盘 SCSI 接口**

- **SATA（Serial ATA）接口**：这种接口的硬盘又称为串口硬盘，是一种完全不同于并行 ATA（PATA）的新型硬盘接口类型，采用串行方式传输数据，如图 2-27 所示。

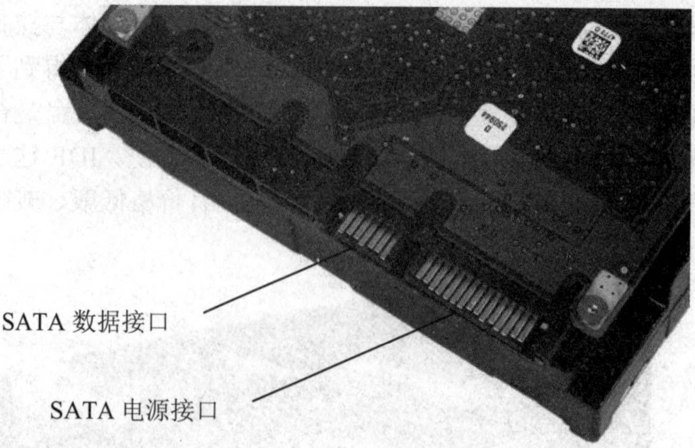

图 2-27　硬盘 SATA 接口

SATA 相对于并行 ATA 来说，具有非常多的优势。首先，SATA 以连续串行的方式传送数据，一次只会传送 1 位数据。这样能减少 SATA 接口的针脚数目，使连接电缆数目减少，效率也会更高。实际上，SATA 仅用四支针脚就能完成所有的工作，分别用于连接电缆、连接地线、发送数据和接收数据，同时这样的架构还能降低系统能耗和减小系统复杂性。其次，SATA 的起点更高、发展潜力更大，SATA 1.0 定义的数据传输率可达 150MB/s，这比目前最新的并行 ATA（即 ATA/133）所能达到 133MB/s 的最高数据传输率还高，而在 SATA 2.0 的数据传输率将达到 300MB/s，最终 SATA 将实现 600MB/s 的最高数据传输率。

（2）硬盘电源接口。微机系统的电源通过硬盘电源接口给硬盘供电，以支持硬盘的正常工作。目前市场上主流的台式机硬盘的电源接口有两类，一类是传统的大 4 针 D 型接口，另一类是 SATA 硬盘电源接口，如图 2-28 所示。

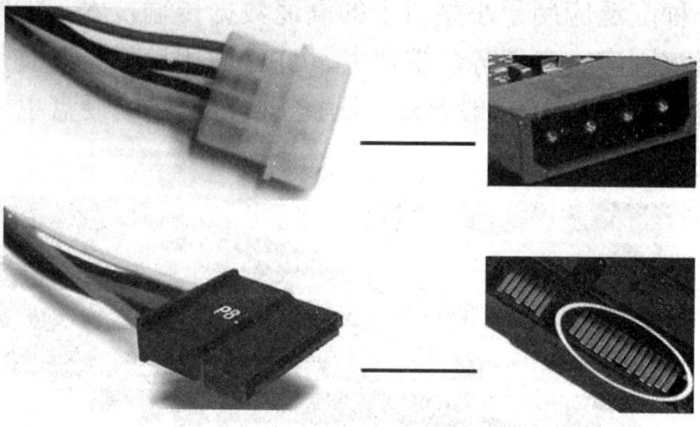

图 2-28　硬盘电源及接线

六、硬盘的主要参数

1．硬盘容量

目前的主流硬盘容量为 250GB～2TB（1TB=1000GB），影响硬盘容量的因素有单碟容量和碟片数量。目前主流硬盘的单碟容量通常为 250GB～500GB。

硬盘在计算机中显示出来的容量往往比硬盘的标称容量小。这是由于不同的单位转换关系造成的。我们知道，在计算机中 1GB＝1024MB，而硬盘厂家通常是按照 1G＝1000MB 进行换算的。

2．硬盘的转速

硬盘的转速是指硬盘盘片每分钟转过的圈数，单位为 rpm（Rotation Per Minute）。主流台式机硬盘的转速达到 5400rpm 及 7200rpm，目前以 7200rpm 为主流。有些 SCSI 接口的硬盘使用了液态轴承技术，转速可达 10000rpm。硬盘在其他参数都差不多的情况下，转速越快，其读写速度也越快。

3．平均寻道时间

平均寻道时间指硬盘在盘面上移动读写磁头到指定磁道寻找相应目标数据所用的时间，单位为毫秒。当单碟容量增大时，磁头的寻道动作和移动距离减少，从而使平均寻道时间减少，加快硬盘访问速度。

4．缓存

由于硬盘自身的读写速度远远低于内存的速度，缓存的作用就是拉近硬盘数据访问速度与其他硬件需求之间的距离。缓存相当于硬盘与其他硬件之间进行数据交换的一个加速带。

缓存是硬盘上的一块 SDRAM 芯片，目前常见的缓存容量有 16MB、32MB 以及 64MB。缓存可以在硬盘读取某一簇数据时，预读取下一簇或下几簇的数据，由于硬盘上的数据大部分是连续存放的，因此这种预读取机制就可以有效提高硬盘数据读取速度。

缓存的另一个重要作用就是缓冲数据写入。当硬盘要写入数据时，并不是从数据端口直接写入，数据流首先将进入硬盘缓存，当累积一定数据后硬盘会将这些数据一次性写入硬盘，因此缓存越大对硬盘性能的提升也就越明显。

5．硬盘的数据传输率

硬盘的数据传输率分为外部数据传输率和内部数据传输率。外部数据传输率又称为接口速率，是指硬盘缓存和微机系统之间的数据传输率，也就是计算机通过硬盘接口从缓存中将数据读出交给相应的控制器的速率。ATA100 中的 100 就代表着这块硬盘的外部数据传输率理论最大值是 100MB/s；ATA133 则代表外部数据传输率理论最大值是 133MB/s；SATA1.0 接口的硬盘外部理论数据最大传输率可达 150MB/s，而 SATA 2.0 接口的硬盘外部理论数据最大传输率可达 300MB/s。这些只是硬盘理论上最大的外部数据传输率，是一种突发数据传输率，在实际的日常工作中是无法达到这个数值的，硬盘的实际数据传输性能更多地取决于内部数据传输率。

内部数据传输率是指硬盘磁头与缓存之间的数据传输率，简单的说就是硬盘将数据从盘片上读取出来，然后存储在缓存内的速度。内部传输率可以明确体现出硬盘的读写速度，它的高低才是评价一个硬盘整体性能的决定性因素，它是衡量硬盘性能的真正标准。目前主流的台式机硬盘，内部数据传输率基本还停留在 70~90MB/s 左右，而且在连续工作时，这个数据会降得更低。

七、光盘驱动器

光盘驱动器简称光驱，是微机系统用来读写光盘内容的设备。随着多媒体的应用越来越广泛，光驱已经成为台式机诸多配件中的标准配置。

1．光驱类型

（1）CD-ROM 光驱。CD-ROM 光驱又称为致密盘只读存储器，是一种只读的光驱。它是从原本用于音频CD的CD-DA（Digital Audio）格式发展起来的。可以读取CD-ROM、CD-R盘片。

（2）DVD-ROM光驱。DVD-ROM光驱是一种可以读取DVD盘片的光驱。除了可以读取DVD-ROM的盘片，还可以读取CD-ROM、CD-R盘片，以及其他格式的DVD盘片（DVD-R、DVD＋R、DVD-RW、DVD+RW、DVD-RAM等）。

（3）CD-R光驱。CD-R光驱是一种刻录光驱，除了可以读取CD盘片外，还可以将数据写入CD-R盘片。目前市场上已经找不到这种光驱了，被COMBO光驱和DVD刻录机所替代。

（4）COMBO光驱。COMBO（康宝）光驱可以看成是DVD-ROM光驱和CD-R刻录机的组合体，具备读取CD、DVD盘片及刻录CD-R盘片的功能。

（5）DVD刻录机。DVD刻录机能够读取CD、DVD盘片，能够刻录CD-R盘片及DVD刻录盘片，如图2-29所示。目前由于DVD刻录机技术成熟，价格适中，很多用户直接把DVD刻录机作为微机的标配。

图2-29　内置式DVD刻录机

2．光驱的主要参数

（1）倍速。倍速主要包括：CD读取速度、CD刻录速度、DVD读取速度、DVD刻录速度和DVD覆写速度。

- **CD读取速度。**CD读取速度：最大CD读取速度是指光存储产品在读取CD-ROM光盘时，所能达到最大光驱倍速。1X的数据传输率为150KB/s，目前56X是读取CD-ROM的最大速度。
- **CD刻录速度。**CD刻录速度是指该光储产品所支持的最大的CD-R刻录倍速，目前52X为最高速。
- **DVD读取速度。**最大DVD读取速度是指光存储产品在读取DVD-ROM光盘时，所能达到最大光驱倍速。该速度是以DVD-ROM倍速来定义的，DVD-ROM的1X为1.38MB/s。目前DVD-ROM驱动器的所能达到的最大DVD读取速度是16倍速。
- **DVD刻录速度。**DVD刻录速度是指DVD刻录机刻录DVD-R（DVD+R）盘片时能达到的最高倍速。目前16X是比较主流的最高刻录速度。
- **DVD覆写速度。**DVD覆写速度是指DVD刻录机在刻录相应规格的DVD刻录光盘，而光盘上已经有存储的数据时，对其进行数据擦除并刻录新数据的最大刻录速度。

可以覆写的盘片有 DVD-RW、DVD+RW 和 DVD-RAM 三种。

4X、8X、12X 是目前刻录机比较主流的覆写速度，覆写速度一般低于最高刻录速度。

（2）缓存容量和大小。和硬盘驱动器一样，光驱也有缓存。不同种类的光驱，缓存大小也不相同。只读式光驱的缓存容量一般较小，只有 128KB～512KB；刻录机的缓存一般较大，有 2MB～4MB。刻录机使用较大容量的缓存通常是为了防止缓存文件的欠载错误，并且在刻录过程中充分保证刻录的稳定性。

（3）光驱的数据接口类型。内置的主流台式机光驱数据接口与硬盘驱动器类似，有 IDE 及 SATA 接口。SCSI 接口的光驱主要在专业服务器和工作站上使用，另外还有 USB 接口的外置光驱。

【任务实施】

一、方案分析

方案 A：建议使用两根 2GB DDR3 规格的内存，并且组成双通道，可以满足高端性能的需要。可以采用 2 块 1TB 的硬盘组成 RAID 0，加快硬盘的存取速度。光驱可以一步到位，直接选择 DVD 刻录机。

方案 B：建议使用单根 2GB DDR3 规格的内存，可以满足大部分的家用需求，而且以后还可继续添加。平面设计软件对内存要求比较高，也可考虑使用两根 2GB 的内存组双通道。一块 500GB 或 1TB 的硬盘就行。有刻盘需求的话，可选购 DVD 刻录机，无刻盘需求的话 DVD 光驱就能满足日常使用要求。

方案 C：建议选购单根 2GB 的内存，320GB 以上的硬盘和 DVD 光驱。

二、完成方案

通过网络进行市场调研，分别为以上三类方案确定内存、硬盘和光驱型号，并将其主要的性能参数及参考价格以列表的形式表示。

任务 3　认识及选购显示卡和显示器

【任务引入】

显卡和显示器是微机系统将显示内容输出的物理配件，它们性能的好坏将直接影响人们的视觉感受。针对三种不同的用户需求，显卡和显示器要如何选配呢？

【任务分析】

要完成上述任务，必须掌握显示卡及显示器的种类和性能参数，理解它们对系统性能的影响。

【相关知识】

一、显示卡及其分类

显示卡又称显示适配器，简称显卡。显卡的性能好坏直接关系到显示性能的好坏及图像表现力的优劣等等，是游戏玩家和图形工作者比较关注的配件之一。

显卡按照是否整合在主板中，分为独立显卡和集成显卡两类，如图 2-30 所示。

a）独立显卡　　b）集成显卡

图 2-30　独立显卡和集成显卡

二、独立显卡的结构组成

独立显卡如图 2-31 所示，它主要由以下几个部分组成。

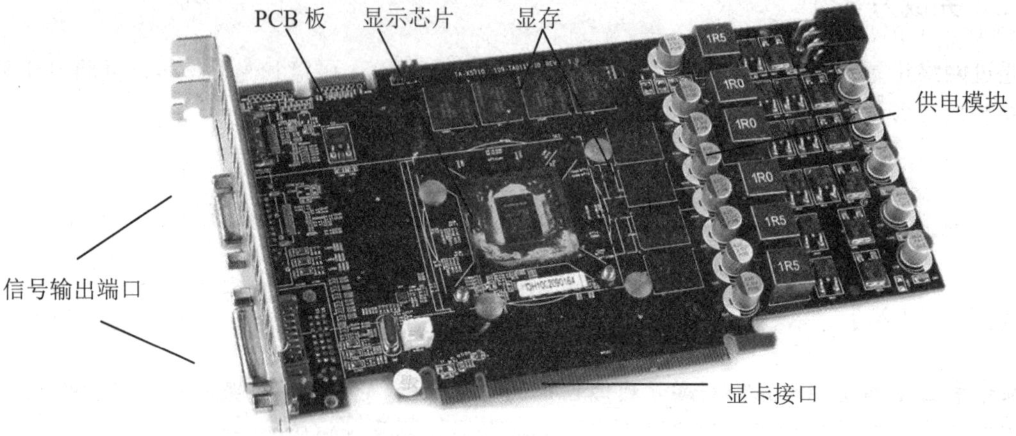

图 2-31　独立显卡的结构组成

1．显示芯片和 RAMDAC

显示芯片是显卡上最大也是最重要的一个芯片，又称为 GPU（图形处理器）芯片，如图 2-32 所示。显示芯片是显示卡的灵魂，负责微机系统中绝大部分图形数据的处理。显示卡性能的高低主要由显示芯片决定。

图 2-32　显示芯片

目前，几乎所有的主流显卡（包括集成显卡）的 2D 性能都差不多，能够满足所有用户对 2D 画面的要求。显卡性能的高低主要是由 3D 性能决定。高端独立显卡的 3D 性能异常出众，通常为低端独立显卡及集成显卡的几十倍甚至几百倍。

目前常见的显卡芯片主要由 nVIDIA 公司及 AMD（ATI）公司制造，Intel 公司也涉足显示芯片的开发和研究，但基本局限于整合市场。此外，由于显示芯片的频率越来越高，工作时发热量也越来越大，许多厂家在显卡出厂时为其加上了散热片和散热风扇。

RAMDAC 是一个数模转换芯片。显卡内部能直接处理的都是数字信号，处理完毕后的数字信号在输出之前再通过 RAMDAC 芯片的转换，转换成大部分显示器（尤其是 CRT 显示器）能够使用的模拟信号。该芯片一般都直接集成在显示芯片的内部。

2．显示内存

显示内存简称显存，如图 2-33 所示。和微机系统的内存类似，主要用于存储显示芯片处理后的数据。显存的大小、工作频率与显存位宽同样对显卡整体性能影响很大。

图 2-33　显存

目前主流显存的种类有 DDR2、DDR3 和 DDR5，显存的升级换代主要是为了提高显存的容量和有效工作频率。

在显存容量和频率一定的情况下，显存的位宽就变得极其重要了。我们在学习内存时已经掌握内存带宽的计算方法，也懂得了位宽的重要性。当显存其他参数都类似时，位宽的成倍提升就意味着显存带宽的成倍提升。

主流显卡的显存位宽有 64bit、128bit、256bit、512bit 等等，而显存容量有 128MB、256MB、384MB、512MB、768MB、1024MB 等等。

3．视频信号输出端口

显卡通过视频信号输出端口将显示信号输出至显示器。目前主流的视频信号输出端口又分为以下几类：VGA、DVI 和 HDMI 端口，如图 2-34 所示。

图 2-34　视频信号输出端口

- **VGA 端口：**显卡通过该端口输出视频模拟信号。VGA 接口是大部分显示器采用的视频信号接口，兼容性好。
- **DVI 端口：**显卡主要通过该端口输出数字信号。DVI 传输的是数字信号，数字信息不需经过任何转换，就会直接被传送到显示设备上，因此减少了“数字——模拟——数字”繁琐的转换过程，信号更加纯净，没有衰减，图像质量更好，色彩更逼真。
- **HDMI 端口：**高清晰度多媒体接口（High Definition Multimedia Interface），是一种全数位化影像和声音传送接口，可以传送无压缩的音频信号及视频信号。如果你家的液晶电视也提供该接口，只要一根 HDMI 数据线的简单连接，就能让计算机把视频信号输往电视，在大屏液晶电视上看高清大片了。

4．显卡接口

早期的显卡通过 PCI 总线接口与系统连接，随着显卡传输的数据量越来越大，PCI 总线已经不能满足要求，于是出现了“点对点”连接的显卡专用接口。主要有 AGP 接口和 PCI-Express 接口两类，如图 2-35 所示。

- **AGP 接口：**是早期的显卡专用接口，按接口传输速度的不同分为 AGP 1X、2X、4X 和最高的 8X，随着 PCI-Express 接口的普及，AGP 已经退出了历史舞台。
- **PCI-Express 接口：**简称 PCI-E 接口，是一种“点对点”串行总线接口，是目前主流的显卡接口。按接口速度细分为 PCI-E X1、PCI-E X4、PCI-E X8 和 PCI-E X16，其中 PCI-E X16 是传输速度最快的，主要用于显示卡的连接。PCI-E X16 接口能够提供 5GB/s 的带宽，即便有编码上的损耗但仍能够提供约为 4GB/s 左右的实际带宽，远远超过 AGP 8X 的 2.1GB/s 的带宽。

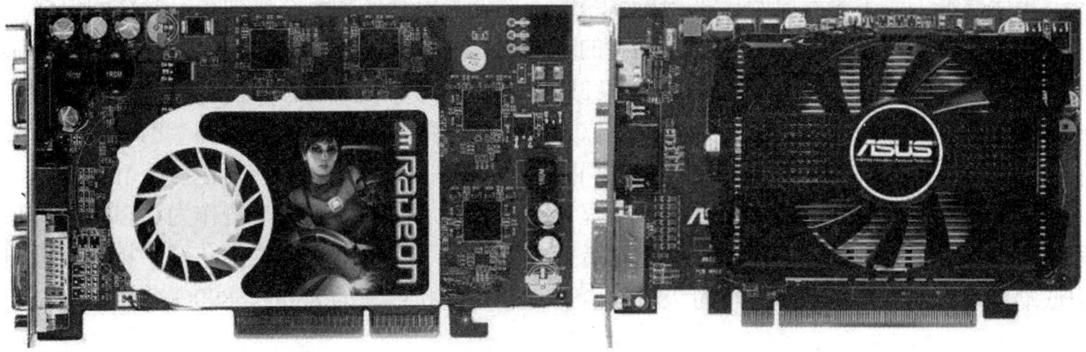

a）AGP 8X　　　　b）PCI-E X16

图 2-35　显卡接口示意图 AGP 8X 和 PCI-E X16

5．显卡供电模块

中高端独立显卡的功耗是很大的，需要额外的电源供电，如图 2-36 所示。因此显卡的供电模块设计是否合理，用料是否讲究，就成为这些显卡能否稳定运行的关键。而低端显卡由于功耗比较小，直接从 PCI-E 接口取电，供电模块设计相对简单得多，如图 2-37 所示。

图 2-36　中高端独立显卡供电模块及特写图

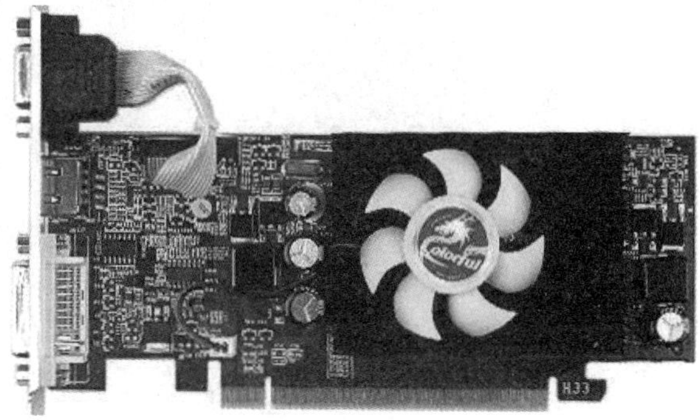

图 2-37　低端显卡供电模块

6．PCB 板

与主板和内存条一样，显卡的 PCB 板层数越多，布线就越合理，工作时的高频电磁干扰就越小，显卡就越稳定。一般显卡的 PCB 板层数在 4～8 层左右。

7．显卡 BIOS 芯片

显卡 BIOS 芯片存放着显卡的 BIOS 程序，显卡 BIOS 程序为显卡正常工作提供最基本的支持，其作用与主板 BIOS 作用的非常类似。显卡的 BIOS 芯片绝对大部分都是支持软件擦写的 FLASH ROM 芯片，可以通过专用软件来刷新你的 BIOS 文件，以获得更好的兼容性及显卡性能的提升。但同时需要注意升级 BIOS 有风险，初级用户建议不要尝试。

三、集成显卡介绍

集成显卡是将显示芯片集成到主板上，这样就可以不购买独立显卡而实现普通的显示功能，以满足一般的家庭娱乐和商业应用。集成了显示芯片的芯片组也称为整合型芯片组，而采用整合型芯片组制作的主板被称之为整合型主板。

集成显卡一般不带有显存，把微机系统的一部分主内存作为显存来使用。具体的内存占用数量一般是系统根据需要自动动态调整的。显然，当集成显卡运行的程序需要大量占用显存的时候(通常是运行一些大型 3D 游戏和 3D 设计程序时)，对整个系统的拖累会比较明显。此外系统内存的工作频率和位宽通常比独立显卡的显存低很多，因此集成显卡的 3D 性能比独立显卡的要逊色许多。

还有一部分集成显卡在主板上集成了显存，同时再从内存中划出一些作为动态显存来共同使用。这种具备独立显存的集成显卡在近两年得到了飞速的发展，并且获取了相当不错的中低端市场份额，如 AMD 公司的 780G、785G、790G 和最新的 880G、890G 芯片组。

四、显示器的分类

显示器是微机系统中不可缺少的输出设备，没有显示器我们在操作计算机的时候都会变成睁眼瞎。显示器也是我们直接面对时间最长的计算机设备，它性能的好坏直接影响我们眼睛的感受。显示器按照工作原理的不同，分为 CRT 显示器和液晶显示器两类，如图 2-38 所示。

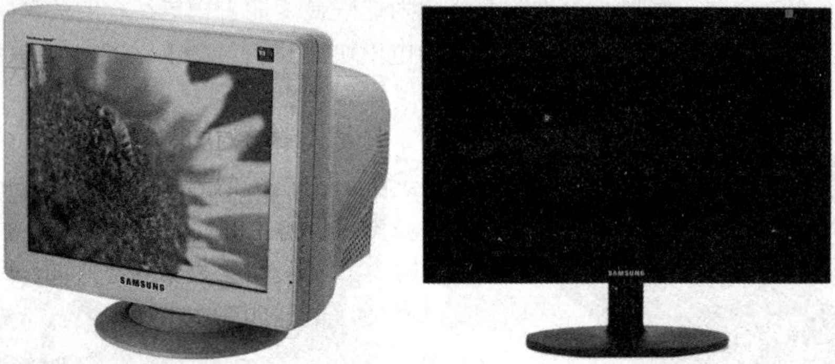

a）CRT 显示器　　b）液晶显示器

图 2-38　CRT 显示器和液晶显示器

1．CRT 显示器

CRT 显示器，是传统的显示器，按照显像管平坦度的不同，可以细分为：平面直角显像管、柱面显像管、纯平显像管等几类，目前主流的都是纯平显像管。按显像管对角线长度还可以再分为：15 英寸、17 英寸、19 英寸、21 英寸等。

（1）CRT 显示器的工作原理

CRT 显像管使用电子枪发射高速电子，经过垂直和水平的偏转线圈控制高速电子的偏转角度，最后高速电子击打屏幕上的荧光物质使其发光，通过电压来调节电子束的功率，就会在屏幕上形成明暗不同的光点，最终形成各种图案和文字。

彩色显像管屏幕上的每一个像素点都由红、绿、蓝三种涂料组合而成，由三束电子束分别激活这三种颜色的磷光涂料，以不同强度的电子束调节三种颜色的明暗程度就可得到所需的颜色，这非常类似于绘画时的调色过程。倘若电子束瞄准得不够精确，就可能会打到邻近的磷光涂层，这样就会产生不正确的颜色或轻微的重像，因此必须对电子束进行更加精确的控制。而解决方法就是在显像管内侧，磷光涂料表面的前方加装荫罩。这个荫罩只是一层凿有许多小洞的金属薄板，只有正确瞄准的电子束才能穿过每个磷光涂层光点相对应的屏蔽孔，荫罩会拦下任何散乱的电子束以避免其打到错误的磷光涂层，这就是荫罩式显像管。有些公司开发荫栅式显像管，它不像以往把荧光材料分布为点状，而是以垂直线的方式进行涂布，并在荧光涂料的前方加上相当细的金属线用以取代荫罩，金属线用来阻绝散射的电子束，原理和荫罩的原理相同，这就是所谓的荫栅式显像管。

一般来说，荫罩式显像管的图像和文字较锐利，但由于电子通过率较低，亮度稍差，适合普通家庭和办公使用；荫栅式显像管的色彩较鲜艳，亮度和对比度比较好，适合平面设计人员使用。

（2）CRT 显示器的主要参数

- **可视面积。**可视面积指你的显示器可以显示图形的最大范围，我们平常说的 17 英寸、15 英寸实际上指显像管的对角线尺寸，而实际可视区域是到不了这个尺寸的。14 英寸的显示器可视范围往往只有 12 英寸；15 英寸显示器的可视范围在 13.8 英寸左右；17 英寸显示器的可视区域大多在 15~16 英寸之间。19 英寸显示器可视区域达到 18 寸英寸左右。
- **分辨率。**分辨率表示屏幕上每一条水平线上面的点的数目乘上水平线的数目。例如 17 英寸 CRT 显示器的典型分辨率为 1024×768，即每一条线上包含有 1024 个像素点且共有 768 条线，也就是说扫描列数为 1024 列，行数为 768 行。分辨率越高，屏幕上所能呈现的图像也就越精细。
- **刷新率。**刷新率就是指屏幕刷新的速度，它的单位是 Hz（赫兹）。刷新频率越低，图像闪烁和抖动得就越厉害，眼睛就越容易疲劳。一般来说，85Hz 以上的刷新率就可完全消除图像闪烁和抖动感，眼睛感觉会比较舒服。
- **带宽。**带宽是显示器视频放大器通频带宽度的简称，指电子枪每秒钟在屏幕上扫过的最大总像素数，以 MHz（兆赫兹）为单位。下面给出几种可接受的带宽值，大家看看带宽值对 CRT 显示器的影响。

几种常见分辨率下的可接受带宽，如表 2-1 所示。

表 2-1　CRT 显示器常见分辨率下可接受带宽值

分辨率	刷新率（Hz）	可接受带宽值（MHz）	分辨率	刷新率（Hz）	可接受带宽值（MHz）
800*600	75	54	1280*1024	70	134
800*600	85	61	1280*1024	75	147
1024*768	75	88	1280*1024	85	167
1024*768	85	100	1600*1200	85	230
1280*1024	60	118			

从上表可见，当带宽一定，而分辨率设定比较高的时候，刷新率会比较低。虽然显示器支持这样的高分辨率，但由于刷新率低，眼睛感觉不舒服，并没有实用价值。

2．液晶显示器

液晶显示器又称 LCD 显示器，是近几年迅速发展起来的显示器种类，凭借小巧的体积和不错的性能，目前已经取代了 CRT 显示器，成为市场的主流。

（1）液晶显示器的工作原理

当向液晶通电时，液晶体分子排列得井然有序，可以使光线容易通过；而不通电时，液晶分子排列混乱，阻止光线通过。通电与不通电就可以让液晶像闸门般地阻隔或让光线穿过。在彩色 LCD 面板中，每一个像素都是由三个液晶单元格构成的，其中每一个单元格前面都分别有红色、绿色或蓝色的过滤片，光线经过过滤片的处理照射到每个像素中不同色彩的液晶单元格之上，利用三原色的原理组合出不同的色彩。

（2）液晶显示器的主要参数

- **响应时间**。响应时间是液晶显示器各像素点对输入信号反应的速度，即像素由暗转亮或由亮转暗所需要的时间。常说的 25ms、16ms 就是指的这个响应时间，响应时间越短则使用者在看动态画面时越不会有尾影拖曳的感觉。
- **亮度**。亮度是指发光物体表面发光强弱的物理量，称为亮度，物理学上用 L 表示，单位为坎德拉每平方米或称平方烛光 cd/m^2。亮度是衡量显示器发光强度的重要指标，目前主流的液晶显示器的亮度都在 $250cd/m^2$ 以上，已经能够满足使用者的需求。
- **对比度**。对比度是画面明暗的比值，比值越大，从黑到白的渐变层次就越多，从而色彩表现越丰富。目前主流的液晶显示器的对比度一般在 400:1 甚至更高。对比度对视觉效果的影响非常关键，一般来说对比度越大，图像越清晰醒目，色彩也越鲜明艳丽；而对比度小，则会让整个画面都灰蒙蒙的。高对比度对于图像的清晰度、细节表现、灰度层次表现都有很大帮助。
- **可视角度**。可视角度是指用户可以从不同的方向清晰地观察屏幕上所有内容的角度。由于提供 LCD 显示器显示的光源经折射和反射后输出时已有一定的方向性，在超出这一范围观看就会产生色彩失真现象。可视角度根据面板类型的不同有所不同，例如目前常见的 TN 面板，水平可视角度一般为 160°。
- **分辨率**。液晶显示器一般都使用推荐分辨率（或称为最佳分辨率、最高分辨率）。在推荐分辨率下，每个像素与液晶分子一一对应，显示很清晰。而液晶显示器在低于非推荐分辨率下工作时，要么就只显示一小块区域，其他部位为不发光的黑色；要么就把画面拉伸变形，画面质量会出现明显的锯齿和不清晰。

表 2-2 给出了几种目前比较流行的液晶显示器的尺寸和分辨率参数。

表 2-2　液晶显示器的尺寸和分辨率参数

液晶显示器屏幕尺寸	屏幕比例	推荐分辨率
17 英寸	5:4	1280*1024
18.5 英寸	16:9	1366*768
19 英寸	5:4	1280*1024
19 英寸	16:10	1440*900
22 英寸	16:10	1680*1050
23 英寸	16:9	1920*1080

【任务实施】

一、方案分析

1．显示卡选配

（1）方案 A 的用户是发烧级的游戏玩家或者经常使用 3D 建模的设计人员，根据资金情况，很有必要配备一块中高端的独立显卡。只有高端的独显才能提供最好的 3D 游戏画面和最快的 3D 建模速度。

（2）方案 B 的用户，由于只玩小型的 3D 游戏和进行纯 2D 的平面设计，那么低端的独显或自带显存的集成显卡就可以满足使用上的要求。

（3）方案 C 的用户，只是使用一般的 Office 软件，玩小游戏，上网浏览网页等等，最普通的集成显卡就能满足使用要求。

2．显示器选配

（1）方案 A：低响应时间的大屏幕液晶显示器，是这类用户的首选。

（2）方案 B：普通的液晶显示器可以满足家庭用户的需求，而专业平面设计人员建议使用大屏幕的 CRT 显示器，毕竟好的色彩表现力、高的亮度和对比度才是平面设计领域首要追求的目标。

（3）方案 C：普通的液晶显示器就能满足一般办公用户的需求。

二、完成方案

通过网络进行市场调研，分别为以上三类方案确定显示卡和显示器的型号，并将其主要的性能参数及参考价格以列表的形式表示。

任务 4　认识及选购声卡与音箱

【任务引入】

早期的计算机只能通过 PC 喇叭发出滴滴答答的声音，而现在几乎所有的微型计算机都能发出悦耳的声音，这都是由于计算机中安装了声卡和音箱（或其他放音设备）。市场上声卡和音箱的品牌和型号多种多样，可以根据不同的需求选择。针对三种不同的用户需求，应该怎样选择声卡和音箱呢？

【任务分析】

声卡也叫音效卡，主要负责处理计算机系统中所有与声音有关的工作，如播放和录制音乐等。要完成上述任务，必须清楚了解声卡的性能和分类，了解音箱的参数和种类，从而才能正确选配声卡和音箱，满足使用需求。

【相关知识】

一、声卡的分类

目前微机中的声卡大致分为两类：独立声卡和主板集成声卡

1．独立声卡

独立声卡的结构如图 2-39 所示。

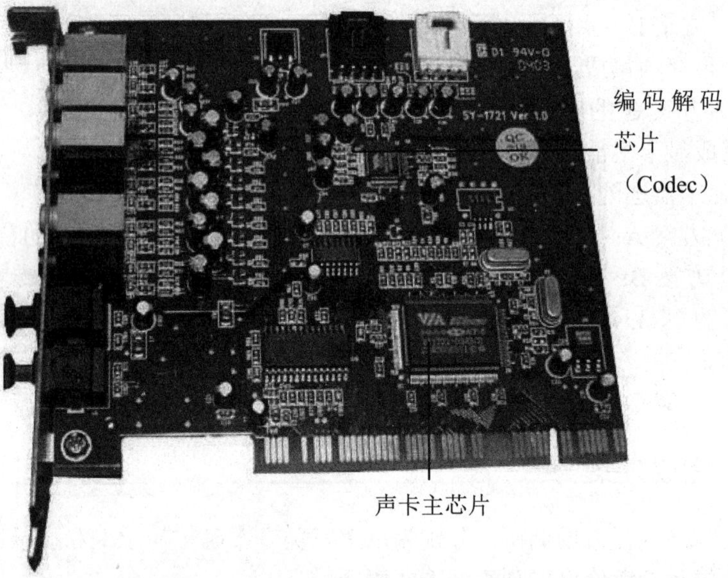

图 2-39　独立声卡的结构

（1）编码解码芯片（Codec 芯片）。编码解码芯片的主要作用就是对音频信号进行“数-模”和“模-数”的转换。要特别强调的是声卡最根本最基础的工作，由它来完成。

（2）声卡的主芯片。声卡主芯片的作用是完成对数字音频信号的各种即时和后期的处理，例如混响、回声等音效处理、MIDI 的合成和回放、各种数字音频格式（WAV、MP3、RM）的回放等等。

（3）输入/输出端子（见图 2-40）

- **模拟音频输出（LINE OUT）端子：**将模拟音频信号输出，一般连接有源音箱和耳机。
- **模拟音频输入（LINE IN）端子：**模拟音频信号通过该端子输入，通过声卡采集为数字音频信号。例如录音机的音频输出端子和该端子直连，采集为数字格式的文件，在微机中存储和播放。

图 2-40　**声卡的输入/输出端子**

- **麦克风（MIC IN）输入端子：**麦克风与该端子连接，用于输入人声和其他外部声音。
- **MIDI 及游戏手柄端子：**用于连接专业的 MIDI 设备和游戏手柄。

（4）总线接口。由于声卡与微机系统数据交换的量不是很大，目前绝大部分独立声卡采用 PCI 总线接口与主板相连接，如图 2-41 所示。早期的独立声卡采用 ISA 总线接口。

图 2-41　**独立声卡总线接口**

2．集成声卡

主板集成声卡按是否集成声卡主芯片，细分为集成硬声卡和集成软声卡。

（1）集成软声卡：在主板上只集成了编码解码芯片，完成声卡最基本的“数－模”和“模－数”转换的功能。无主芯片，主芯片的功能交由 CPU 来完成。由于目前主流微机的 CPU 性能比较强大，因此普通用户完全可以忽略这一点点的 CPU 占用率产生的系统性能的下降。集成软声卡如图 2-42 所示。

（2）集成硬声卡：从某种意义上来说，集成硬声卡非常接近于独立声卡，编码解码芯片和声卡主芯片都有。但由于编码解码芯片和主芯片是设计在同一个集成电路中，物理上没有分开，相互之间有一定的干扰，造成音质在一定意义上还不如软声卡，只是 CPU 占用率好于软声卡。集成声卡输入/输出端子也集成在主板上，如图 2-43 所示。

图 2-42　主板集成软声卡

图 2-43　集成声卡输入/输出端子

二、声卡的工作原理

计算机能够直接处理的数据都是数字信号，但是经由麦克风输入微机的信号和微机输出驱动音箱工作的信号却是模拟信号。既然微机系统输入和输出的都是模拟信号，微机中必定有一个设备是用来将输入的模拟音频信号转换为数字音频信号，再对数字音频信号进行处理和存储。

另外，该设备还能将微机中的数字音频信号转换为模拟音频信号，再输出至音箱或耳机，让我们能听到声音。这个负责“数－模”和“模－数”转换的设备就是声卡，另外声卡还提供对音频信号进行各种特效处理的功能。

三、声卡主要技术参数

1．采样位数

也称采样精度，是指声卡在采集和播放声音文件时所使用数字音频信号的二进制位数。采样位数反映了数字音频信号相对于模拟音频信号描述的准确程度，位数越高越接近模拟信号。目前市场上主流声卡都是 16 位的采样位数，少数高端专业声卡能达到 24 位。

2．采样频率

采样频率是指声卡每秒钟取得声音样本的次数。采样频率越高，音质也就越好，声音在回放时就越真实。目前声卡的采样频率有以下几种标准值：8KHz、11.025KHz、16KHz、22.05 KHz 、37.8KHz、44.1KHz、48KHz 等等。其中 11.025KHz，22.05KHz，44.1KHz 较为常见，分别对应人声语音、普通音乐和 CD 音质的采样。

3．MIDI 与波表库

传统数字音乐与 MIDI 音乐都是数字格式的音乐，但两者区别很大。传统数字音乐必须通过采样才能存储下来，通过提高采样精度和采样位数虽然可以提高音质，但文件体积也相应变得庞大，不利于在网络上的传输。MIDI 数字音乐格式是用数字符号来表达和记录音色、音长（节奏）、音高（音调）和音强（响度），所以 MIDI 音乐文件的体积很小。

声卡回放 MIDI 音乐时，按 MIDI 文件记录的音长、音高、音强，再调用波表库中的音色，达到完美的回放。波表库也称硬波表，是声卡上的一个存储器，存储有真实采样得到的音色。音色越多，波表库就越大。

独立声卡一般都有自己的硬波表，而集成声卡则没有，只有操作系统或声卡驱动附带的软件波表，其音色的多样性和独立声卡比起来一般差很多。所以，一首 MIDI 乐曲在创作时加入了集成声卡软波表库中没有的音色时，在这些声卡上回放的效果肯定是不一样的。当然，通过购买或下载专业的软件波表库，在使用集成声卡回放 MIDI 时，调用这些经过扩容的软波表音色，一样可以达到和高档独立声卡一样的回放效果。MIDI 音乐通过波库的回放，可以完美表现真实器乐，唯一遗憾的是无法模拟人声。

4．复音数量

复音数量表示声卡可以同时发出多少种声音。主流的复音数量一般有 32、64 或/128 个。通过采样记录的数字音频文件，哪怕有 1000 种乐器同时演奏，回放时也能完美播放，因为复音数量只是针对 MIDI 回放的一个技术参数。声卡在调用波表库音色播放 MIDI 文件时，最大同时发音数是多少个，该声卡就拥有多少个复音数量。

5．信噪比

信噪比是指声卡输出信号电压与同时输出的噪音电压的比值，其单位是分贝（dB）。音频信号输出时掺入的噪音越小，该数值就越大，那么音质就越纯净。当信噪比低于 75dB 时，容易被人耳所察觉，会影响播放声音的效果。目前主流的声卡信噪比都在 85dB 以上，一些高档的独立声卡甚至可以达到 120dB。

6．输出声道的数量

无论是独立或集成声卡，目前主流性能至少支持双声道（2.1 声道）输出，大部分支持 5.1 声道的输出，甚至部分声卡支持 7.1 声道的输出。声卡的多声道输出已经是主流性能，不再是高端独立声卡的专项特点。

四、音箱

音箱是最终将声卡的音频信号进行播放的输出设备，再好的声卡如果没有好音箱的支持，依然不能播放出美妙的音乐。

1．音箱的分类

音箱按是否集成功放，分为有源音箱和无源音箱，如图 2-44 所示。绝大部分多媒体音箱属于有源音箱。

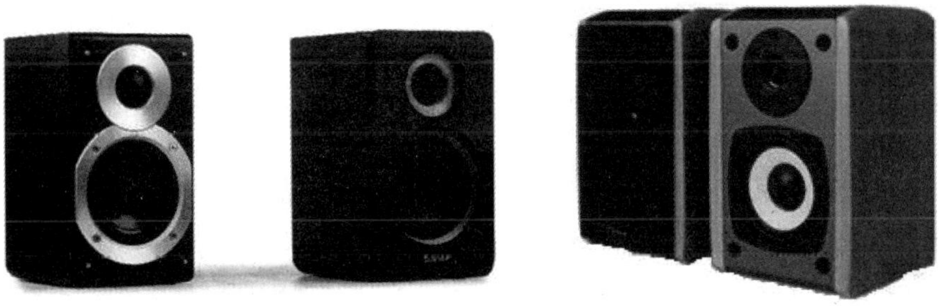

a）无源音箱　　　　b）2.0 声道有源音箱

图 2-44　无源音箱和 2.0 声道有源音箱

音箱按声道数量的不同，可分为 2.0、2.1、5.1 和 7.1 音箱。其中的“.1”特指低音单元。目前比较主流的是 2.0 和 2.1 音箱，占据了绝大部分的音箱市场份额。多声道音箱如图 2-45 所示。

a）2.1 音响　　　　b）5.1 音响

图 2-45　2.1 音箱和 5.1 音箱外观图

音箱按箱体的材质，大致可以分为全塑料音箱、全木质音箱和混合型材质音箱。一般来说全木质音箱的音质要好于全塑料的。而混合型材质的音箱常见于廉价的 2.1 音箱，其低音单元采用全木质结构，立体声主音箱采用塑料材质。如图 2-46 所示。

a）全塑料音响　　　　b）5.1 全木质音响　　　　c）混合型材质音响

图 2-46　各种材质音箱示意图

2．音箱的技术指标

（1）信噪比。信噪比是指音箱回放的正常声音信号与无信号时噪声信号（功率）的比值，用 dB 表示。信噪比数值越高，噪音越小。

信噪比低时，小信号输入时噪音严重，整个音域的声音明显感觉混浊不清，所以信噪比低于 80dB 的音箱不建议购买，而低音炮信噪比低于 70dB 时，出于同样的原因考虑，不建议购买。

（2）失真度。失真度主要分为谐波失真、互调失真和瞬态失真，它直接影响音质音色的还原程度，是一项非常重要的技术指标，常以百分数的形式来表示，其数值越小则失真度就越小。一般来说，普通多媒体音箱的失真度以小于 0.5%为宜，低音炮的失真度小于 5%就基本上就可以了。

（3）频响范围。音箱的频响范围是指该音箱在音频信号重放时，在额定功率状态下并在指定的幅度变化范围内音箱所能重放音频信号的频响宽度。通俗的说，就是音箱所能发出的最低频率音和最高频率音之间的范围。

人能听到的音频信号大约在 20Hz~20kHz 之间，如果音箱的频响范围把这段区间包含在内，自然就属于真正意义上的全频音箱。主流多媒体音箱的频响范围一般在 100Hz～16kHz 之间。

（4）音箱功率。多媒体有源音箱功率一般是指在扬声器正常工作的情况下，其功放的额定输出功率。一般在 5~30W 左右。要注意的是，不要盲目追求大功率的有源音箱，一个 30 平米的房间，15W 功率的音箱就足够了。

【任务实施】

一、方案分析

1．声卡的选配

无论是方案 A 还是 B 或是 C，如果没有专业上的特殊需要，整合声卡完全可以满足用户的需求。对于专业音乐创作人来说，高端独立声卡 96KHz 的采样频率和 24 位的采样位数是绝对有价值的，而低端独立声卡和集成声卡是肯定不能达到这么高的技术参数的。

非专业音乐创作用户，使用几乎不花钱的集成声卡即可。专业用户，建议购买高端独立声卡，例如创新 Sound Blaster X-Fi 系列的声卡。

2．音箱的选配

方案 A：对于游戏发烧友来说，好的音箱也是必不可少的。建议采用全木质结构的高档 2.1 声道音箱就可以了，没有必要买 5.1 或 7.1 声道的，一来接线要求高，二来空间和位置摆放是个问题。实在需要环绕立体声的话，建议再买个高档耳机就行了。3D 建模用户对声音无特殊要求，参考 B 方案。

方案 B：建议家庭用户和平面设计人员采用外观时尚的中档 2.1 音箱，性价比不错。

方案 C：商业办公用户建议使用小巧的 2.0 音箱，空间占用小，音质尚可。有些公司为了不影响工作，甚至不配备音箱。

二、完成方案

通过网络进行市场调研，分别为以上三类方案确定声卡和音箱的型号，并将其主要的性能参数及参考价格以列表的形式表示。

任务 5　认识及选购机箱及电源

【任务引入】

在组装计算机时，电源的价格占很小的比例，但良好的电源能够提高系统的稳定性，结构合理的机箱不但为各种板卡提供支架，而且能够更有效地防止电磁辐射。针对三种不同的用户需求，机箱和电源要如何选配呢？

【任务分析】

随着计算机组件耗电及发热量的剧增，电源和机箱的问题也越来越受到人们的重视。其实机箱、电源虽简单，但其中的学问也不少。要完成上述任务，必须清楚了解机箱和电源的分类和参数。

【相关知识】

一、机箱的分类

机箱是安装主板、各种板卡和驱动设备的地方，并且对硬件起到固定与保护的作用，此外，计算机机箱具有电磁辐射的屏蔽的重要作用。机箱一般包括外壳、支架、面板上的各种开关、指示灯等。外壳用钢板和塑料结合制成，硬度高，主要起保护机箱内部元件的作用；支架主要用于固定主板、电源和各种驱动器。机箱有以下几种分类方法。

1．按机箱的外形分类

按机箱的外形可分为立式和卧式两种，如图 2-47 所示。按尺寸又可分为超薄、半高、3/4 高和全高 4 种。现在采用立式机箱比较多。立式机箱没有高限制，理论上可以提供更多的驱动器槽，也便于箱内散热。而普通的卧式机箱受厚度限制，一般只提供一个 3.5in 槽和两个 5.25in 槽，虽然在当前的标准配置中还算够用，但在市场上已经难见到，只有部分品牌机还有使用卧式机箱的。

a）立式机箱

b）卧式机箱

图 2-47　立式机箱和卧式机箱

2．按机箱的结构分类

目前市场上销售的机箱只有 ATX 和 Micro ATX 结构。ATX 结构的主板除了具有键盘插孔外，还将串行接口与并行接口集成到主板上，机箱内结构简洁，提高了系统的可靠性。Micro ATX 主板各 ATX 主板所用机箱机同，都使用 ATX 机箱。从性价比考虑，中型立式 ATX 机箱是目前普通用户的理想选择。

二、机箱的结构

机箱由金属的外壳、框架及塑料面板组成。机箱面板多采用硬塑料，厚实、色泽漂亮。机箱框架和外壳是用双层镀锌钢板制成的，钢板的厚度及材质直接关系到机箱的刚性、隔音和抗电磁波辐射的能力。正规厂家生产的机箱所使用的钢板厚度不得低于 1.3mm，但也有一些小厂采用厚度仅 1mm 左右的钢板，所以选择时在体积相同的前提下选择重机箱好。在材质方面，钢板要具备韧性好、不易变形、高导电率等特点，制作时要对边框进行折边和去毛刺处理，做到切口圆滑，烤漆均匀且不掉漆、无色差，对稍大一点的机箱还应加装支撑以防止变形。选购时要注意观察一下各部分有无不良之处。ATX 立式机箱的结构如图 2-48 所示。

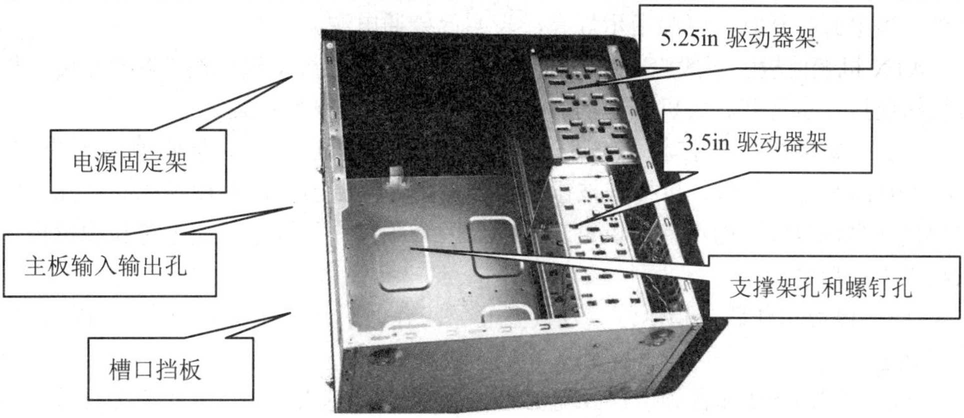

图 2-48　ATX 立式机箱的结构

1．机箱内的主要部件

无论是卧式机箱还是立式机箱，其各个组成部分都差不多，只是位置有些差异。各个部件的名称和作用如下：

（1）支撑架孔和螺钉孔。它们用来安装支撑架和将主板用螺钉固定。要把主板固定在机箱内，需要一些支撑架和螺钉。支撑架用来把主板支撑起来，使主板不与机箱底部接触，避免短路。螺钉用来把主板固定在机箱上。

（2）电源固定架。它用来安装电源。市场上的机箱一般都带有电源固定架，不用另外购买。

（3）插卡槽。插卡槽用来固定各种插卡。计算机的各种插卡可以用螺钉固定在插卡槽上。如果插卡有接口露在机箱外面，为了与计算机的其他设备连接，需要将机箱上的槽口挡板卸下来。

（4）主板输入/输出孔。对于 ATX 机箱，键盘与主板通过圆孔相连；对于 Micro ATX 机箱，有一个长方形孔，随机箱配有多块适合不同主板的挡板。

（5）驱动器槽。驱动器槽用来安装软驱、硬盘、CD-ROM 驱动器等。要将软驱、硬盘等固定在驱动器槽内还需要一些角架。角架也是和机箱一起买来的。

（6）控制面板。控制面板上有电源开关、电源指示灯、复位按钮、硬盘工作状态指示灯等。

（7）控制面板接脚。这包括电源指示灯接脚、硬盘指示灯接脚和复位按钮接脚等。

（8）扬声器。有的机箱内固定一个小扬声器，用于提示用户计算机的工作状态。

（9）电源开关孔。此孔用于放置电源开关

（10）其他安装配件。在购买机箱时，除了固定在机箱内的零部件之外，还会配备一些其他零件，通常放在一个塑料袋或者一个纸盒内。主要有金属螺钉、塑料膨胀螺栓、3～5 个带绝缘垫片的小细纹螺钉等。

2．机箱上的按钮、开关和指示灯

机箱上常见的按钮、开关和指示灯有电源开关（Power Switch）、电源指示灯、复位按钮（Reset）和硬盘工作状态指示灯（HDD LED）等。

（1）电源开关及指示灯。电源开关有接通和断开两种状态。不同机箱的电源开关位置略有不同，有的在机箱的正面，有的在机箱的右侧。一般机箱上的电源开关标有“Power”字样。当电源打开时，电源指示灯亮，表明已接通电源。

ATX 机箱面板上一般没有机械式的电源开关，它通过主板上的 PW-ON 接口与机箱上相应按钮连接，实现开、关机。有的 ATX 电源盒上带有一个开关。

（2）复位按钮。按该按钮强迫计算机进入复位状态。当某种原因出现死机或按 Ctrl+Alt+Del 键无效时，可按该按钮强迫计算机复位。当出现键盘锁死的情况，应利用复位按钮使计算机复位，而不宜关机重新启动。因为频繁开关机容易使电源和硬盘损坏。复位按钮相当于冷启动。

（3）硬盘工作状态指示灯。当硬盘正常工作时，该指示灯亮，表示目前计算机正在读或写硬盘。

（4）前置 USB 和音频接口。现在 USB 接口设备越来越多，为了方便插拔，许多机箱前面板上提供了 USB 接口和音频接口，如图 2-49 所示。需要用机箱提供 USB 线连接到主板上的前置 USB 接口上。

图 2-49　机箱前置面板上的前置 USB 接口和音频接口

三、机箱的选购

在选购机箱时，不但要关心机箱的外观样式，还要关心其质量、是否防辐射，也就是说，机箱关系着计算机和用户安全。

1．机箱类型

目前常见的机箱类型有 ATX 和 Micro ATX 两种。ATX 机箱是目前常见的机箱，支持现在绝大部分类型的主板。Micro ATX 机箱比 ATX 机箱小一些。在选购时最好以标准立式 ATX 机箱为准，因为它空间大，安装槽多，扩展性好，通风条件也不错，完全适应大多数用户的需要。

2．箱体用料

机箱箱体用料是选择机箱的重要条件。箱体用料主要有以下几个。

（1）镀锌钢板。目前大部分机箱箱体采用镀锌钢板，这种钢板的优点是抗腐蚀能力比较好。

（2）喷漆钢板。少数厂商的产品采用仅仅涂了防锈漆甚至普通漆的钢板，这样的机箱最好不要购买。

（3）镁铝合金。由于表面有致密的氧化层保护，所以抗腐蚀性最好，属于高档机箱的用料。

（4）前面板。前面板的用料也很重要。前面板大多采用工程塑料制成，用料好的前面板强度高，韧性大，使用数年也不会老化变黄；而劣质的前面板强度很低，容易损坏，使用一段时间就会变黄。

3．机箱结构

（1）基本架构。一款优秀的机箱应该拥有合理的结构，包括足够的可扩展槽位，能够让使用者方便地安装和拆卸配件的设计以及合理的散热结构。

（2）拆装设计。对于经常打开机箱的硬件爱好者来说，方便拆装的设计更是必不可少的。目前在很多机箱上都有这种设计，比如侧板采用手拧螺钉固定，3 英寸驱动器架采用卡勾固定，5 英寸驱动器配备免螺钉弹片，板卡采用免螺钉固定，机箱前面板加装 USB 接口等等。

（3）散热设计。合理的散热结构更是关系到计算机能否稳定工作的重要因素。目前最有效的机箱散热解决方法是为大多数机箱所采用的双程式互动散热通道：外部低温空气由机箱前部进气散热风扇吸入进入机箱，经过南桥芯片，各种板卡，北桥芯片，最后到达 CPU 附近，在经过 CPU 散热器后，一部分空气从机箱后部的排气风扇抽出机箱，另外一部分从电源底部或后部进入电源，为电源散热后，再由电源风扇排出机箱。机箱风扇多数使用 80mm 规格以上的大风量、低转速风扇，避免了过大的噪音，实现了“绿色”散热。

（4）电磁屏蔽性能。计算机在工作的时候会产生大量的电磁辐射，如果不加以防范会对人体造成一定伤害。选购机箱时要注意，机箱上的开孔要尽量小，而且要尽量采用圆孔。其次要注意各种指示灯和开关接线的电磁屏蔽。最后要注意的是细节部分的屏蔽设计，比如在机箱侧板安装处、后部电源位置设置防辐射弹片，这种弹片会使设备之间连接更为紧密，有效防止了辐射泄漏。

最直接的方法是察看机箱是否通过了 EMI GB9245 B 级、FCC B 级以及 IEMC B 级标准的认证，这些民用标准规定了辐射的安全限度，通过这些认证的机箱一般都会有详细的证书证明。

四、ATX 电源标准

计算机电源是一种安装在主机箱内的封闭式独立部件，它的作用是将交流电通过一个开关电源变压器转换为+5V、-5V、+12V、-12V、+3.3V 等稳定的直流电，供给主机箱内的系统板、各种适配器和扩展卡、硬盘驱动器、光盘驱动器等系统部件及键盘和鼠标使用。

虽然计算机的电源包括 ATX、Micro ATX 和 Flex ATX 等类型，但在计算机配套市场可以买到的计算机电源只有 ATX 电源。ATX 电源规范经历了 ATX 1.1、ATX 2.0、ATX 2.01、ATX 2.02、ATX 2.03 和 ATX 12V 系列等阶段。2007 年 4 月 3 日，Intel 发布了最新 ATX 12V 2.3 标准，此次 Intel 发布 2.3 标准，主要是针对 Vista 系统带来的硬件升级以及双核、多核处理器的功耗改变而推出的新标准。ATX12V 2.3 标准中推出了 180W、220W、270W、300W、350W、400W 和 450W 这七个功率的标准。其中 180W、220W、270W 三个功率级分别为单路+12V 电源标准，而 300W、350W、400W、450W 功率级别都是为了支持高端 Vista 显卡而“生”，都采用了双路 12V 输出。

ATX 电源主要有下列几种电源输出。

（1）+5V：传统的半导体电路供电——驱动各种驱动器的控制电路、主板连接设备、USB 外设等，为 Pentium 4 以前及部分 Socket-A CPU 供电，近两年又增加了为高端显卡供电的用途。

（2）+12V：传统的直流电机驱动供电，新兴的 CPU 供电——驱动各种驱动器的电机、散热风扇，部分主板连接设备等。从 Pentium 4 系统开始，由于 CPU 功耗增大，对供电的要求提高，而增加了 4Pin 插头提供+12V 电压给主板，经变换后为 CPU 供电。

（3）+3.3V：传统的信号电压，新兴的芯片供电——经主板变换后驱动芯片组、内存等，驱动主板连接设备、SATA 驱动器的部分控制电路等。

（4）+5VSB：即+5V Standby，是在系统关闭后保留的待机电压，用于对系统唤醒的支持。+5VSB 采用一个单独的变换电路，只要输入正常且电源开关闭合，+5VSB 就处在工作状态，可驱动待机负载。最初的 ATX 1.0 标准只要求+5VSB 电流达到 0.1A，但随着 CPU 和主板功耗的提高，0.1A 已经无法满足系统要求，因此现在的 ATX 2.1 标准中要求+5VSB 电流可达到 2A。

（5）-5V：用于驱动某些 ISA 板卡电路，极少用到，输出电流通常小于 1A。

（6）-12V：由于某些串口的放大电路需要用到+12V 和-12V，但电流要求并不高，因此-12V 输出电流通常小于 1A。

ATX 电源外观如图 2-50 所示。

五、ATX 电源的接口

1．ATX 主板电源插头

ATX 主板电源插头，如图 2-51 所示，是电源输出中最大的一个，由 20 根电源线组成，在插头上还有一个扣子，将扣子扣在插座上，不仅能更好地固定插头，还能防止将插头接反。

图 2-5-4 ATX 电源外观

图 2-51　ATX 主板电源接头

2．大四芯电源插头

在电源的所有插头中，大四芯插头（见图 2-52）是数量最多的一种，由于该插头的两个边角是斜面，所以也叫“D 型”头或 D 型插座。大四芯电源插头是给硬盘、光驱、刻录机等

IDE 设备提供电源的。这些设备上都有相应的 D 型插座。因此，能很容易地把电源线接到这些设备上。

3．小四芯插头

小四芯插头（见图 2-53）主要是给软驱供电。软驱的电源插座与小四芯插头都没有采用“ D 型”设计，但在小四芯插头上有一个突出的棱，在接着的背面有一个小凸块，对应软驱的电源插座上也有相应的凹槽，一般情况下不会插反。

图 2-52　D 型插头

图 2-53　小四芯插头

4．风扇电源插头和 P4 主板的专用插头

由于 P4 主板的耗电非常大，加上其他板卡随着功能的增强，耗电量也不断地增加。因此，Intel 在发布 P4 的设计规格时，增加了一个四芯插头（见图 2-54）和一个六芯插头（见图 2-55），并不是所有的 P4 主板都需要这两个辅助接头，如今，许多 P4 主板只要原来的主板电源接口也可以使用。

图 2-54 四芯插头

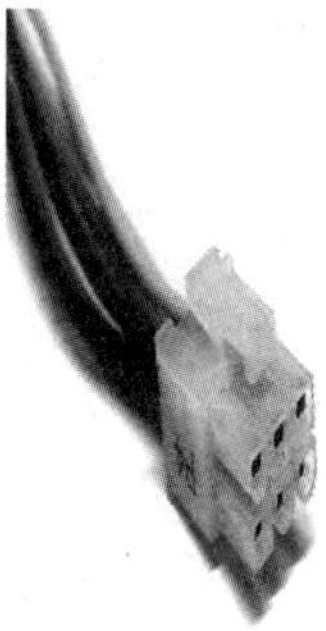

图 2-55 六芯插头

六、ATX 电源的主要参数

ATX 电源的生产厂家不同，性能上会有很大的差异。用户在选用电源时，要注意如下几个参数：

1．电源功率

电源的功率是用户最关心的参数。在电源铭牌上常见到的有最大功率和额定功率两种标准参数。其中最大功率是指当电压、电流在不断提高，直到电源保护起作用时的总输出功率，但它并不能作为选择电源的依据。用于有效衡量电源的参数是额定功率。额定功率是指电源在稳定、持续工作下的最大负载，额定功率代表了一台电源真正的负载能力。

一般 PC 主机稳定运行的功率为 100～200W 之间，高端机器 300W 的电源已经足够。随着技术进步，现在电源厂商都把研发精力转移到提高电源转换效率上，而不是光提高电源的功率。

2．输出电压稳定性

ATX 电源的另一个重要参数是输出电压的误差范围，通常对+5V、+3.3V 和+12V 电压的误差率要求为 5%以下，对-5V 和-12V 电压的误差率要求为 10%以下。输出电压不稳定，或纹波系数大，是导致系统故障和硬件损坏的因素。

ATX 电源的主电源基于脉宽调制（PWM）原理，其中的调整管工作在开关状态，因此又称为开关电源。这种电源的电路结构决定了其稳压范围宽的特点。通常，市电电压为 220v±20%波动时，电源都能够满足上述要求。

3．纹波电压

纹波电压是指电源输出的各路直流电压中的交流成分。作为计算机的供电电源，对其输出电压的纹波有较高的要求。纹波电压的大小，可以使用数字万用表的交流电压档很方便地测出，测出的数值应在 0.5V 以下。

4．可靠性

衡量一台设备可靠性的指标，一般采用 MTBF（Mean Time Between Falure，平均故障间隔时间），单位为“小时”。电源设备工作的可靠性，参照品牌 PC 的相关质量标准，其 MTBF 应不小于 5000 小时。

一些商家为了节约成本，将构成 EMI 滤波器的所有元件都省去了，平滑滤波器的电容容量和耐压不足，元器件在装配之前也没有经过必要的筛选程序，电路制作工艺粗糙，以致电源产品故障率很高。

5．安全和质量认证

为了确保电源使用中的可靠性和安全性，每个国家或地区都根据自己各自不同的地理状况和电网环境制定了不同的安全标准。通过的认证规格越多，说明电源的质量和安全性越高。现在电源的安全认证标准主要有 FCC、UL、CSA、GS 和 CCEE 认证等。电源产品至少应具有这些认证标志之一，有了这些认证标志的产品，算是可以信得过的。

【任务实施】

一、方案分析

鉴于电源对于系统的平稳运行具有至关重要的作用，结构合理的机箱便于拆装，而且能够更有效地防止电磁辐射，因此对于三种类型的用户需求在预算可行的情况下，都建议选择优质机箱和电源。

二、完成方案

通过网络进行市场调研，确定几款质量较好的机箱和电源产品，并将其主要的性能参数及参考价格以列表的形式表示。

任务 6　认识及选购输入、输出设备

【任务引入】

输入、输出设备简称 I/O 设备，是计算机系统的重要组成部分。程序、原始数据和各种现场采集到的信息，都要通过输入设备送给计算机。计算机将计算结果和各种控制信号需要输出到各种输出设备，以便显示、打印和实现各种控制动作。常见的输入设备包括键盘、鼠标、扫描仪和摄像头，常见输出设备包括显示器、打印机。本课题任务 3 中已经介绍了显示器的相关知识。针对三种不同的用户需求，这些常见的输入、输出设备应如何选配呢？

【任务分析】

要完成上述任务，必须清楚了解这些常见输入、输出设备的分类和性能参数。

【相关知识】

一、键盘

键盘是最常见的计算机输入设备，它广泛应用于微型计算机和各种终端设备上。计算机操作者通过键盘向计算机输入各种指令、数据，指挥计算机的工作。计算机的运行情况输出到显示器，操作者可以很方便地利用键盘和显示器与计算机对话，对程序进行修改、编辑，控制和观察计算机的运行。

1．键盘的分类

（1）按按键数分类

- **104 键标准键盘。**此类型键盘采用标准的 104 键台式机键盘、键体设计，比 101 键键盘多出了 3 个键，用于在 Windows 95 及以上的操作系统环境中快速调出系统菜单和鼠标右键菜单。目前市场上绝大多数键盘都为此种类型。常见的 104 键键盘如图 2-56 所示。

图 2-56　104 键键盘

- **104 键多媒体键盘**。此类型键盘采用标准的台式机键盘、键体设计，添加了音量增减、Mail 等热键。热键数量较少的属于准多媒体键盘，市场上流通也很广泛。
- **107 键标准键盘**。此类键盘比 104 键键盘多出了“开关机”、“睡眠”、“唤醒”电源管理方面的按键。不过由于其多出的 3 个按键有时候造成误操作，所以现在厂商多以 104 键为基础进行设计。
- **笔记本式键盘**。由于笔记本键盘的键帽采用了先进的剪刀式 X 架构悬吊技术设计，使得它拥有比传统台式机键盘更好的弹性，以及轻盈柔和的手感，这种键盘可以大大提高文字的录入速度，提高工作效率，所以键体和键帽仿照笔记本式的键盘在市场上大受欢迎。

（2）按键盘的外观分类

- **普通键盘**。普通键盘是平直结构，价格便宜，市场占有量最大，主要用于学生机房、办公场所及网吧中。
- **人体工学键盘**。所谓人体工学键盘，在本质上就是指使用工具的使用方式尽量适合人体的自然形态，这样使用工具的人在工作时，身体和精神不需要任何主动适应，从而尽量减少使用工具造成的疲劳。对于经常使用键盘的用户，应使用人体工学键盘，以减轻其对身体的伤害。

（3）按有、无连接线分类。一般键盘都是通过线缆与主机相连。无线键盘主要采用无线电传输（RF）方式与主机通信。其实如果按照键位设计，无线键盘可以归纳在以上几种键盘之中，但是由于其特殊的传输方式，加上市场上对无线设备的青睐，还是将其独立提取出来作为一个种类。

（4）按键盘的接口分类。早期的键盘接口都是 AT 键盘接口，是一个较大的圆形接口，俗称“大口”。后来的 ATX 规格改用 PS/2 接口作为鼠标专用接口的同时，也提供了一个键盘专用的 PS/2 接口，俗称“小口”。但是要注意的是，虽然键盘和鼠标都是使用 PS/2 接口，但两者之间不能互换。随着 USB 接口的广泛使用，很多厂商相继推出了 USB 接口的键盘。

2．键盘的结构

计算机键盘可以分为外壳、按键和电路板三部分。只有键盘的外壳和所有按键能看得到，而电路板安置在键盘的内部。

（1）键盘外壳。主要用来支撑电路板和为操作者提供一个方便的工作环境。多数键盘外壳上有可以调节键盘与操作者角度的支撑架，通过这个支撑架，用户可以使键盘的角度改变。键盘外壳与工作台的接触面上装有防滑减震的橡胶垫。许多键盘外壳上还有一些指示灯，用来指示某些按键的功能状态。

（2）按键。印有符号标记的按键安装在电路板上。有的直接焊接在电路板上，有的用特制的装置固定在电路板上，有的则用螺钉固定在电路板上。

对计算机键盘而言，一般都有几十个或者上百个按键，尽管按键数目有所差异，但按键布局基本相同，共分为 4 个区域，即主键盘区、副键盘区、功能键区和数字键盘区。

（3）电路板。电路板是整个计算机键盘的核心，主要由逻辑电路和控制电路所组成。逻辑电路排列成矩阵形状，每一个按键都安装在矩阵的一个交叉点上。电路板上的控制电路由按键识别扫描电路、编码电路、接口电路组成。在一些电路板的正面可以看到由某些集成电路或其他一些电子元件组成的键盘控制电路，反面可以看到焊点和由铜箔形成的导电网络；

而另外一些电路板只有制作好的矩阵网络，没有键盘控制电路，它们将这一部分电路放到了计算机内部。

3．键盘的主要参数

键盘的许多参数有很大的主观性。

（1）外观设计。良好的键盘外观，不仅代表了做工的精细，而且也能带给你视觉上的享受。

（2）工作噪声。 键盘使用时产生的噪声越来越被人所重视，键盘噪声越小越好。

（3）按键舒适度。 虽然打字的舒适与个人所喜好的键程的长短有很大的关系，但是不同材质、不同弹性的弹簧带来的是不同的打字感受，用户应该选用自己打字习惯的键盘。

（4）使用舒适度。使用的舒适度涉及用户的手、腕，肘等主要关节的舒适程度，这和是否科学地进行了人体工程学设计有很大的关系。

（5）扩展功能。键盘的扩展功能主要集中在热键和其他防护等方面，合理的热键、防水等各种扩展功能可为用户带来方便。

二、鼠标

随着图形化操作系统的出现，单纯依靠键盘已经无法满足用户高效率工作的需求。在这种情况下，鼠标（Mouse）应运而生，其准确、快速的屏幕指针定位功能，在图形化操作方式一统天下的今天，成为人们使用计算机时必不可少的重要设备。

1．鼠标的分类

鼠标有多种分类方式，现介绍如下。

（1）按鼠标的按键数目分类。从鼠标按键的数量来看，除了早期使用、现已被淘汰的两键鼠标外，还可以分三键鼠标、滚轮鼠标和多键鼠标 3 种类型。其中，三键鼠标的左、右两键与传统两键鼠标完全相同，而中间的第三个按键则在 UG、AutoCAD 等行业软件内有特殊的作用，如图 2-57 所示。

相比之下，目前最为常见的便是滚轮鼠标了。事实上，滚轮鼠标属于特殊的三键鼠标，两者间的差别在于滚轮替换了三键鼠标的中键，如图 2-58 所示。在实际应用中，转动滚轮可以实现上下翻动页面，而单击滚轮后则实现屏幕自动滚动的效果。

至于多键鼠标，则是继滚轮鼠标之后出现的一种新型鼠标。多键鼠标的特点是在滚轮鼠标的基础上增加了拇指键等快捷键，进一步简化了操作程序，如图 2-59 所示。

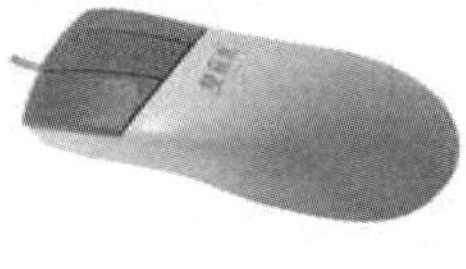

图 2-57　三键鼠标

图 2-58　滚轮鼠标

图 2-59　多键鼠标

（2）按鼠标的接口分类。根据鼠标与计算机连接时所用接口的不同，可以将鼠标分为 PS/2 鼠标、USB 鼠标和无线鼠标 3 种类型。

目前，采用 PS/2 接口的鼠标最为常见，其特征是使用一个 6 芯圆形接口与计算机进行连接。不过，由于 PS/2 鼠标所使用的接口与 PS/2 键盘的接口极为类似，因此在使用上要防止插错接口。

USB 接口一经兴起，各大外设厂商便纷纷推出了 USB 鼠标产品，图 2-60 所示。与 PS/2 鼠标相比，USB 鼠标支持热插拔，因此受到了众多用户的青睐。

无线鼠标采用了与无线键盘相同的信号发射方式，由于摆脱了线缆的限制，因此无线鼠标能够让用户更为方便、灵活地操作计算机，图 2-61 所示。

（3）按内部构造进行分类。按内部结构的不同，鼠标可以分为机械式和光电式两种类型。其中，机械式鼠标的特征在于底部有一个胶质小球，此外其内部还含有两个用于识别方向的 X 方向滚轴和 Y 方向滚轴。在使用中，机械式鼠标必须通过胶质小球与桌面的摩托来感应位置的移动，其精度有限，因此已被光电式鼠标所取代。

与机械式鼠标相比，光电式鼠标由发光二极管（LED）、透镜组件、光学引擎和控制芯片组成，特点是精度较高。从底面看，光电鼠标没有滚轮，取而代之的则是一个不断发光的光孔，工作时通过不断发射和接收光线来确定指针在屏幕上的位置，如图 2-62 所示。

图 2-60　USB 鼠标

图 2-61　无线鼠标

图 2-62　光电鼠标底部图

2．鼠标的主要参数

目前市场上能够见到的鼠标产品绝大多数都属于光电鼠标，而能够反应光电鼠标性能的主要有以下几项指标。

（1）分辨率。一款光电鼠标性能优劣的决定性因素在于每英寸长度内鼠标所能辨认的点数，也就是人们所说的单击分辨率。目前，高端光电鼠标的分辨率已经过到了 2000DPI 的水平，与 400DPI 的老式光电鼠标相比，2000DPI 鼠标的定位精度要远远高于 400DPI 的光电鼠标。不过，并非 DPI 越大的鼠标越好。因为当鼠标的 DPI 过大时，轻微震动鼠标就可能导致光标“飞”掉，而 DPI 值小一些的鼠标反而感觉比较“稳”。

（2）刷新率。这是对鼠标光学系统采样能力的描述参数，发光二极管发出光线照射到工作表面，光电二极管以一定的频率捕捉工作表面反射的快照，交由数字信号处理器（DSP）分析和比较这些快照的差异，从而判断鼠标移动的方向和距离。

（3）接口采样频率。现在的鼠标大多都采用 USB 接口，按照理论，接口采样频率达到 125Hz。目前大多数鼠标都采用光学引擎+接口芯片的双芯片设计模式，这就要求接口芯片的采样频率要尽量高，避免性能瓶颈出现在接口电路上。接口采样频率一般为 60～124Hz。接口采频样率对鼠标表现影响较大，且越大越好。

三、打印机

打印机（Printer）是一种极其重要的计算机输出设备，用于将计算机处理结果打印到相关介质上。打印机种类很多，按打印元件是否对纸有击打动作，分为击打式打印机与非击打式打印机；按照工作方式分类分为点阵式打印机、针式打印机、喷墨式打印机、激光打印机等类型。

1．针式打印机

针式打印机也称撞击式打印机，工作时通过打印机和纸张的物理接触来打印字符图形，如图 2-63 所示。

针式打印机中的打印头由多支金属撞针依次排列组成，当打印头在纸张和色带上行走时，指定撞针会在到达某个位置后弹射出来，并通过击打色带将色素点转印在打印介质上。在打印头内的所有撞针都完成这一工作后，便能够利用打印出的色素点砌成文字或图画，如图 2-64 所示。

图 2-63　针式打印机

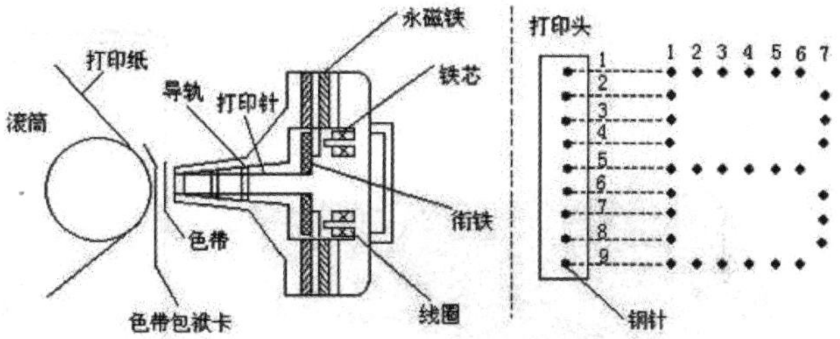

图 2-64　针式打印机结构原理图

2．喷墨式印机

喷墨式打印机通过将墨水喷射到纸面上形成字符和图形，因此打印的精细程度取决于喷头在打印墨点时的密度和精确度。当采用每英寸上的墨点数量来衡量打印品质时，墨点的数量越多，打印出来的文字或者图像就越清晰、越精确，如图 2-65 所示。

图 2-65　喷墨式打印机

（1）喷墨式打印机工作原理。当打印机喷头（一种包含数百个墨水喷嘴的设备）快速扫过打印纸时，其表面的喷嘴便会喷出无数小墨滴，从而组成图像中的像素。

（2）喷墨式打印机的类型。根据喷墨打印头的不同，喷墨式打印机大致可分为热气泡式（Thermal Bubble）喷墨打印机和压电式（Piezoelectric）喷墨打印机两种类型。

- **热气泡式喷墨打印机。**热气泡式喷墨打印机采用的是瞬间加热墨水，使其达到沸点后将其挤出墨水喷头，从而落在打印纸上形成图像的方法。热气泡式喷墨打印机的优点是喷头密度高、成本低。
- **压电式喷墨打印机。**压电式喷墨打印机的喷嘴内安装有微型的墨水挤压器。当电流通过墨水挤压器时，便会驱动挤压器将墨水从喷头内挤出，从而在打印纸上形成图像。

3．激光打印机

激光打印机作为一种非击打式打印机，具有输出速度快、分辨率高、运转费用低等优点，其外形如图 2-66 所示。.

当计算机通过电缆向激光打印机发送打印数据时，打印机会将接收到的数据暂存在缓存内，并在接收到一段完整数据后，由打印机处理器驱动各个部件，完成整个打印工作，如图 2-67 所示。

图 2-66　激光打印机

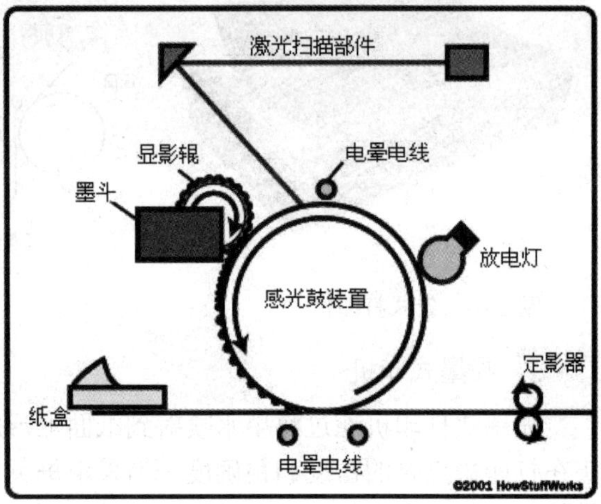

图 2-67　激光打印机原理图

四、扫描仪

扫描仪（Scanner）是一种计算机外部设备，通过捕获图像并将之转换成计算机可以显示、编辑、存储和输出的数字化输入设备。对照片、文本页面、图纸、美术图画、照相底片、菲林软片，甚至纺织品、标牌面板、印制板样品等三维对象都可作为扫描对象，提取和将原始的线条、图形、文字、照片、平面实物转换成可以编辑及加入文件中的装置。

1．扫描仪的分类

扫描仪的种类繁多，按不同的分类标准可以划分出多种不同的类型。例如，按照用途的不同，可以将其分为专用于各种图稿输入的通用型扫描仪和专用于特殊图像输入的专用型扫描仪（如条形码扫描器、卡片阅读机等），如图 2-68 所示。

图 2-68　专用型扫描仪

除此之外，通用型扫描仪还可以分为多种类型，下面将对其分别进行介绍。

（1）按照扫描图像的大小进行分类。根据扫描图像的幅面大小可以将扫描仪分为小幅面的手持式扫描仪、中等幅面的台式扫描仪和大幅面的工程图扫描仪 3 种类型。其中，手持式扫描仪的扫描幅面最小，但却拥有体积小、重量轻、携带方便等优点，如图 2-69 所示。相比之下，台式扫描仪的用途最广、功能最强，种类最多，其扫描尺寸通常为 A4 或 A3 幅面，如图 2-70 所示。

图 2-69　手持式扫描仪

图 2-70　台式扫描仪

至于工程图扫描仪，则是这 3 种扫描仪中扫描幅面最大、体积也最大的类型，如图 2-71 所示。与前两种扫描仪相比，工程图扫描仪的扫描对象主要是测绘、勘探等方面的大型图纸。此外，在地理系统工程等方面也会用到扫描面较大的工程图扫描仪，如图 2-71 所示。

图 2-71　工程图扫描仪

（2）按照扫描方式进行分类。根据图像扫描方式的不同，还可将扫描仪分为激光式扫描仪、平板式扫描仪和馈纸式扫描仪 3 种类型。

- **激光扫描仪**。激光扫描仪是一种能够测量物体三维尺寸的新型仪器，主要在工业生产领域中检测产品尺寸与形状，如图 2-72 所示。与普通的扫描仪相比激光扫描仪具有准确、快速且操作简单等优点。
- **平板式扫描仪**。平板式扫描仪是扫描仪设备的代表产品，平常能够见到及使用的也都是平板式扫描仪。与其他类型的产品相比，平板式扫描仪具有适用面广、使用方便、性能优越、扫描质量好且价格低廉等优点。
- **馈纸式扫描仪**。馈纸式扫描仪（滚筒式扫描仪）通常应用于大幅面扫描领域内，以解决平板式扫描仪在扫描大面积图稿时设备过大的问题。事实上，应用于 CAD、工程图纸等领域内的工程图扫描仪所采用的大多都是馈纸式走纸方式，如图 2-73 所示。

图 2-72　激光扫描仪

图 2-73　馈纸式扫描仪

（3）按照成像方式进行分类。按照扫描仪成像方式的不同，还可将其分为 CCD 扫描仪、CMOS 扫描仪和 CIS 扫描仪 3 种类型。其中，前两种扫描仪分别依靠内部的 CCD（电荷耦合器）或 CMOS（互补金属氧化物半导体）将光学信息转换为电信号，从而实现图像介质数字化的目的。相比之下，CIS 扫描仪则是一种以“接触式图像传感器”为核心的成像系统，具有结构简单、成本低廉、轻巧实用等优点。不过，CIS 扫描仪对扫描稿的厚度和平整度要求较为严格，且成像质量较前两种扫描仪要差。

2．扫描仪的结构

目前，常见的平板式扫描仪通常都由光源、光学透镜、扫描模组、模拟/数字转换电路和塑料外壳组成。在扫描图稿的过程中，光源会首先将光线照射到图像上，而光学透镜则会在将反射光汇聚在扫描模组上后，由扫描模组内的光电转换器件根据反射光的强弱将其转换为强度不同的模拟电信号。

接下来，模拟/数字转换电路将模拟电信号转换为“0”和“1”组成的数字信号，并再由专门的扫描软件对数据进行处理后还原为数字化的图像信息。

3．扫描仪的主要参数

现阶段，人们主要从图像的扫描精度、灰度层次、色彩范围、扫描速度，以及所支持的最大幅面等方面来衡量扫描仪的性能。扫描仪拥有如下参数。

（1）分辨率。分辨率是扫描仪最主要的技术指标，它表示扫描仪对图像细节上的表现能力，即决定了扫描仪所记录图像的细致度，其单位为 DPI（Dots Per Inch）。通常用每英寸长度上扫描图像所含有像素点的个数来表示。目前大多数扫描的分辨率在 300～2400DPI 之间。DPI 数值越大，扫描的分辨率越高，扫描图像的品质，但这是有限度的。当分辨率大于某一特定值时，只会使图像文件增大而不易处理，并不能对图像质量产生显著的改善。

（2）灰度级。灰度级表示图像的亮度层次范围。级数越多扫描仪图像亮度范围越大、层次越丰富，目前多数扫描仪的灰度为 256 级。256 级灰阶可以真实呈现出比肉眼所能辨识出来的层次还多的灰阶层次。

（3）色彩数。色彩数表示彩色扫描仪所能产生颜色的范围。通常用表示每个像素点颜色的数据位数即比特位（bit）表示。所谓 bit 这是计算机最小的存贮单位，以 0 或 1 来表示比特位的值，越多的比特位数可以表现越复杂的图像信息。例如常说的真彩色图像指的是每个像素点由三个 8 比特位的彩色通道所组成即 24 位二进制数表示，红绿蓝通道结合可以产生 2^{24}=16.67M（兆）种颜色的组合，色彩数越多扫描图像越鲜艳真实。

（4）扫描速度。扫描速度有多种表示方法，因为扫描速度与分辨率、内存容量、磁盘存取速度以及显示时间，图像大小有关，通常用指定的分辨率和图像尺寸下的扫描时间来表示。

（5）扫描幅面。表示扫描图稿尺寸的大小，常见的有 A4、A3、A0 幅面等。

五、摄像头

摄像头（Cameras）又称为计算机相机、计算机眼等，是一种视频输入设备，被广泛地运用于视频会议，远程医疗及实时监控等方面。普通用户也可以彼此通过摄像头在网络进行有影像、有声音的交谈和沟通。另外，人们还可以将其用于当前各种流行的数码影像，影音处理。

1．摄像头的分类

（1）根据所传达的信号分类。摄像头分为数字摄像头和模拟摄像头两大类，模拟摄像头可以将视频采集设备产生的模拟视频信号转换成数字信号，进而将其储存在计算机里；模拟摄像头捕捉到的视频信号必须经过特定的视频捕捉卡将模拟信号转换成数字模式，并加以压缩后才可以转换到计算机上运用；数字摄像头可以直接捕捉影像，然后通过串、并口或者 USB 接口传到计算机里。

（2）根据摄像头的形态分类。根据摄像头的形态分为桌面底座式、高杆式及液晶挂式三大类型。随着人们对审美要求的提高，发现高杆式及液晶挂式的摄像头看起来让图像更美，所以，目前市场主流是高杆式及液晶挂式。液晶挂式最早是罗技推出，随后微软、沃乐 WELLEC 等品牌相继推出。

（3）根据摄像头的功能分类。根据摄像头的功能分为防偷窥型摄像头、夜视型摄像头。防偷窥摄像头最早是由沃乐 Wellec 科技推出的，其原理是在摄像头的主体上增加一个电源开关，在不使用的时候把摄像头的电源切断，从而避免在黑客远程启动摄像头，达到反偷窥的目的。

（4）根据摄像头是否需要安装驱动分类。根据摄像头是否需要安装驱动可以分为有驱型与无驱型摄像头。有驱型指的是不论在什么系统下，都需要安装对应的驱动程序；无驱型是指在 Windows XP 以上的系统中，无需安装驱动程序，插入计算机即可使用；无驱型由于使用的便捷，已经成为主流，如图 2-74 所示

图 2-74 无驱型摄像头

2. 摄像头的结构

（1）镜头（Lens）。镜头的组成是透镜结构，由几片透镜组成，一般有塑胶透镜（plastic）或玻璃透镜（glass）。通常摄像头用的镜头构造有：1P、2P、1G1P、1G2P、2G2P、4G 等。透镜越多，成本越高；玻璃透镜比塑胶的贵。因此一个品质好的摄像头应该是采用玻璃镜头，成像效果就相对塑胶镜头会好。现在市场上的大多摄像头产品为了降低成本，一般会采用塑胶镜头或半塑胶半玻璃镜头。

（2）图像传感器（Sensor）。图像传感器分为两类：CCD（charge couple device）电荷耦合器件和 CMOS（complementary metal oxide semiconductor）互补金属氧化物半导体。CCD 的优点是灵敏度高，噪音小，信噪比大。但是生产工艺复杂、成本高、功耗高。CMOS 的优点是集成度高、功耗低（不到 CCD 的 1/3）、成本低。但是噪音比较大、灵敏度较低、对光源要求高。

目前，市场销售的数码摄像头中，基本是 CCD 和 CMOS 平分秋色。在采用 CMOS 为感光元件的产品中，通过采用影像光源自动增益补强技术，自动亮度、白平衡控制技术，色饱和度、对比度、边缘增强以及伽马矫正等先进的影像控制技术，完全可以达到与 CCD 摄像头相媲美的效果。

（3）数字信号处理芯片（DSP）。在 DSP 的选择上，是根据摄像头成本、市场接受程度来进行确定。现在 DSP 厂商在设计、生产 DSP 的技术已经逐渐成熟，在各项技术指标上相差不是很大，只是有些 DSP 在细微的环节及驱动程序要进行进一步改进。

（4）图像解析度/分辨率。摄像头的图像解析度/分辨率也就是人们常说摄像头的像素，在实际应用中，摄像头的像素越高，拍摄出来的图像品质就越好，但另一方面也并不是像素越高越好，对于同一画面，像素越高的产品它的解析图像的能力也越强，但它记录的数据量也相应地会大得多，所以对存储设备的要求也就高得多。

3. 摄像头的主要参数

摄像头的品牌、型号众多，不同的宣传资料上的性能参数也不相同，使得用户往往无从下手。下面对真正影响其效果的性能指标进行简单介绍。

（1）像素值。像素值是衡量摄像头性能优劣的一个重要指标，直接影响着摄像头所捕获视频的分辨率。目前，主流摄像头的像素值已经达到 500～1000 万像素，部分高档产品甚至能够达到 5 000 万以上的像素值。

理论上讲，像素值越多，摄像头所拍摄图像画面就越清晰。但是，过高的像素值意味着产品价格会随之上涨，并且对于有限的带宽来说，较高的像素值意味着更大的数据量，而这会严重影响其他应用对带宽的正常需求。

（2）最高分辨率。该参数用于标识摄像头解析图时 最大能力，分辨率越高，表现相同画面时的效果就越好，反之则越差。目前，市场上常见摄像头的最高分辨率主要有 640 像素 480 像素、800 像素×600 像素、1024 像素×768 像素以及 1280 像素×960 像素等几种类型，用户可根据自己的使用需要进行选购。

（3）帧速率。帧速率是指摄像头在 1 秒内所能传输图像的数量，通常用 fps 表示。帧速率的数值越大，所传输的图像就越连贯，用户看到的影像图就越流畅。在实际应用中，帧速率到至少要达到 24fps 时，人的眼睛才不会察觉到明显的停顿。目前，主流摄像头的最大帧速率大都为 30fps，也有能够达到 60fps 的摄像头产品，但较高的帧速率会造成数据量的增多，因此对数据接口的传输速度也需要达到相应的要求。

（4）色彩位数。色彩位数又称色彩深度，该指标反映的是摄像头正确记录色调的数量。色彩位数的值越高，就越能真实还原景物亮部及暗部的细节。目前，市场主流产品的色彩位数都达到了 24 位或 32 位，足以满足用户对真彩色图像的需要。

【任务实施】

一、方案分析

除 A 类用户对于键盘和鼠标的精度和舒适性有较高的要求外，B 类和 C 类用户使用普通无线光电鼠标和键盘就可以了。打印机、扫描仪、摄像头则视用户对这些设备的实际需求而定。

二、完成方案

通过网络进行市场调研，为用户确定本任务提及的输入、输出设备的具体型号，并将其主要的性能参数及参考价格以列表的形式表示。

任务 7　认识及选购网络设备

【任务引入】

随着信息化社会的不断发展，计算机网络已经逐渐普及，成为人们生活中的重要组成部分。目前，家庭用户接入互联网主要有两种方式：一种是通过 ADSL Modem 拨号接入网络服务提供商（ISP，如电信、网通）的网络；另一种是通过宽带路由器直接接入 ISP 网络。计算机主机则是通过网卡来连接 ADSL Modem 或者宽带路由器。上述三种网络设备应该如何选购呢？

【任务分析】

要完成上述任务，必须掌握网卡、ADSL Modem 及宽带路由器的种类和性能参数。

【相关知识】

一、网卡

网络接口卡（Network Interface Card）简称（NIC），是局域网中最基本的部件之一，它的主要工作是：整理计算机发往网卡上的数据并将数据分解为适当大小的数据包，然后再向网络发送出去；同时也接受网络上传输过来的数据帧，并将帧重新组合成数据，送给计算机处理。每块网卡都有一个唯一的网络地址，它是生产厂家在生产网卡时直接烧入网卡芯片中的，该地址称为MAC地址或者物理地址，一般用于在网络中标识网卡所接入计算机的身份。

1．网卡的分类

（1）根据工作对象的不同，网卡可以分为服务器专用网卡、PC网卡、笔记本电脑专用网卡和无线局域网网卡4种。

服务器专用网卡是为了适应网络服务器的工作特点而设计的。为了尽可能降低服务器CPU负荷，一般都自带控制芯片。当然，还提供了一些其他技术，比如带宽汇聚技术，用户可以通过增加一些网卡来提高系统的可靠性。但这类网卡一般售价比较高，一般只安装在一些专用的服务器上，普通用户很少使用。

在市场上常见的一般都是适合于PC使用的网卡，俗称“兼容网卡”。此类网卡不但价格低廉，且工作稳定，现已被广泛使用。

专门为笔记本电脑设计的网卡与一般的PC网卡相比较，其在性能上没有差异，但在外观结构上与PC网卡有着一定的区别，如图2-75所示。这主要是为了适应笔记本电脑小且利于携带的特点而设计的。当然随着计算机技术的不断发展，现在已经出现了将几种功能（比如Internet接入、收发传真及局域网连接）合在一起的所谓几合一的PCMIA卡。

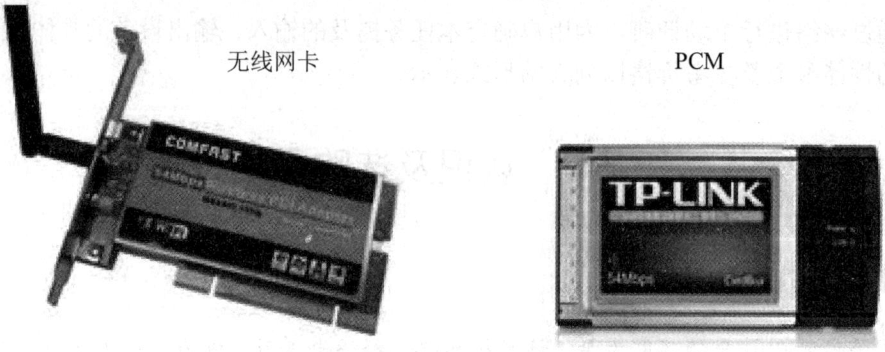

图2-75　**笔记本网卡**

无线局域网卡是随着最新的无线 Internet技术的发展而产生的，有着广泛的应用空间。

（2）按照网卡所支持的总线接口不同，可分为ISA网卡（见图2-76）、PCI网卡（见图2-77）和USB网卡（见图2-78）。ISA网卡是早期的一种网卡，带宽一般为10Mb/s，现在较常见的是PCI网卡，其带宽从10Mb/s到1000Mb/s都有。

图 2-76 ISA 网卡

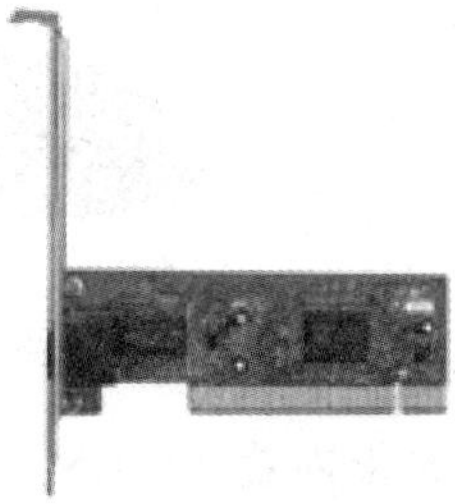

图 2-77 PCI 网卡

图 2-78 PCI 网卡

（3）按传输速率不同分。可分为 10Mbps 网卡、100Mbps 网卡、10/100Mbps 自适应网卡以及千兆网卡。其中，10/100Mbps 自适应网卡是现在最流行的一种网卡，它的最大传输速率为 100Mbps，这类网卡可根据网络连接对象的速度，自动确定是工作在 10Mbps 还是 100Mbps 速率下。千兆网卡的最大传输速率为 1000Mbps。目前通常使用的是 10/100Mbps 自适应网卡。

2．网卡的外部接口类型

由于以太网的传输介质并不统一，使得网卡的网络接口有点复杂，其接口主要有 RJ-45 接口（双绞线接口）、BNC 接口（细缆接口）和 AUI 接口（粗缆接口）。不同的接口决定了网卡与什么样的电缆相连接，所以它与网络布线形式密切相关。在选购网卡时，一定要注意网卡所支持的接口类型是否与网络相对应。RJ-45 接口是一个 8 针的收发器，是通过双绞线将计算机串联到集线器进行网络连接的。BNC 接口是一种用于同轴电缆的连接器，是通过同轴电缆直接与其他计算机相并联的。AUI（Attachment Unit Interface）是以太网上通过 15 针的收发器连接同轴电缆与网卡的标准接口。RJ-45 接口是目前的主流接口。

二、ADSL Modem

ADSL（非对称数字用户线）是一种利用电话线完成高速 Internet 连接的技术，ADSL Modem 则是连接计算机与电话线路的中间设备，是用户能够使用 ADSL 技术接入互联网的重要设备。

1．ADSL Modem 的类型

随着 ADSL 技术的不断发展，市场上已经开始出现多种不同类型的 ADSL Modem。按照 ADSL Modem 与计算机的连接方式，可将其分为以太网 ADSL Modem、USB ADSL Modem 和 PCI ADSL Modem 三种。

（1）以太网 ADSL Modem。这是通过以太网接口与计算机进行连接的 ADSL Modem，常见的 ADSL Modem 大都属于这种类型。这种 ADSL Modem 的性能最为强大，功能也较为丰富，有的还带有路由和桥接功能，其特点是安装与使用非常简单，只要将各种线缆与其进行连接后即可开始工作，如图 2-79 所示。

（2）USB ADSL Modem。这是在以太网 ADSL Modem 的基础上增加了一个 USB 接口，用户可以选择使用以太网接口或者 USB 接口与计算机进行连接的 ADSL Modem 类型。就内部结构、工作原理等方面来说，此类型的 ADSL Modem 与以太网 ADSL Modem 没有太大的差别，如图 2-80 所示。

图 2-79　以太网 ADSL Modem

图 2-80　USB ADSL Modem

（3）PCI ADSL Modem。该类型属于内置式 ADSL Modem。相对于上面的两种外置式产品，该产品的安装稍复杂一些，用户还需要打开计算机主机箱才能进行安装。

PCI ADSL Modem 大都只有一个电话线接口，线缆的连接较为简单，如图 2-81 所示。PCI ADSL Modem 的缺点是还需要安装相应的硬件驱动程序，但对于桌面空间比较紧张的用户来说，内置式 ADSL Modem 还是一种比较好的选择。

2．ADSL Modem 的主要技术参数

（1）比特率。比特率是指每秒钟调制解调器通过电话线传输的二进制数位数，其单位为位/秒（b/s）。

（2）波特率。波特率一般是指每秒钟传输的信息位数，用来衡量数据传输速度的快慢，该值越大，传输速度就越快。在同步通信和波特率系数为×1 的异步通信中，波特率与比特率相同；在波特率系数为×16、×64 的异步通信中，波特率是比特率的 1/16 或 1/64。目前常见的波特率为 33.6Kb/s 和 56Kb/s。

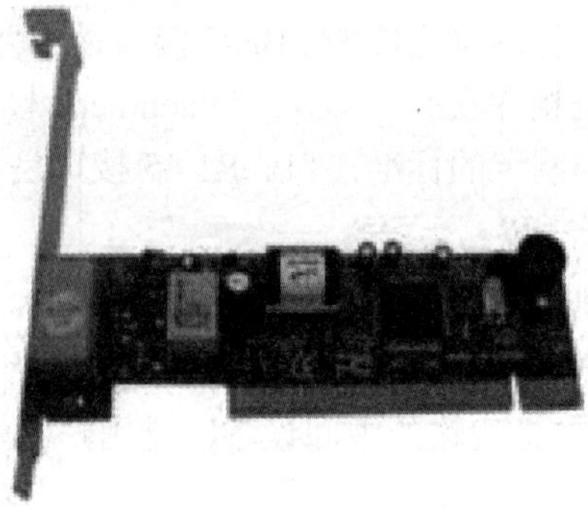

图 2-81　PCI ADSL Modem

（3）CPS。CPS 是指每秒钟传送的字符数。在传输时，若以 8 位来表示一个字符，1 位表示字符的开始，1 位表示字符的结束，则传送一个字符需要 10 位。

三、宽带路由器

宽带路由器内集成了路由器、防火墙、带宽控制和管理等功能，具备快速转发、灵活的网络管理等特点，因此被广泛应用于家庭、学校、办公室、网吧、小区接放、政府、企业等场合。宽带路由器的 WAN 接口能够自动检测或手工设定宽带运营商的接放类型，具备宽带运行商客户端发起功能，如可以作为 PPPoE 端，也可作为 DHCP 客户端，或者是分配固定的 IP 地址。

1．宽带路由器常见的功能

（1）数据通道功能和控制功能。这是路由器有两大典型功能，数据通道功能包括转发决定、背板转发以及输出链路调度等，一般由特定的硬件来完成；控制功能一般用软件来实现，包括与相邻路由器之间的信息交换、系统配置、系统管理等。在相同价格的基础之上，功能指标高的当然就是我们的选择对象了。

（2）防火墙功能。网络安全是目前人们最关心的问题，路由器中内置的防火墙能够起到基本的防火墙功能，它能够屏蔽内部网络的 IP 地址，自由设定 IP 地址、通信端口过滤，可以防止黑客攻击和病毒入侵，用户不需要另外花钱安装其他的病毒防护设备就可以拥有一个比较安全的网络环境。因此，防火墙功能是家用宽带路由器的一个重要功能，因为如果没有防火墙进行安全防护，家庭网络受到病毒入侵和黑客攻击的几率就会增大，从而很可能造成网络的瘫痪，为用户带来不少的麻烦。目前的路由器防火墙功能主要包括 IP 地址过滤，URL 过滤，MAC 地址过滤，IP 地址与 MAC 地址绑定以及一些防黑能力，安全日志等。通过路由器内置的防火墙功能，可设置不同的过滤规则，过滤来自外网的所有异常的信息包，使内部网络使用者可以放心上网。

（3）虚拟拨号功能。ADSL 接入 Internet 有虚拟拨号和专线接入两种方式。采用虚拟拨号方式的用户采用类似 MODEM 和 ISDN 的拨号程序，在使用习惯上与原来的方式没什么不同；采用专线接入的用户只要开机即可接入 Internet。所谓虚拟拨号是指用 ADSL 接入 Internet 时同样需要输入用户名与密码（与原有的 Modem 和 ISDN 接入相同），但 ADSL 连接的并不是具体的接入号码如 16900，而是通过专门的拨号程序与特定的网络服务器建立连接。这功能可以更有效地保障用户上网安全，合理利用网络资源。

（4）DHCP 功能。DHCP（动态主机分配协议）是一个简化主机 IP 地址分配管理的 TCP/IP 标准协议，可避免因手工设置 IP 地址及子网掩码所产生的错误，同时也避免了把一个 IP 地址分配给多台工作站所造成的地址冲突，是安全而可靠的设置。用户可以利用 DHCP 服务器管理动态的 IP 地址分配及其他相关的环境配置工作（如：DNS、WINS、Gateway 的设置）。使用 DHCP 服务器大大缩短了配置或重新配置网络中工作站所花费的时间，同时通过对 DHCP 服务器的设置可灵活的设置地址的租期。

2．宽带路由器主要性能参数

（1）处理器性能。路由器的处理器同电脑主板、交换机等产品的处理器一样，是路由器最核心的器件。处理器的好坏直接影响路由器的性能。除了处理器的主频外，还必须了解其总线宽度、Cache 容量和结构、内部总线结构、是单 CPU 还是多 CPU 分布式处理、运算模式等，这些都会极大地影响处理器性能。

（2）处理器内存容量。处理器内存是用来存放运算过程中的所有数据，因此内存的容量大小对处理器的处理能力有一定影响。

（3）Throughput（吞吐量）。Throughput 表示的是路由器每秒能处理的数据量。

【任务实施】

一、方案分析

三种类型的用户在网络设备的需求上没有太大的区别。网络设备的选择与所使用的 ISP

有关，一般要先确定所使用的 ISP，再购买相应的设备。一般 ADSL Modem 是由 ISP 提供。另外，现在大多数的主板都集成有网卡芯片，所以网卡在配置时不一定是必须的。

二、完成方案

通过网络进行市场调研，为用户确定网络设备的具体型号，并将其主要的性能参数及参考价格以列表的形式表示。

课题小结

本课题主要讲述了计算机的一些基本硬件设备、输入/输出设备，以及其他的外围设备。通过本可课题的学习，读者应该掌握 CPU、内存和硬盘的主要性能参数，以及主板的结构；了解显示卡、声卡的工作原理及主要参数，并掌握显示器的种类及主要参数，以及音箱的作用和分类；了解电源的分类和结构，以及机箱的分类和结构；熟悉键盘和鼠标的分类及参数；了解打印机、扫描仪、摄像头的性能参数。

课后练习

一、填空题

1．目前市场上主流的内存条种类有_______、_______、_______等三种。

2．台式机硬盘按接口分为_______、_______、_______等三类。

3．普通台式机光驱按接口分为_______、_______两类。

4．显卡上最大最主要的芯片是_______，又称为_______。

5．显存的种类主要有_______、_______和_______。

6．显示器按工作原理的不同分为_______和_______。

7．声卡可以分为_______和_______两大类。

8．对显示器而言，_______越高，组成的字符和图形的点密度越高，显示的画面就越清晰。所以分辨率越高其性能越好。

二、选择题

1．CPU 中的_______可存放少量数据。

A．存储器　　B．辅助存储器

C．寄存器　　D．只读存储器

2．下列存储器中，存取速度最快的是_______。

A．CD-ROM　　B．内存　　C．软盘　　D．硬盘

3．计算机硬件系统中最核心的部件是_______。

A．主板　　B．CPU　　C．内存储器　　D．I/O 设备

4．显示器的_______越高，显示的图像越清晰。

A．对比度　　B．亮度
C．对比度和亮度　　D．分辨率

5．激光打印机是________式打印机。

A．页　　B．字符式　　C．行　　D．针

三、简述题

1．衡量 CPU 性能的主要技术指标有哪些？其主要性能参数有哪些？
2．RAM 和 ROM 的功能是什么？比较它们的特点与不同之处？
3．总线有哪些标准？按总线上传输信息的类型可以将总线分为哪几种？
4．有一款处理器的主频为 2600MHz，倍频为 13，请计算它的外频。
5．主板上有哪些扩展插槽？背板有哪些接口？
6．内存条的结构主要由哪些部分构成？
7．计算 DDR2 800 规格内存的带宽值，写出带单位的计算公式。
8．硬盘的主要参数有哪些？
9．光盘盘片种类有哪些？
10．独立显卡的结构由哪几部分组成？
11．RAMDAC 的作用是什么？
12．CRT 显示器和液晶显示器的技术参数都有哪些？
13．独立声卡的结构由哪些部分组成？
14．声卡的工作原理是什么？其技术参数有哪些？
15．集成硬声卡和集成软声卡的区别是什么？
16．音箱按材质的不同分为哪几类？按声道数量的不同分为哪几类？
17．音箱的技术参数有哪些？
18．简述网卡的分类。
19．简述宽带路由器的功能。
20．选购机箱时，要注意哪几点问题？
21．电源的性能指标主要有哪些？
22．常见打印机都分为哪几种类型？
23．常用的鼠标和键盘的接口有哪些类型？

课题 3　组装计算机硬件系统

【课题概览】

在前面的课题中，已经详细介绍了计算机硬件的相关知识，包括计算机各部件的硬件结构、接口等性能参数等。本课题将介绍计算机硬件系统的组装方式。

【课题重点】

- 计算机配置方案设计
- 计算机硬件组装

【课题目标】

- 掌握计算机硬件选购中的选配原则
- 认识组装计算机所需工具
- 了解组装计算机的注意事项
- 掌握计算机硬件组装方法

任务 1　计算机配置方案设计

【任务引入】

课题二中介绍了计算机各配件如何选购，本任务将要完成整机的配置方案的设计。请根据课题二中的市场调研结果，权衡各方面因素，针对三类用户，从以下三个问题入手，分别完成整机配置方案。

1. 确定硬件配置方案需要考虑的问题有哪些？
2. 配置方案时需要注意哪些问题？
3. 如何科学合理调整配置方案？

【任务分析】

确定整机的配置方案时，除了要关注单个配件选购时的性能参数和注意事项，还要考虑各配件间的兼容性和协调性问题。只有配件的组合达到平衡时，计算机才能发挥出最佳性能。

【相关知识】

一、计算机配置方案设计流程

确定硬件配置方案的一般流程如下。

（1）明确使用需求，并根据预算确定整机档次。

（2）根据整机档次确定 CPU 型号。

（3）根据 CPU 型号确定主板型号。

（4）根据 CPU 和主板型号确定内存型号。

（5）根据主板板载芯片情况，确定显卡、声卡、网卡（包括无线网卡）的型号。

（6）根据预算和需求，确定显示器、音箱、硬盘、光驱、键盘、鼠标及其他外部设备的型号。

（7）计算方案是否超预算，如超预算，则根据需求适当调整第 6 步中的设备预算，如果实在难以调整，请重新确定整机档次。

二、选购整机配件注意事项

1．勿重价格、轻品牌

有些用户在选购的时候往往过分地看重价格因素而忽视计算机的品牌。知名品牌的产品虽然价格上贵一些，但是无论是产品的技术、品质性能还是售后服务等都是有保证的。而杂牌产品为了降低产品的成本，通常会使用一些劣质的配件，并且它的售后服务更是没有任何保障。

2．勿重配置、轻品质

多数购买计算机的用户往往只关心诸如 CPU 的档次、内存容量的多少、硬盘的大小等硬件的指标，但对于一台计算机的整体性能却视而不见。CPU 的档次、内存的多少、硬盘的大小只是局部的参考标准，只有计算机中的各种配件的完美整合，也就是说组成计算机的各种配件能够完全兼容并且各种配件都能充分地发挥自己的性能，这样的计算机才是一台物有所值的计算机。

3．勿重硬件、轻服务

用户在选购计算机的时候，售后服务问题应该放到重要的位置上来考虑（特别是那些对计算机不是很了解的用户）。计算机的整体性能是集硬件、软件和服务于一体的，服务在无形中影响着计算机的性能。用户在购买计算机前，一定要问清楚售后服务条款再决定是否购买。说得具体一些，尽管现在计算机售后服务有“三包”约束，但是各厂家的售后服务各有特色、良莠不齐，对此用户一定要有明确的了解。一些杂牌计算机生产厂商相比品牌厂商而言，它们的存在时间较短、更容易倒闭，一旦它们倒闭后售后服务将无从谈起。

4．重视环保

计算机中很多部件都存在辐射问题，如主板、电源、显卡等。解决此类问题的最好方法是选择一款辐射屏蔽能力优越的机箱。此外，如果不是特别需要，建议不要选择高功耗产品，因为此类产品耗电、发热量大，噪声通常也较大。

【任务实施】

填写下表，并对该配置方案进行总体评价。

表　计算机整机配置方案

配件	数量	单价	品牌型号	选配理由
CPU				
散热系统				
主板				
内存				
硬盘				
显卡				
声卡				
光驱				
键盘、鼠标套装				
显示器				
机箱				
电源				
其他配件				
总价				

任务 2　计算机硬件组装

【任务引入】

组装计算机是一项细致严谨的工作，要求用户不仅具有扎实的基础知识，还要有极强的动手能力。除此之外，在组装计算机之前还需要做好充分的准备工作。

假设现在各配件已经根据需求选配完毕，应如何将其组装在一起呢？组装应以怎样的顺序才合理安全呢？安装时应注意什么问题呢？

【任务分析】

组装计算机是一项细致严谨的工作，在组装时应遵守一定的规范和安装顺序。在组装计算机之前，需要了解安装注意事项，阅读相关说明书，准备好工具并将配件归置完毕。

【相关知识】

一、必备工具

一套顺手的安装工具可以让用户的装机过程事半功倍。通常，在组装计算机前必须准备以下工具。

1．螺丝刀

螺丝刀（又称螺丝起子或改锥）是安装和拆卸螺钉的专用工具，建议用户准备一把十字螺丝刀和一把一字螺丝刀（又称平口螺丝刀），如图 3-1 所示。

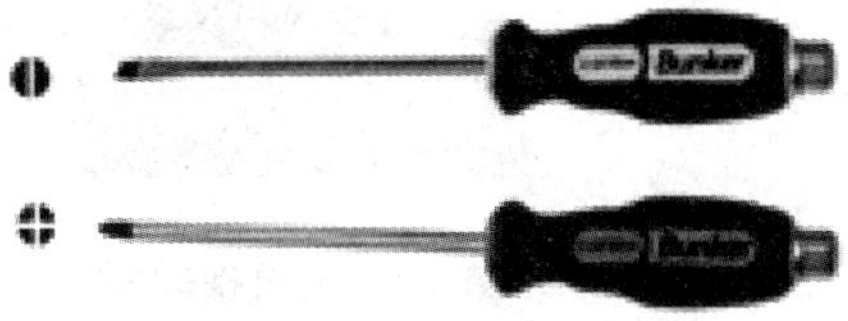

图 3-1　螺丝刀

2．尖嘴钳

准备尖嘴钳的目的是拆卸机箱上的各种挡板和挡片，以免机箱上的各种金属挡板划伤皮肤。

3．镊子

镊子主要用于夹取螺钉、跳线帽和其他的一些小零件。

4．工作台

装机时最好在一个高度适合、面积足够宽敞的台子上进行，台面上应该保持干净整洁。

5．导热硅脂

导热硅脂（或散热膏）是安装 CPU 时必不可少的用品，其功能是填充 CPU 与散热器间的缝隙，帮助 CPU 更好地进行散热。因此，在组装计算机前需要准备一些优质的导热硅脂（或散热膏）。

二、辅助工具

除了上面介绍的装机必备工具以外，在组装计算机的过程中往往还会用到一些辅助工具。如果在事先能够准备好这些物品，会使整个装机过程更为顺利。

1．排型电源插座

计算机硬件系统有多个设备都要直接与市电进行连接，因此需要准备万用多孔型插座一个，以便在测试计算机使用。

2．器皿

在拆卸和组装计算机的过程中会用到许多螺钉及其他体积较小的零件，为了防止这些东西丢失，用一个小型器皿将它们盛放在一起是个不错的方法。

三、机箱内的配件

每个新买的机箱内都会带一个小小的塑料包，里面装有组装计算机时需要用的各种螺钉，如图 3-2 所示。

图 3-2　装机螺钉包

各种螺钉的作用如下。

1．铜柱

铜柱安装在机箱底板上，主要用于固定主板。部分机箱在出厂时就已经将铜柱安装在底板上，并按照常用主板的结构添加了不同的使用提示。

2．粗牙螺钉

粗牙螺钉主要是用于固定机箱两侧的面板和电源，部分板卡也需要使用粗牙螺钉进行固定。

3．细牙螺钉（长型）

长型细牙螺钉主要用于固定声卡、显卡等安装在机箱内部的各种板卡配件。

4．细牙螺钉（短型）

在固定硬盘、光驱等存储设备时，必须使用较短的细牙螺钉、以避免损伤硬盘、光驱等配件内的电路板。

四、装机注意事项

组装计算机是一项比较细致的工作，任何不当或错误的操作都有可能使组装好的计算机无法正常工作，严重时甚至会损坏计算机硬件。因此，在装机前还需要认真了解一下组装计算机时的注意事项。

1．释放静电

静电对电子设备的伤害极大，它们可以将集成电路内部击穿造成设备损坏。在组装计算机前，最好用手触摸一下接地的导体或通过洗手的方式来释放身体上所携带的静电荷。

2．防止液体流入计算机内部

多数液体都具有导电能力，因此在组装计算机的过程中，必须防止液体进入计算机内部，以免造成短路而使配件损坏。建议用户在组装计算机时，不要将水、饮料等液体摆放在计算机附近。

3．避免粗暴安装

必须遵照正确的安装方法来组装各配件，对于不懂或不熟悉的地方一定要在仔细阅读说明书后再进行安装。严禁强行安装，以免因用力不当而造成配件损坏。

此外、对于安装后位置有偏差的设备不要强行使用螺钉固定，以免引起板卡变形，严重时还会发生断裂或接触不良等问题。

4．检查零件

将所有配件从盒子内取出后，按照安装顺序排好，并查看说明书是否有特殊安装要求。

【任务实施】

阅读各配件的说明书，尤其是主板的安装说明书，做到心中有数。将各配件归置整齐就可以开始计算机硬件系统的组装了。

一、安装机箱电源

机箱和电源的安装，主要是对机箱进行拆封，并将电源安装在机箱内。从目前计算机配件市场的情况来看，虽然品牌、型号众多，但机箱的内部构造却大致相同，只是箱体的材质及外形略有不同而已。现在的机箱上大多采用免工具拆卸螺钉，可以用手轻松将其拧下。安装机箱电源的步骤如下。

（1）在拧下机箱背面的 4 颗免工具拆卸螺钉后，向后拉动机箱侧面板即可打开机箱，如图 3-3 所示。完成后，使用相同方法卸下另一侧的机箱面板。

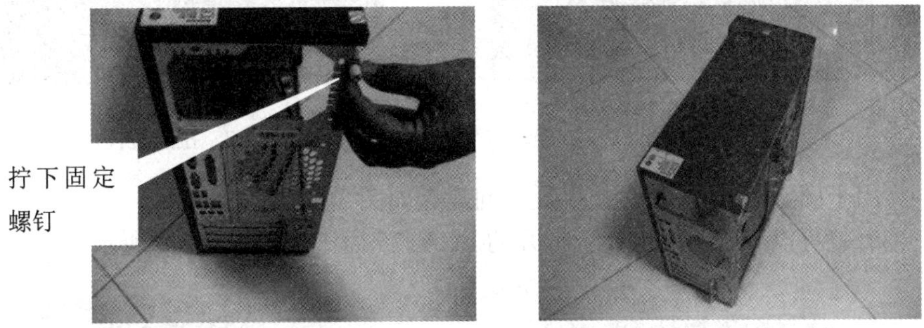

图 3-3　卸下机箱侧面板

（2）放平机箱后将电源摆放到机箱左上部的电源仓位处，如图 3-4 所示。

（3）先拧上一颗粗牙螺钉（无须拧紧），然后依次拧上其他的 3 颗螺钉，将其逐一拧紧，如图 3-5 所示。

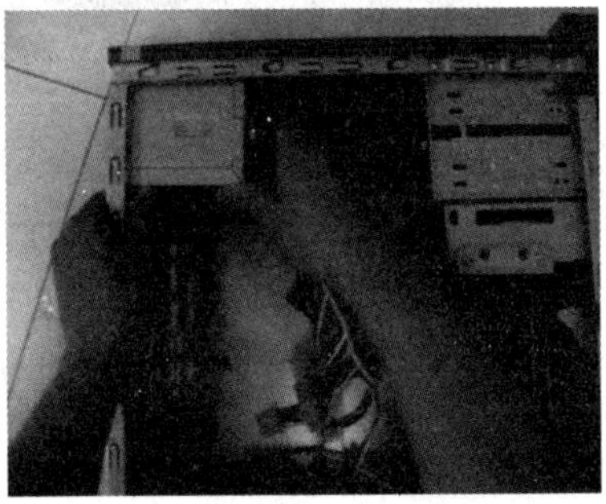

图 3-4　摆放电源

图 3-5　固定电源

至此，完成机箱电源的安装。

二、安装 CPU 与内存条

CPU 是计算机的核心部件，也是组成计算机的各个配件中较为脆弱的一个，因此在安装时必须格外小心，以免因用力过大或其他原因而且损坏 CPU。

在组装计算机时，通常都会在将主板安装到机箱之前，直接将 CPU 和内存安装在主板上，这样便可以避免在主板安装好后，由于机箱内狭窄的空间影响 CPU 和内存的安装。

1．安装 CPU 的步骤

（1）在包装盒中取出主板，将主板平放在安装台上，然后用手打开 CPU 插座，如图 3-6 所示。

（2）适当用力向下微压固定 CPU 的压杆，同时用力往外推压杆，使其脱离固定卡扣。待压杆脱离 CPU 插槽的卡扣后，轻轻将压杆拉起，如图 3-7 所示。

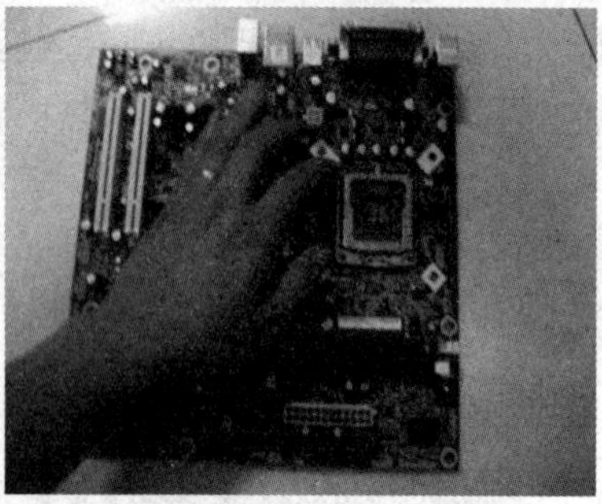

图 3-6　打开 CPU 插座

图 3-7　拉起拉杆

（3）将用于固定 CPU 的铁盒扣盖反方向提起如图 3-8 所示。

（4）接着就可以看到主板上完全打开的 LGA775 插槽了，如图 3-9 所示。

图 3-8　反方向提起铁盖盒扣盖

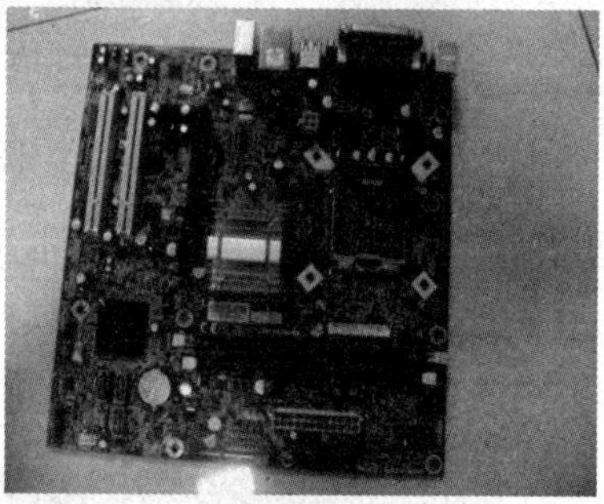

图 3-9　完全打开的 LGA775 插槽

（5）将 CPU 印有三角标识的一角与主板上印有三角标识的一角对齐，然后将 CPU 压进插槽位上，如图 3-10 所示。

（6）将 CPU 安放到位后，盖好扣盖并扣下 CPU 的压杆。至此，CPU 即被稳固地安装到主板上，如图 3-11 所示。

图 3-10　将 CPU 压进插槽位

图 3-11　CPU 安装完成

2．安装散热器的步骤

（1）安装散热器前，先要在 CPU 表面均匀涂上一层导热硅脂，如果在与 CPU 接触的散热器底部已涂上了导热硅脂，就没有必要在 CPU 上涂了，如图 3-12 所示。

这里以 INTEL LGA775 针接口 CPU 的散热器安装为例来介绍，其散热器扣具设计为四角螺钉固定，如图 3-13 所示。

图 3-12　涂上导热硅脂

图 3-13　散热器

（2）安装时，将散热器的四角对应主板相应的插孔位置，然后用十字螺丝刀拧紧螺钉，如图 3-14 所示。

（3）固定好散热器后，将散热器风扇的电源接头接到主板的供电接口上。找到主板上连接风扇电源的接口（主板上的标识字符为 CPU FAN），将风扇插头插上即可完成，如图 3-15 所示。

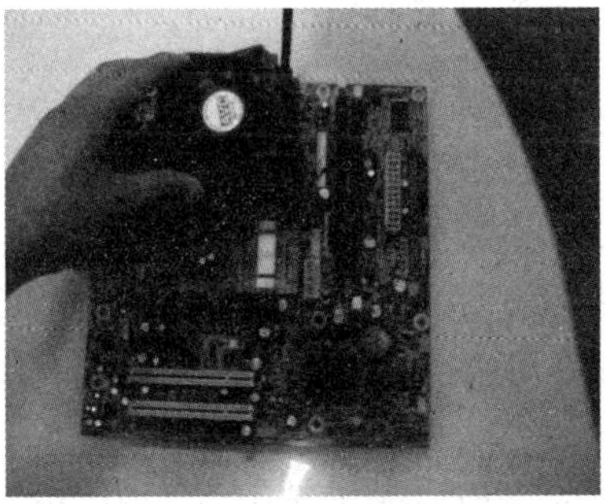

图 3-14　安装散热器

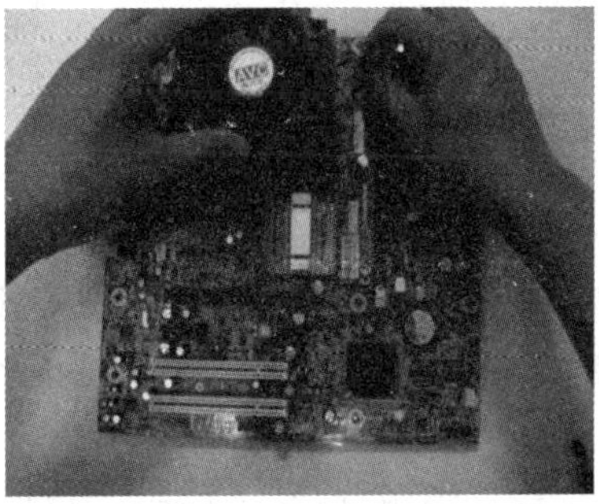

图 3-15　安装散热器电源

3．安装内存的步骤

在主板上安装了 CPU 后，接下来就可以进行内存的安装操作了。这里以主流的 DDR2 内存条安装为例来进行介绍，如图 3-16 所示。

（1）将主板内存条插槽两边的白色锁扣向外扳开，然后取出内存条，两手将内存平放在内存条插槽上，如图 3-17 所示。

图 3-16　DDR2 内存条插槽

图 3-17　将内存条压放内存槽

（2）用双手按住内存条两端轻微向下压，将内存压入内存插槽中，此时如果听到“啪”的一声响，看见内存条插槽两端的白色锁扣复位将内存卡住，说明内存条正确安装完成了，如图 3-18 所示。

图 3-18　内存条正确安装完成

完成内存条安装工作后，可以用手轻轻晃动一下内存条，来检查内存条是否已经被固定好。主板上的内存条插槽一般都采用两种不同颜色来区分双通道与单通道。将两条规格相同的内存条插入到相同颜色的插槽中，即可打开双通道功能。

三、安装主板

主板的安装主要是将其固定在机箱内部。安装主板的步骤如下。

（1）将机箱背面 I/O 接口区域的接口挡片拆下，并换上主板盒内的接口挡片。

（2）观察主板螺孔的位置，然后在机箱内的相应位置处安装铜柱，并使用尖嘴钳将其拧紧，如图 3-19 所示。

（3）固定好铜柱后，将安装了 CPU 和内存的主板放入机箱中，如图 3-20 所示。

图 3-19　安放垫脚螺母

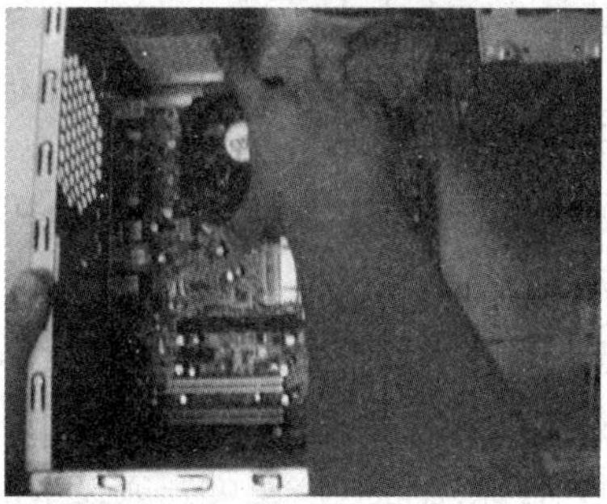

图 3-20　安放主板

（4）调整主板位置，以便将主板上的 I/O 接口与机箱背面挡板上的接口空位对齐，如图 3-21 所示。

（5）使用长型细牙螺钉将主板固定在机箱底部的铜柱上，如图 3-22 所示。在固定主板时，要在拧上所有螺钉后，再将其依次拧紧。

图 3-21　将主板端口与机箱背面挡板对齐

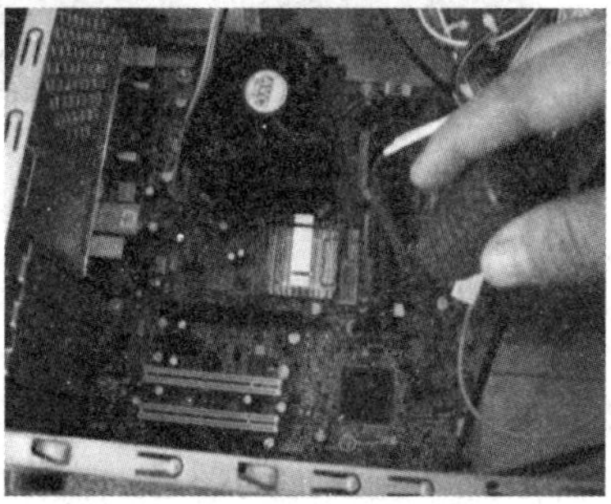

图 3-22　固定主板

四、安装显卡

目前的主流显卡基本采用 PCI-Express 总线接口，具有高效的数据传输能力。与之相对应的是，主板上的显卡插槽也采用了 PCI-Express。该插槽大致位于主板中央，较其他插槽要长一些，如图 3-23 所示。PCI-Express 插槽被一个凸起隔断分为长短不一的两段，而 PCI-Express 显卡中间有一个与之相对应的凹槽，如图 3-24 所示。

图 3-23　PCI-E 16×插槽

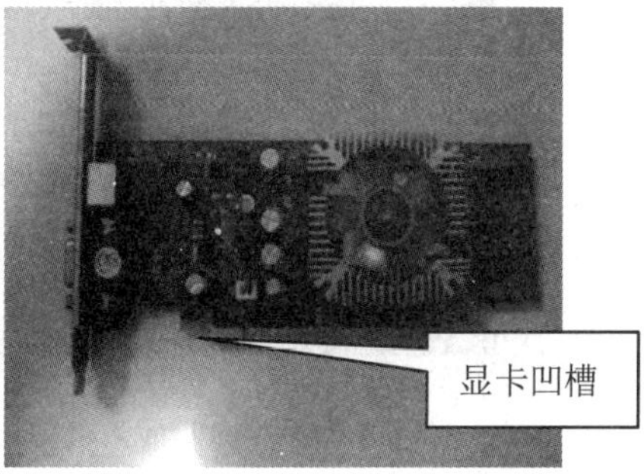

图 3-24　显卡凹槽

安装显卡的步骤如下。

（1）将机箱背面显卡位置处的挡板卸下。此时，应尽量使用螺丝刀或尖嘴钳进行拆卸，避免挡板划伤皮肤。

（2）将显卡金手指处的凹槽对准显卡插槽处的凸起隔断，并向下轻压显卡，使显卡金手指全部插入显卡插槽内，如图 3-25 所示。

（3）将显卡插入插槽内后，轻轻晃动显卡，查看是否安装到位。然后，将显卡挡板上的定位孔对准机箱上的螺孔，并使用长型细牙螺钉固定显卡，如图 3-26 所示。

（4）拧紧螺钉后，便可完成显卡的安装。

图 3-25　将显卡垂直放入插槽中

图 3-26　拧上显卡螺钉

五、安装光驱和硬盘

光驱和硬盘都是计算机系统中极其重要的外部存储设备，如果没有这些设备，用户将无法获取各种多媒体光盘上的信息，也很难长时间存储大量的数据。

1．安装光驱

光驱安装在机箱上半部的 5.25 英寸驱动器托架内，安装前还需要拆除机箱前面板上的一个光驱挡板，以便将光驱从前面板上的缺口处放入机箱内部，如图 3-27 所示。

将光驱放至合适位置后，使用短型细牙螺钉将其固定，如图 3-28 所示。在拧紧光驱两侧螺钉的过程中，应该按照对角方向分多次将螺钉拧紧，避免光驱因两侧受力不均匀而造成设备变形，甚至损坏光驱等情况的发生。

图 3-27　将光驱放入机箱

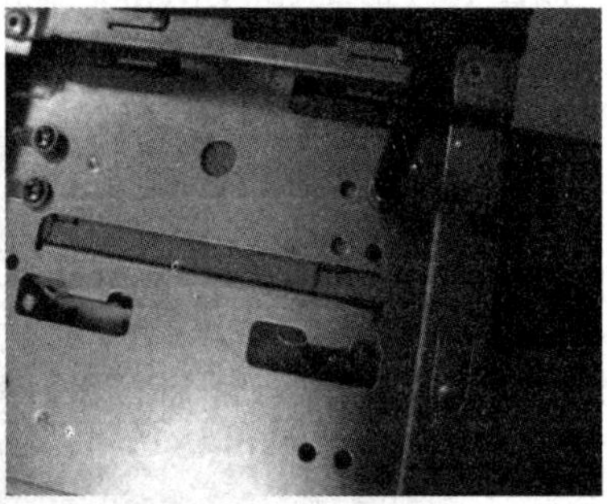

图 3-28　固定光驱

2．安装硬盘

硬盘的安装过程全部在机箱内部进行，这与光驱的方法略有不同。在安装时，应将数据接口和电源接口朝外，并将含有电路板的一面朝下，然后将其推入机箱下半部分的 3.5 英寸驱动器托架上，如图 3-29 所示。

完成后，调整硬盘在驱动器托架内的位置，使其两侧的螺孔与托架上的螺孔对齐。然后，使用短型细牙螺钉进行固定，如图 3-30 所示。

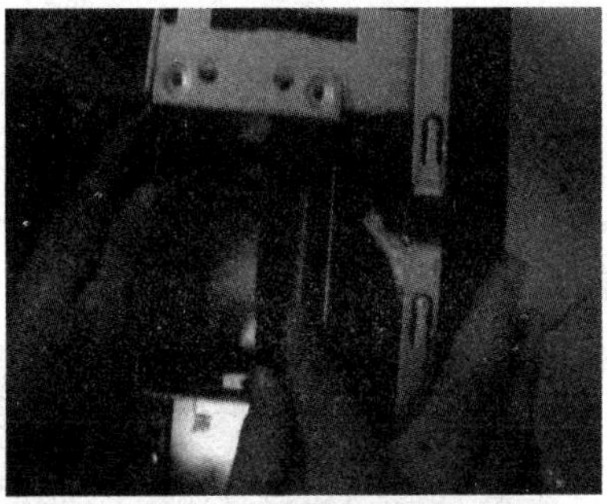

图 3-29　将硬盘放入托架

图 3-30　固定硬盘

六、连接各种线缆

在之前的安装过程中，已经将主机内的各种设备安装在了机箱内部。不过，组装主机的过程还并未结束，因为还没有将机箱内的设备连接起来，有的设备仅仅是固定在了机箱中，还称不上真正意义上的安装。

在机箱中，需要进行连线的线缆主要分为以下几种类型。

- **数据线**：光驱和硬盘与主板进行数据传输时的串口线缆或并口扁平线缆。
- **电源线**：从电源处引出，为主板、光驱和硬盘提供电力的电源线。
- **信号线**：主机与机箱上的指示灯、机箱喇叭和开关进行连接时的线缆，以及前置 USB 接口线缆与前置音频接口线缆等。

1．安装主板与 CPU 电源线

随着 CPU 性能的不断提升，CPU 耗电量也在持续不断地增长，早期依靠主板为 CPU 输送电能的方式已经无法满足目前 CPU 的用电需求。为此，目前主板上都有两个电源插座，一个是双排 24 针长方形主板电源插座，专门为内存、显卡、声卡等设备进行供电，如图 3-31 所示；另一个则只负责为 CPU 进行供电的双排 4 针正方形插座，如图 3-32 所示。

图 3-31　主板电源插座

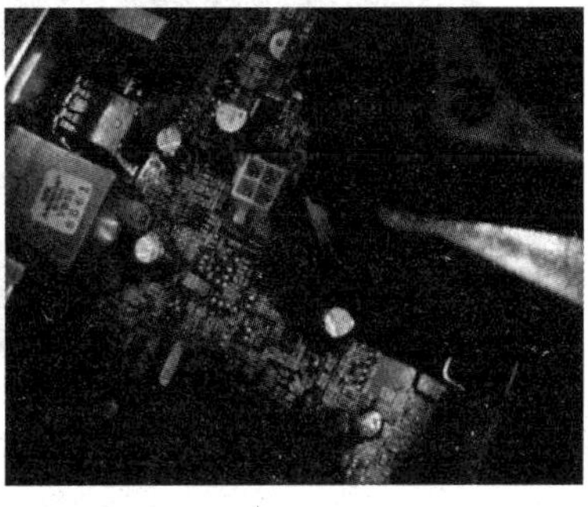

图 3-32　CPU 电源插座

目前，市场上常见电源所提供的电源接头共有 5 种样式，分别为双排 24 针长方形接头、双排 4 针正方形接头、单排大 4 针电源接头、单排小 4 针电源接头和 SATA 串口设备专用电源接头，如图 3-33 所示。

其中，前 3 种电源接头是目前所有电源上都有的接头类型，分别用于为主板、CPU，以及采用 IDE 电源接口的硬盘或光驱进行供电；单排小 4 针电源接头则用于为软驱进行供电，但随着软驱的淘汰，配备该接头的电源也越来越少。

主板电源接头的一侧设计有一个塑料卡，其作用是与主板电源插座上的凸起卡合后并固定电源插头、防止电源插头脱落。因此、在安装主板电源时，要在捏住电源插头上的塑料卡后，将电源插头上的塑料卡对准电源插座上的凸起，然后平稳地下压电源插头，当听见“咔”的声音时，表示电源插头已经安装到位，如图 3-34 所示。

图 3-33　SATA 电源插头

图 3-34　主板电源插头

安装好主板电源接头后，从主机电源上找到双排 4 针的正方形电源插头，该插头的一侧也有一个起固定作用的塑料卡。安装时，将电源插头上的塑料卡对准插座上的凸起后，将插头按压到位即可，如图 3-35 所示。

2．安装光驱、硬盘的电源线与数据线

目前，市场上常见光驱和硬盘上的数据接口主要分为两种类型，一种是 SATA 接口，别一种则是 IDE 接口，与它们相对应的数据线也有所差别。IDE 数据线较宽，插头由多个针孔组成，插头上的一侧有一个凸起的塑料块，数据线上会有一根颜色不同的细线，如图 3-36 所示；SATA 数据线较窄，接头内部采用了“L”形防插错设计，如图 3-37 所示。

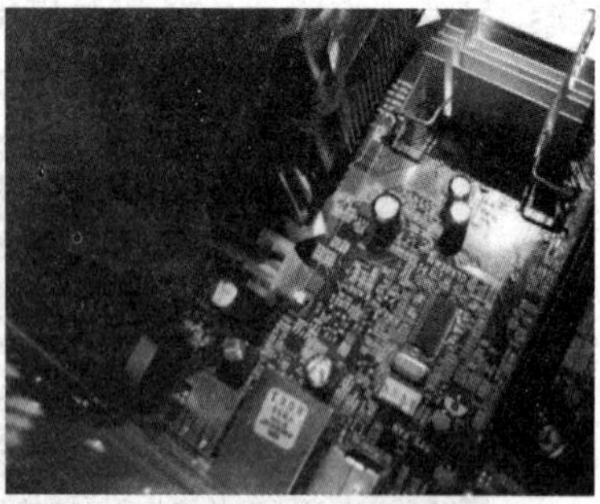

图 3-35　安装 CPU 电源

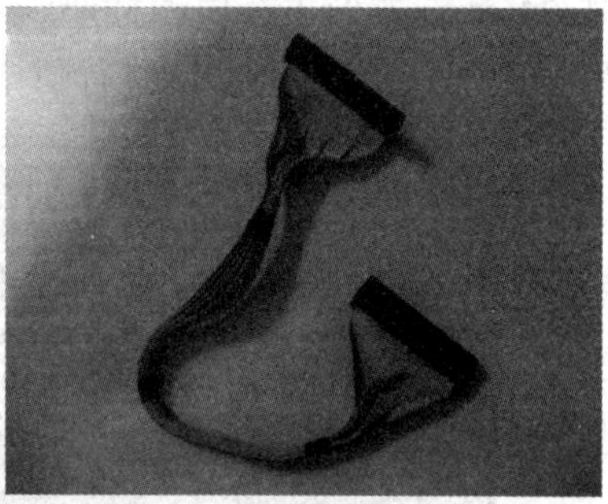

图 3-36　IDE 数据线

安装光驱、硬盘的电源线与数据线的步骤如下。

（1）在将 IDE 数据线与光驱进行连接时，应该将 IDE 插头上凸起的塑料块朝上，使之与光驱 IDE 接口上的缺口相对应。然后，将数据线上的 IDE 插头慢慢推入光驱上的 IDE 接口处，如图 3-38 所示。

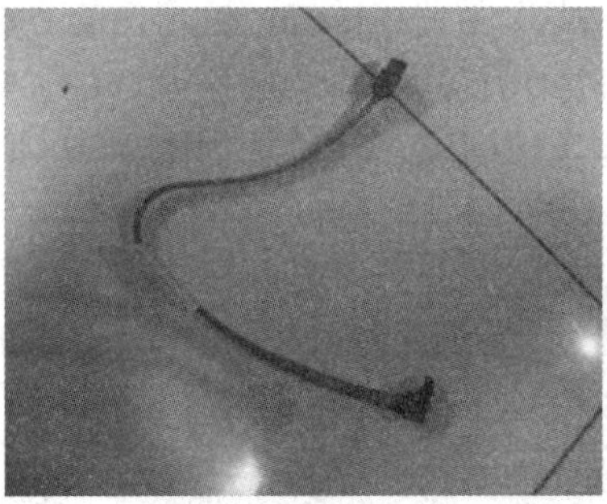

图 3-37　SATA 数据线

图 3-38　安装光驱数据线

（2）将 IDE 数据线上的蓝色插头压入主板的 IDE 接口内，安装时同样应该让 IDE 接头上的凸起塑料块对准 IDE 插座上的缺口，如图 3-39 所示。

（3）将一个单排大 4 针电源接头插入光驱的接口内，如图 3-40 所示。在连接电源时，应将电源上的红线紧邻 IDE 数据线，如果插错方向则有可能烧毁整个光驱。

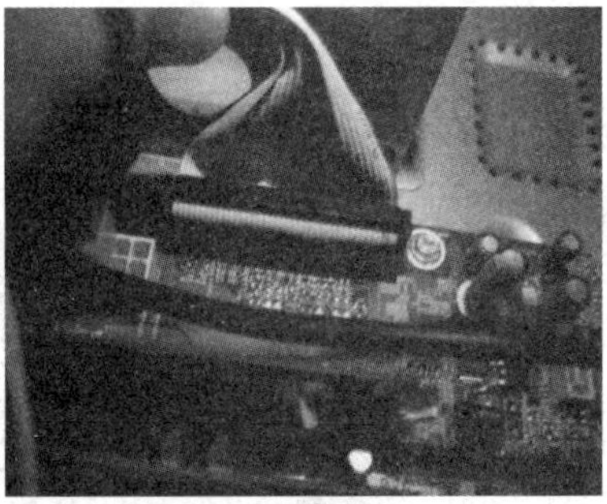

图 3-39　安装光驱数据线

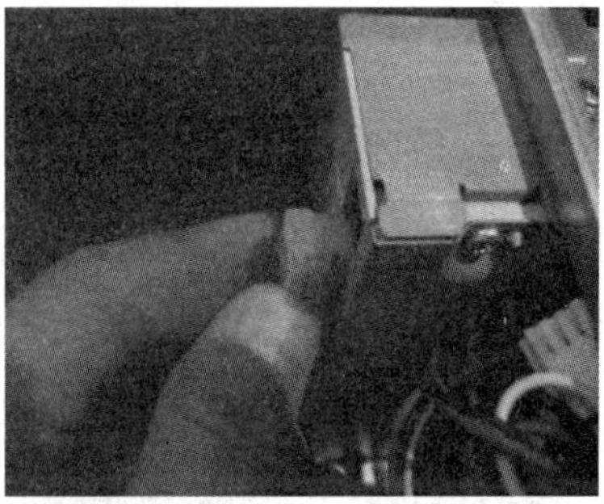

图 3-40　安装光驱电源

（4）为光驱连接好电源线与数据线后，便可以开始连接硬盘了。将 SATA 专用电源接头插入 SATA 硬盘上的电源接口处，如图 3-41 所示。

（5）将 SATA 数据线的两端分别插入硬盘及主板上的 SATA 数据接口后，即可完成硬盘数据线的连接，如图 3-42 所示。

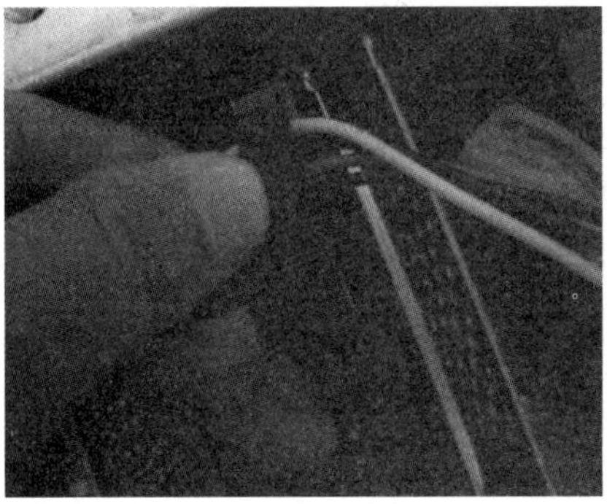

图 3-41　SATA 硬盘数据线连接

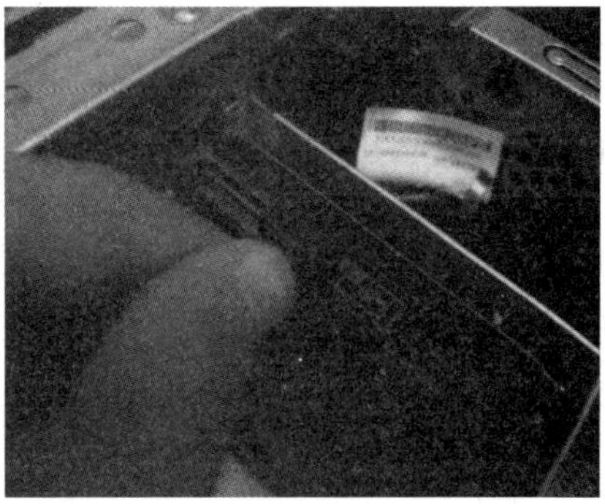

图 3-42　SATA 硬盘数据线连接

3．连接信号线

连接信号线，要先了解到各种信号线的名称及其含义。目前，机箱内的各种信号线的名称均已统一，并且从接头的名称便可了解到它们的作用，如图 3-43 所示。在了解了信号线接头的含义后，下面来看一看主板上与之对应的信号线插座，其位置如图 3-44 所示。

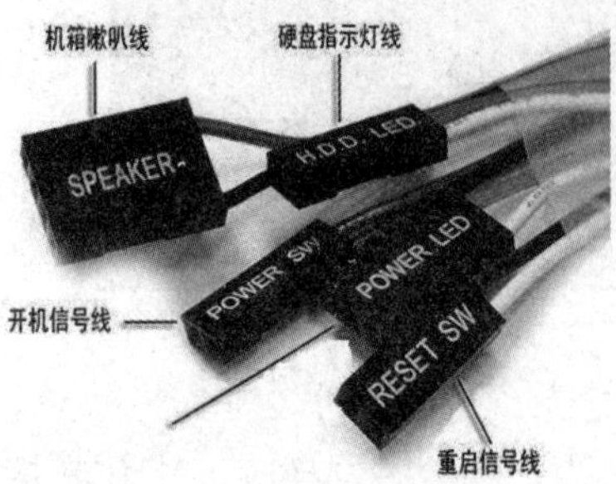

图 3-43　信号线接头

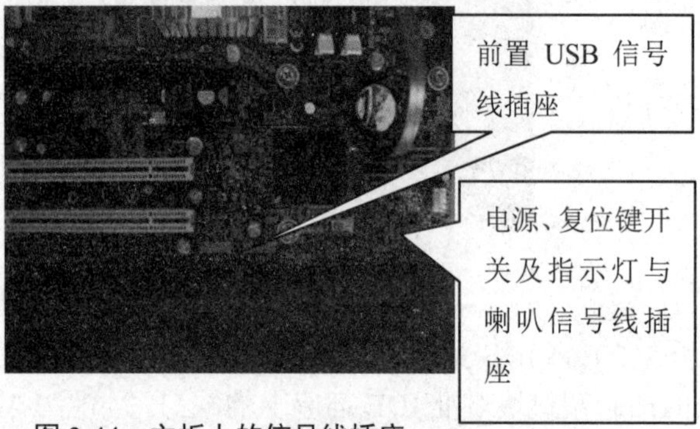

图 3-44　主板上的信号线插座

接下来，只需要根据信号线接头所标识的含义将它们插在各种对应的信号线插座上即可，如图 3-45 所示。

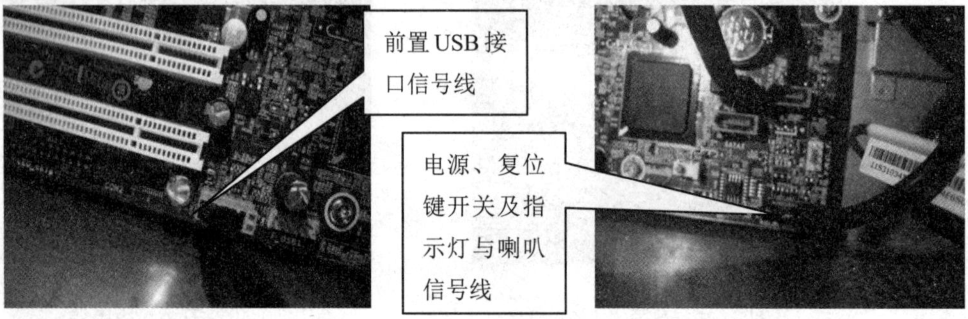

图 3-45 连接信号线

至此，主机内各种设备与线缆的连接全部结束。

七、安装机箱侧面板

侧面板俗称机箱盖，因此这一过程又常被称为“盖上机箱盖”。 安装机箱侧面板和拆卸侧面板的操作方法正好相反。

（1）平放机箱后，将侧面板平置于机箱上，并使侧面板上的挂购落入机箱上的挂钩孔内。

（2）向机箱前面板方向轻推侧面板，当侧面板四周没有空隙后即表明侧面板已经安装到位，如图 3-46 所示。

（3）再使相同方法将另一块侧面板安装到位后，使用螺钉将它们牢牢固定在机箱上，如图 3-47 所示。

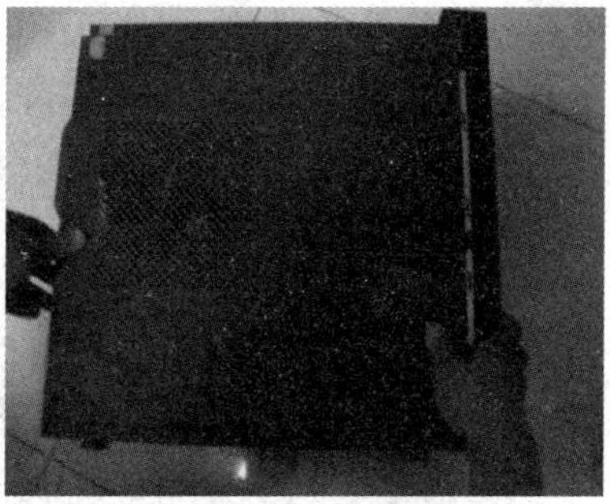

图 3-46　安装机箱侧面板

图 3-47　固定机箱面板

八、主机与其他设备的连接

进行到这里时，最为复杂的主机已经组装完成了，接下来只需要将主机与显示器、鼠标、键盘等外部设备进行连接后，组装计算机的过程便可宣告完成了。下面将对常见外部设备与主机的连接方法进行讲解。

1．连接显示器

显示器不仅决定了用户所能看到的显示效果，还直接关系着用户的用眼健康。

（1）将显示器数据线的一端插头对准显卡的 VGA 接口，如图 3-48 所示。

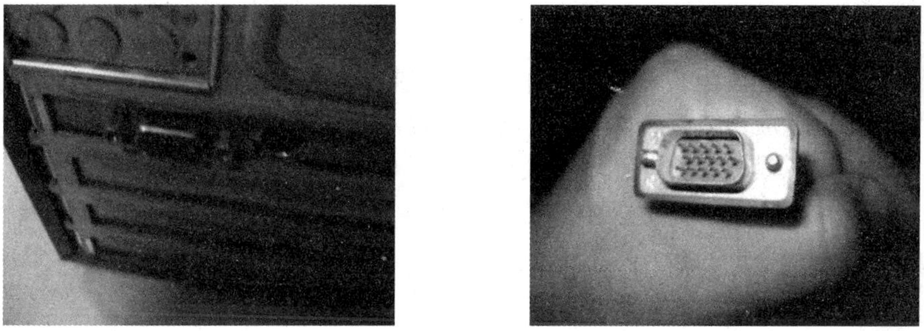

图 3-48　连接显示器信号线

（2）将插头插入接口内，并用手旋转插头两侧的螺钉，拧紧固定。

（3）将数据线的另一端插头连接到显示器的接头上，显示器的数据线连接与显卡数据线的连接基本相同。

完成显示器数据线的安装后，就可以开始连接显示器的电源线了。显示器电源线的安装方法非常简单。显示器的电源线有两头，将外插头的一端连接到电源插座，然后将另一端连接到显示器即可。

2．连接键盘与鼠标

键盘和鼠标是计算机中最为重要的两种输入设备。目前，由于键盘和鼠标都采用了 PS/2 接口设计，因此使得初学者往往容易插错，以至于业界不得不在 PC 99 规范中用两种不同的颜色将其区别开来，如图 3-49 所示。

连接键盘时，将键盘接头（即 PS/2 接头）内的定位柱对准主机背面相同颜色 PS/2 接口中的定位孔，并将接头轻轻推入接口内即可完成键盘与主机的连接；使用相同方法将鼠标上的 PS/2 接头插入另一个 PS/2 接口内，完成鼠标与键盘的连接，如图 3-50 所示。

图 3-49　主机上 PS/2 接头

图 3-50　连接键盘

九、开机测试

硬件设备全部连接完成后，要再重新检查一遍连线，尤其是电源线的连接，然后就可以进行开机检测了。按一下机箱上的电源按钮，计算机将开始加电自检，自检成功后会听到“嘟”的一声响，并且显示器上会显示信号。至此，计算机硬件组装就完成了。

课题小结

本课题主要讲述了组装计算机硬件系统，包括算机配置方案设计和硬件的安装。通过本课题的学习，读者应该了解计算机配置方案设计流程和选购整机配件注意事项；了解装机的必备工具、辅助工具都有哪些；了解装机的注意事项；掌握如何安装机箱电源、CPU、内存条，如何安装主板、显卡、光驱和硬盘，以及各种线缆的连接；了解如何安装机箱侧面面，以及主机与其他设备的连接。

课后练习

一、填空题

1．组装电脑时需要准备的工具有_______、_______、_______。

2．组装电脑时要注意的事项有__________、__________、__________、__________。

3．在 CPU 正面一角有一个__________，它与主板 CPU 插座上__________对应，从而确定 CPU 安装方向。

4．安装内存条时，需要将内存条的__________和内存条插槽的__________相对应，这样内存条的安装方向就确定了，插上内存条后，内存条插槽两侧的卡具会__________。

5．主板上的 IDE 接口有一个防呆设计，插入时，需要将数据线接头有_______的一侧对准 IDE 接口上有_______的一侧，垂直插入。

二、简述题

1．机箱内部主要有哪些线缆？
2．简述计算机组装时各配件的安装顺序。
3．如何安装主板？
4．机箱前置信号线的作用是什么？如何连接这些信号线？
5．选购硬件时需要注意哪些问题？

课题 4　BIOS 设置与升级

【课题概览】

BIOS 又称为基本输入输出系统，它实际上是一段程序，用来对电脑硬件提供最底层的支持，例如在电脑启动时对各硬件进行检测和初始化。为了能更好地管理电脑中的硬件（如禁用、启用某些硬件，设置电脑为光驱启动等），需要掌握 BIOS 的设置方法。

【课题重点】

- 认识 BIOS 和 CMOS
- BIOS 设置详解
- 升级 BIOS

【课题目标】

- 了解 BIOS 的基本知识，如何进入 BIOS，以及如何破解 CMOS 密码
- 掌握如何改变启动顺序、禁用板载芯片、密码等常见 BIOS 项目的设置方法
- 掌握如何升级 BIOS，并了解升级 BIOS 失败后的处理方法

任务 1　BIOS 设置

【任务引入】

当新组装的计算机硬件都安装完毕以后，在安装操作系统之前，还必须进行一项基本操作，即设置计算机通电后先从光盘启动以通过操作系统安装光盘安装系统。这项操作是通过 BIOS 程序进行的。有时也需要使用 BIOS 的禁用功能，禁用主板的集成芯片来安装独立板卡，如独立显卡的安装。

【任务分析】

BIOS 是计算机系统启动和正常运转的基石，对 BIOS 的设置是否合理对计算机的运行有很大影响。要了解 BIOS 程序及其参数如何决定和影响计算机系统的运行，就必须了解计算机的启动过程。计算机的启动和硬件的初始化基本是在系统 BIOS 的控制下进行的。

【相关知识】

一、BIOS 概述

BIOS（Basic Input/Output System），即基本输入输出系统，设置程序是被固化到计算机主板上的 ROM 芯片中的一组程序，其主要功能是为计算机提供最底层的、最直接的硬件设置和控制。准确地说，BIOS 是硬件与软件程序之间的一个“转换器”，或者说是接口（虽然它本身也只是一个程序），负责解决硬件的即时需求，并按软件对硬件的操作要求具体执行。BIOS 设置程序是储存在 BIOS 芯片中的，即使在关机或掉电以后，这些代码也不会消失。BIOS 设置程序只有在开机时才可以进行设置。BIOS 在电脑中的作用如图 4-1 所示。

图 4-1　BIOS 在电脑中的作用

CMOS 是主板上一块可读写的 RAM 芯片，主要用于存储 BIOS 设置程序所设置的参数与数据，它由主板上的电池供电。而 BIOS 设置程序主要对计算机的基本输入输出系统进行管理和设置，使系统运行在最好状态下。使用 BIOS 设置程序还可以排除系统故障或者诊断系统问题。CMOS RAM 是系统参数存放的地方，而 BIOS 中系统设置程序是完成参数设置的手段。因此，准确的说法应是通过 BIOS 设置程序对 CMOS 参数进行设置。而平常所说的 CMOS 设置和 BIOS 设置是其简化说法。

BIOS 固化在主板上的 ROM-BIOS 芯片中，ROM-BIOS 在主板上的位置如图 4-2 所示。

图 4-2　ROM-BIOS 芯片

目前主板 BIOS 有三大类型，即 AWARD 、AMI 和 PHOENIX 三种。Phoenix BIOS 多用于原装品牌机和笔记本电脑上，不过，PHOENIX 已经被 AWARD 合并。在对 CMOS 进行设置时，需要掌握以下的方法和原则。

（1）在设置时，可利用上下光标键移动选择条来选择要设定的项目，可用【PageUp】和【PageDown】键来修改内容。

（2）因为 CMOS 设置程序是全英文的，如果对英文不熟悉，最好参照主板有关 CMOS 的中文说明书来操作。

（3）在 CMOS 设置时，可以把光标移到相应的设置项上，然后单击指定热键来进行操作。如：按【F1】键，可以显示每个设置项的详细信息；按【F5】键，可载入上一次的设置值等。

（4）在系统出现兼容性问题或其他严重错误时，使用“Load BIOS Defaults”功能项，这样可以使系统工作在最保守的状态，以便检查出系统错误。

（5）当 CMOS 设置遭到破坏或设置混乱时，用“Load Setup Defaults”功能项可以使系统以最佳化模式工作。在升级 BIOS 后，应首先使用此项。

（6）建议用户在系统正常运行的情况下，不要随便更改 CMOS 设置。

二、计算机的启动过程

计算机的启动和硬件的初始化基本是在系统 BIOS 的控制下进行的。计算机启动流程如图 4-3 所示。

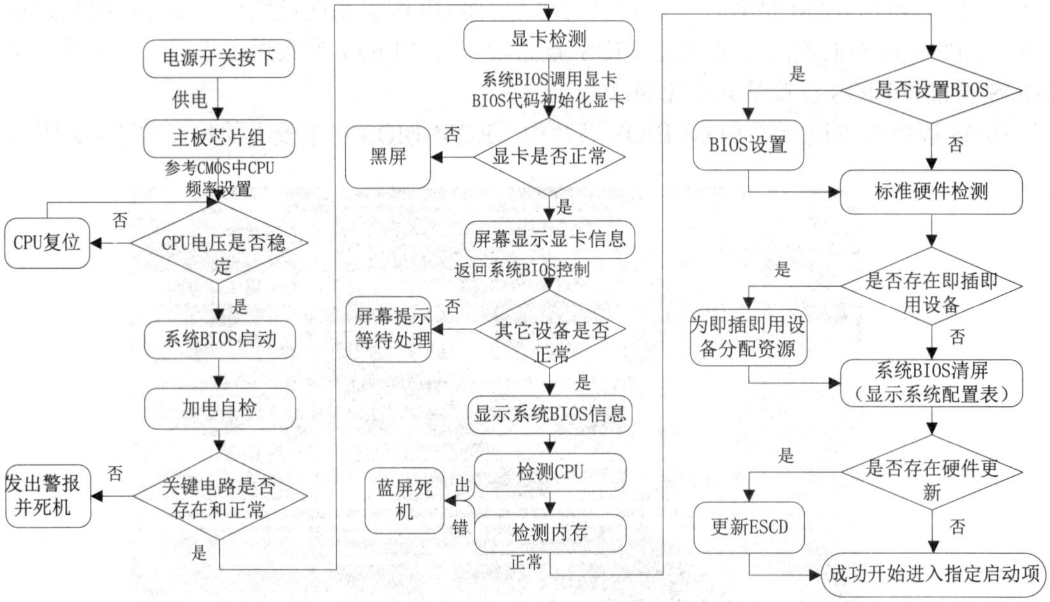

图 4-3　计算机启动流程图

第一步：按一下电源开关，电源就开始向主板和其他设备供电，此时电压还不太稳定，主板上的控制芯片组会向 CPU 发出并保持一个 RESET（重置）信号，让 CPU 内部自动恢复到初始状态，但 CPU 在此刻不会马上执行指令。

当芯片组检测到电源已经开始稳定供电了（当然从不稳定到稳定的过程只是一瞬间的事

情），它便撤去RESET信号（如果是手工按下计算机面板上的Reset按钮来重启机器，那么松开该按钮时芯片组就会撤去RESET信号），CPU马上就从地址FFFF0H处开始执行指令，这个地址实际上指向系统BIOS的真正的启动代码处。

第二步：系统BIOS的启动代码首先要做的事情就是进行POST。POST（Power On Self Test，加电后自检）也称开机自检程序，计算机进行开机自检是由于有很多计算机硬件在计算机启动时还不能被操作系统识别，需要计算机系统自动初始化所有系统部件。因此POST的主要任务是检测系统中一些关键设备是否存在和能否正常工作，例如内存和显卡等设备。

由于POST是最早进行的检测过程，此时显卡还没有初始化，如果系统BIOS在进行POST的过程中发现了一些致命错误，例如没有找到内存或者内存有问题（此时只会检查640KB常规内存），那么系统BIOS就会直接控制喇叭发声来报告错误，声音的长短和次数代表了错误的类型。在正常情况下，POST过程进行得非常快，用户几乎无法感觉到它的存在，POST结束之后就会调用其他代码来进行更完整的硬件检测。

第三步：接下来系统BIOS将查找显卡的BIOS，系统BIOS找到显卡BIOS之后就调用它的初始化代码，由显卡BIOS来初始化显卡，此时多数显卡都会在屏幕上显示出一些初始化信息，如介绍生产厂商、图形芯片类型等内容，不过这个画面几乎是一闪而过。系统BIOS接着会查找其他设备的BIOS程序，找到之后同样要调用这些BIOS内部的初始化代码来初始化相关的设备。

第四步：查找完所有其他设备的BIOS之后，系统BIOS将显示出它自己的启动画面，其中包括有系统BIOS的类型、序列号和版本号等内容。

第五步：接着系统BIOS将检测和显示CPU的类型和工作频率，然后开始测试所有的RAM，并同时在屏幕上显示内存测试的进度，我们可以在CMOS设置中自行决定使用简单耗时少或者详细耗时多的测试方式。

第六步：内存测试通过之后，系统BIOS将开始检测系统中安装的一些标准硬件设备，包括硬盘、CD-ROM、串口、并口、软驱等设备，另外绝大多数较新版本的系统BIOS在这一过程中还要自动检测和设置内存的定时参数、硬盘参数和访问模式等。

第七步：标准设备检测完毕后，系统BIOS内部的支持即插即用的代码将开始检测和配置系统中安装的即插即用设备，每找到一个设备之后，系统BIOS都会在屏幕上显示出设备的名称和型号等信息，同时为该设备分配中断、DMA通道和I/O端口等资源。

第八步：到这一步为止，所有硬件都已经检测配置完毕了，多数系统BIOS会重新清屏并在屏幕上方显示出一个表格，其中概略地列出了系统中安装的各种标准硬件设备，以及它们使用的资源和一些相关工作参数。

第九步：系统BIOS将更新ESCD。ESCD（Extended System Configuration Data），即扩展系统配置数据，是系统BIOS用来与操作系统交换硬件配置信息的一种手段，这些数据被存放在CMOS（一小块特殊的RAM，由主板上的电池来供电）之中。

通常ESCD数据只在系统硬件配置发生改变后才会更新，所以不是每次启动计算机时都能够看到“Update ESCD… Success”这样的信息，不过，某些主板的系统BIOS在保存ESCD数据时使用了与Windows不相同的数据格式，于是Windows在它自己的启动过程中会把ESCD数据修改成自己的格式，但在下一次启动计算机时，即使硬件配置没有发生改变，系统BIOS也会把ESCD的数据格式改回来，如此循环，将会导致在每次启动计算机时，系统BIOS都要更新一遍ESCD，这就是为什么有些计算机在每次启动时会显示出相关信息的原因。

第十步：ESCD 更新完毕后，系统 BIOS 的启动代码将进行它的最后一项工作，即根据用户指定的启动顺序从软盘、硬盘或光驱启动。以从 C 盘启动为例，系统 BIOS 将读取并执行指定位置上的引导记录，而引导记录将负责读取并执行操作系统的基本系统文件。

上面介绍的便是计算机在打开电源开关（或按【Reset】键）进行冷启动时所要完成的各种初始化工作，如果在 DOS 下按【Ctrl＋Alt＋Del】组合键（或从 Windows 中选择重新启动计算机）来进行热启动，那么 POST 过程将被跳过去，直接从第三步开始，另外第五步的检测 CPU 和内存测试也不会再进行。

BIOS 设置的项目非常多，实际上用户在使用中需要更改的项目并不是特别多，绝大多数项目只需使用出厂默认值，这里列举几种常用的 BIOS 设置项目为例说明 BIOS 设置的方法，没有涉及的项目可查阅主板说明书或相关 BIOS 资料。

三、进入 BIOS 的方法

由于 CMOS RAM 芯片本身只是一个存储器，只具有保存数据的功能，所以对 CMOS 中各项参数的设定要通过专门的程序进行的。就目前来讲，CMOS 设置程序都被做到了 BIOS 芯片中，在开机时进入 CMOS 设置程序的方法通常有 3 种。

（1）在开机时可以按特定的按键进入 CMOS 设置程序。不同的计算机进入 CMOS 的铵键也不同，一般都会在屏幕上给出提示，通常可按【Del】键进入 CMOS；COMPAQ 计算机可以在屏幕右上角出现光标时按【F10】键进入 CMOS；Phoenix 可按【F2】键进入 CMOS，还有的可以按【Ctrl+Alt+Esc】组合键进入 CMOS 设置程序等。

（2）可用系统提供的软件在 DOS 下进入 CMOS 设置程序，在 Windows 的控制面板和注册表中已经包含了部分 BIOS 设置。

（3）通过一些应用软件（如：QAPLUS）对 CMOS 进行读和写来设置 CMOS 程序。

当然，还有一些机型进入 BIOS 的方式不一样，如有按【F1】、【F10】、【F11】、【F12】等，具体进入 BIOS 的方式可查阅主板或计算机的说明书。常见的 BIOS 进入后的界面如图 4-4 和图 4-5 所示。需要注意，进行任何设置后，在退出时必须保存才能让设置生效。

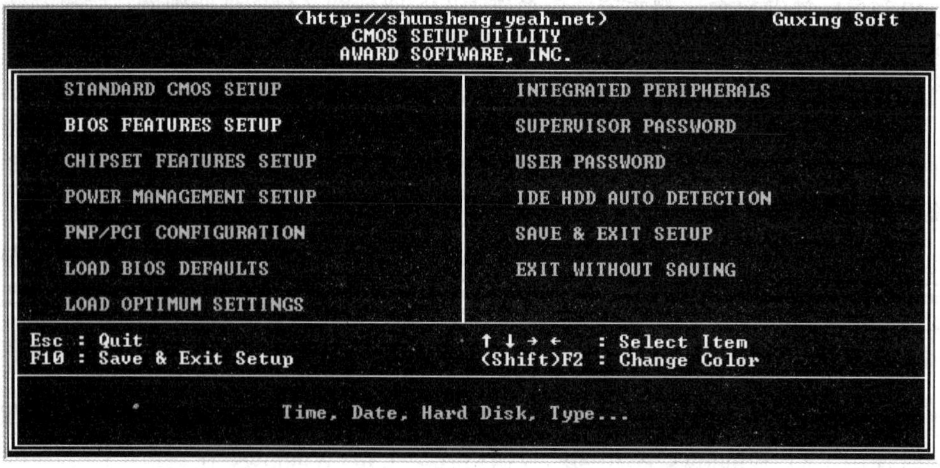

图 4-4　Award BIOS 主界面

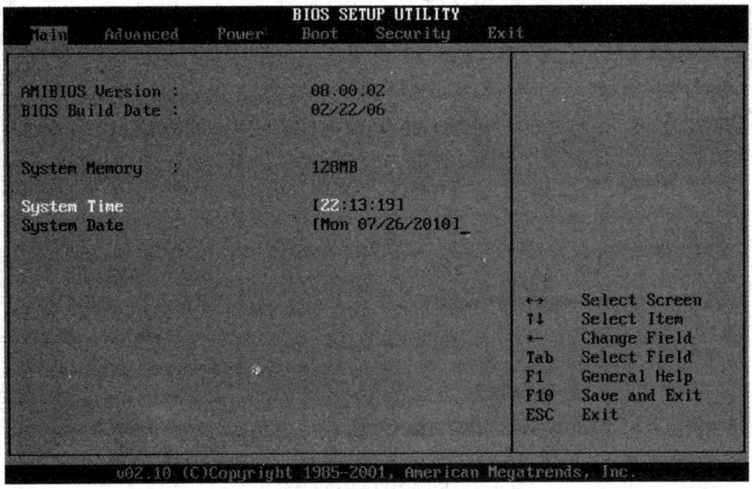

图 4-5　AMI BIOS 主界面

四、CMOS 设置参数详解

目前主要有 Award BIOS、AMI BIOS、Phoenix BIOS 三种类型，它们的设置程序各不相同，不过又有很多相似之处，只要掌握其中的一种，其他的也就不难掌握了。下面以 Award BIOS 为例来介绍一下各项参数的设置。

Award BIOS 是由 Award Software 公司开发的 BIOS，是主板中应用最广泛的一种 BIOS。开启计算机，按【Del】键进入 CMOS 设置程序，如图 4-6 所示。

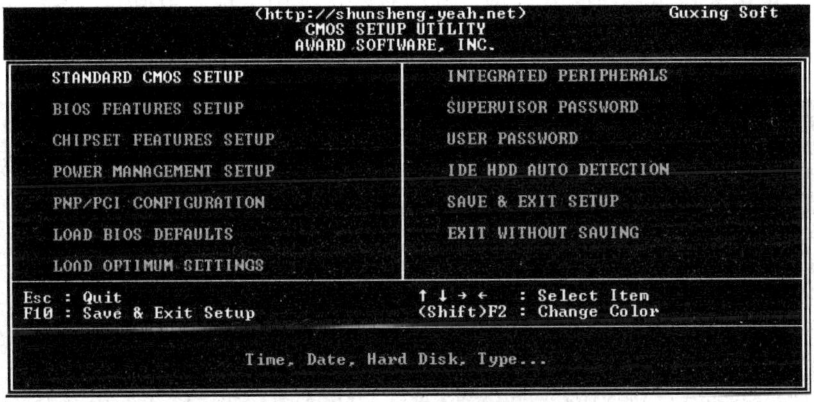

图 4-6　CMOS 主界面

1．STANDARD CMOS SETUP（标准 CMOS 设定）

在这项菜单里面可以根据实际情况来设定日期和时间，如图 4-7 所示。下面是第一主 IDE 设备和从 IDE 设备，第二主 IDE 设备和从 IDE 设备，可以设置 Type（类型）和 Mode（模式）项设为 Auto，使 BIOS 自动检测硬盘。也可以选择主菜单中的 IDE HDD AUTO DETECTION 项，还可以使用 User 选项，手动设置硬盘参数。

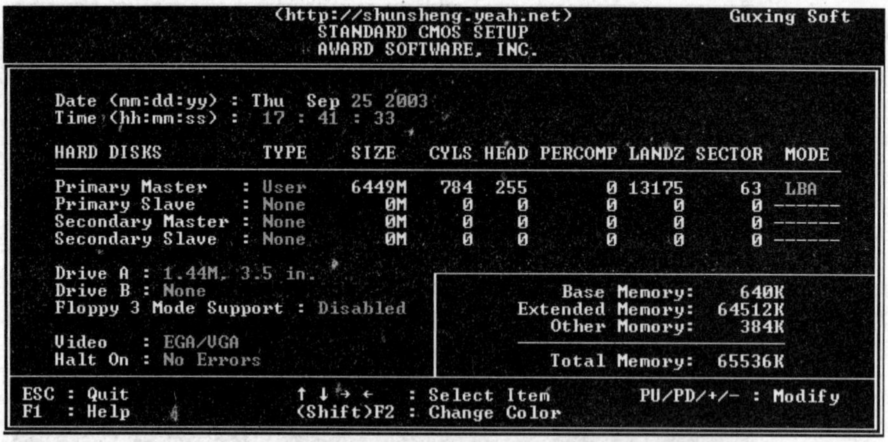

图 4-7 STANDARD CMOS SETUP 菜单项

在显示模式中，可以选择 4 种类型：EGA/VGA（显示适配卡选用）、CGA 40（CGA 显卡，40 列方式）、CGA 80（CGA 显卡，80 列方式）、MONO（单色显示方式）。

在暂停的出错状态选项中，可以选择这几种模式：ALL Errors（BIOS 检测到任何错误，系统均暂停并给出出错提示）、NO Errors（BIOS 检测到任何错误都不使系统启动暂停）、ALL But Keyboard（BIOS 检测到除了键盘之外的错误后使系统启动暂停）、ALL But Disk/Key（BIOS 检测到除了磁盘/键盘之外的错误后使系统启动暂停）。除了这些设置，还可以设置软驱 A 和 B 等。

2．BIOS FEATURES SETUP（BIOS 具体功能设定）

这项菜单用来设定系统配置选项，其中有些选项由主板本身确定，有些选项可以进行手动设定，以改善计算机系统性能，如图 4-8 所示。

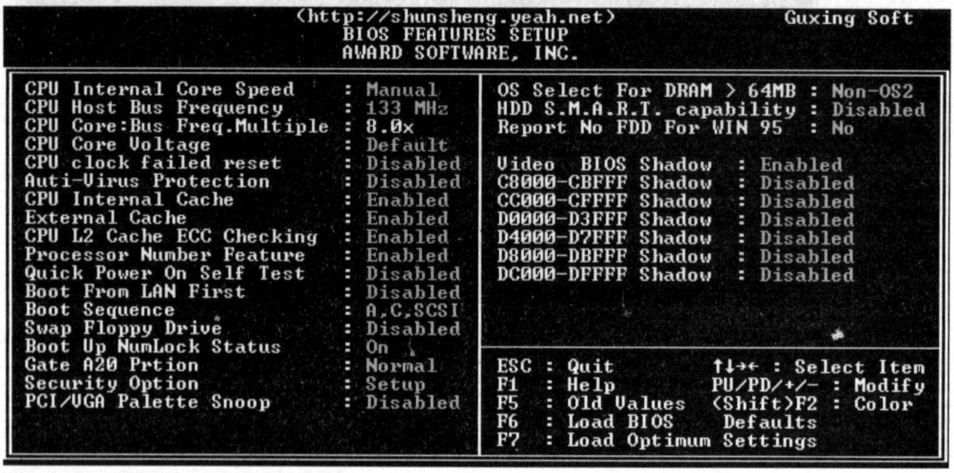

图 4-8 BIOS FEATURES SETUP 菜单项

- **CPU Internal Cache：** 缺省值为 Enable（开启），它允许系统使用 CPU 内部的一级缓存（L1 Cache）。此项一般不要轻易改动。若此项设为 Disable（关闭），将会降低系统的性能。

- **External Cache：**缺省为 Enable，用来控制主板上的二级缓存（L2 Cache）。根据主板上是否带有 Cache 来设置此项。
- **Quick Power On Self Test：**缺省为 Enable，用来加速系统上电自检过程，它将跳过一些自测试，使引导过程加快。
- **Boot Sequence：**选择计算机通电时的启动顺序。例如：选为 CD-ROM，C，A，则系统将按 CD-ROM、硬盘、软驱的顺序寻找启动盘。
- **Swap Floppy Drive：**交换软盘驱动器，缺省为 Disable，此时 BIOS 把软驱线扭接端子所接的软盘驱动器当作第一驱动器。当它开启时，在 DOS 下 A 盘当作 B 盘用，B 盘当作 A 盘用。
- **Boot Up Numlock Status：**此项用来设置小键盘的缺省状态。当设为 ON 时，系统启动后，小键盘缺省为数字状态（NumLock 灯亮）。设为 OFF 时，系统启动后，小键盘为箭头状态。
- **Security Option：**当选为 System 时，每次开机启动时都会提示输入密码，选择为 Setup 时，仅在进入 CMOS Setup 时要求输入密码。
- **PCI/VGA Palette Snoop：**此项用来设置 PCI/VGA 卡能否与 MPEG ISA/VESA VGA 卡一起用。当 PCI/VGA 卡与 MPEG ISA/VESA VGA 卡一起用，应设为 Enable。
- **OS Select For DRAM>64MB：**此项设置 OS2 系统是否使用内存的容量。“Non-OS2”表示不使用 IBM OS2 操作系统；“OS2”表示使用 IBM OS2 操作系统，且 DRAM 容量大于 64MB。

3．CHIPSET FEATURES SETUP（芯片组功能设定）

此项主要用来设定主板上芯片特性，如图 4-9 所示。其主要选项有以下几个。

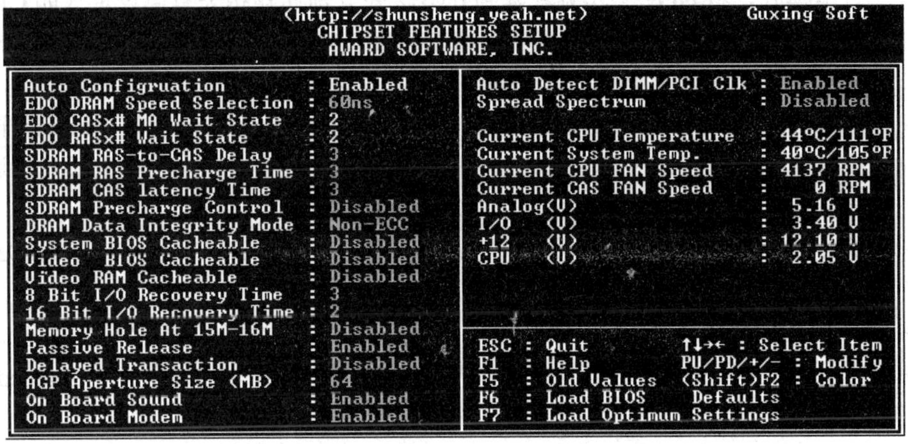

图 4-9　CHIPSET FEATURES SETUP 菜单项

- **Auto Configuration：**自动状态设定，缺省为 Enable。当设定为 Enable 时 BIOS 以最佳状态设定。
- **AGP Aperture Size：**此项设置在 PC 配置中使用的加速图形卡内存大小。

4．POWER MANAGEMENT SETUP（电源管理设定）

此项主要用来设定电源，用来控制主板上的“绿色”功能，可设置定时关闭视频显示和硬盘驱动器以实现节能效果，如图 4-10 所示。主要选项有：

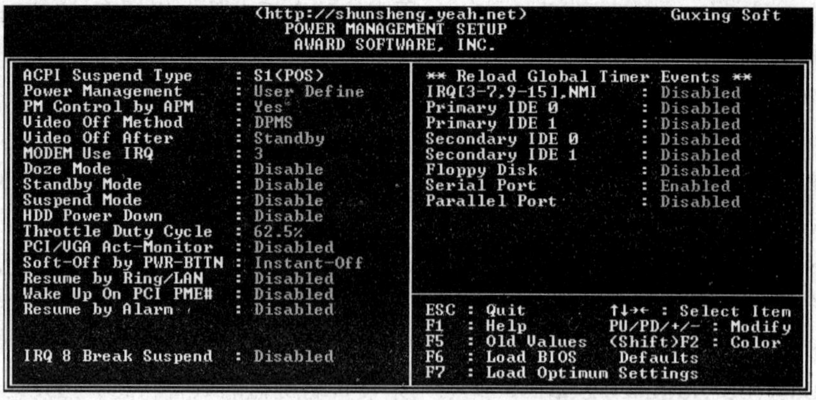

图 4-10　POWER MANAGEMENT SETUP 电源设定

- **Power Management**：设置电源管理的方式。选项“Min Power Saving”表示最小节能管理，即停止 1 小时进入省电功能模式。选择此项不改变 Doze/Standby/Suspend Mode 的值；“Max Power Saving”表示最大节能管理，即停止 10 秒进入省电功能模式，选择此项不改变 Doze/Standby/Suspend Mode 的值；“User Default”表示自定义设置。
- **Video Off Method**：设置视频关闭的方式。选项“V/H SYNC+Blank”表示将屏幕变为空白并停止垂直和水平扫描；“Blank Screen”表示将屏幕变为空白；“DPMS”表示初始显示信号。
- **Suspend Mode**：设置系统暂停模式。设定系统多久没有使用时，PC 便进入 Suspend 省电模式，将 CPU 工作频率降到 0MHz 并分别通知相关省电设定（如 CPU FAN、Video Off 等），以便同时进入省电状态。“Disabled”表示不使用省电模式；“min-1 hour”表示自定义进入省电模式的时间。
- **HDD Power Down**：设定硬盘关闭模式。当系统停止读/写硬盘时，计时器开始计算，超时后系统将切断硬盘电源。一旦有读/写硬盘命令执行，系统将重新开始运行。“1～15mins”表示自定义时间范围；“Disabled”表示不启用此功能。
- **Soft-Off by PWR-BTTN**：设置软关机方式。“Instant Off”表示按下按钮时立即关闭；“Delay 4 sec”表示延时 4s 后关机。
- **USB KB Wake-UP From S3**：设置是否采用 USB 键盘来唤醒暂停的系统。
- **Resume by Alarm**：设置系统自动启动的日期和时间。当设置为“Enabled”时，可以设置日期和时间。

5．PNP/PCI CONFIGURATION SETUP（即插即用/PCI 设置）

- **PnP OS Installed**：设置是否在系统中安装有即插即用设备。
- **Reset Configuration Date**：设置是否重新配置数据。因为 BIOS 支持即插即用设备，所以必须记录所有资源分配情况以防止冲突，每个外部设备都有“ESCD”以记录所用的资源，系统将这些数据记录在 BIOS 保留的存储空间中。“Enabled”表示如果插入非即插即用卡，系统将记录到 ESCD，一旦拔出此卡，系统将清除 ESCD 内容；“Disabled”表示正常设置。
- **Resources Controlled By**：设置系统的资源控制方式，有手动和自动两种。

➢ **IRQ Resource：**设置系统中断资源。
➢ **DMA Resource：**设置系统的 DMA 资源。
➢ **PCI/VGA Palette Snoop：**设置 PCI/VGA 调色板配置。

6．LOAD BIOS DEFAULTS（载入 BIOS 缺省值）

主板在 CMOS 中有一个出厂时的设定值，若 BIOS 设置混乱时，则可以使用此项进行恢复。因为 BIOS 缺省设定关闭了所有用来提高系统性能的参数，所以使用它容易找到主板的安全值或排除因 BIOS 设置不当而引起的错误。

7．SUPERVISOR PASSWORD 和 USER PASSWORD（口令设置）

此两项为口令设置，前者是管理员口令设置，后者是用户口令设置，两者主要区别在于对 CMOS 设置权限的不同。它和“BIOS FEATURES SETUP”中的“Security Option”项是配合使用的，例如：当“Security Option”项设为“System”时，此处设的口令也就是开机要求输入的口令，若“Security Option”项设为“Setup”时，此处设的口令也只能是进入 CMOS 时的口令。口令设置最多只能设八个数字或符号，而且有大小写之分，输入一次口令而且要求再输入一次口令确认以后，口令才可设置成功。

8．Save & Exit Setup（保存并退出）

当对 CMOS 设置完成之后，选择此项可使更改过的设置生效并退出 CMOS 设置程序。

9．Exit Without Saving（不保存退出）

如果不想使改动过的设置生效，可以选择此项，它将不保存设置而退出。

BIOS 设置程序中英文对照如表 4-1 所示

表 4-1　Award BIOS 设置程序中英文对照

英　文	中　文
STANDARD CMOS SETUP	标准 CMOS 设置（包括时间、日期、硬盘类型等）
BIOS FEATURES SETUP	BIOS 功能设置
CHIPSET FEATURES SETUP	主板芯片组设置（与主板芯片特性有关的功能的设置）
POWER MANAGEMENT SETUP	电源管理设置（如电源与节能设置）
PNP/PCI CONFIGURATIONS	即插即用与 PCI 设置（包括 PCI 总线等设备）
LOAD BIOS DEFAULTS	载入默认 BIOS 设置
LOAD OPTIMUM SETTINGS	载入最优化 BIOS 设置
INTEGRATED PERIPHERALS	外围设备功能设置
SUPERVISOR PASSWORD	管理员密码设置
USER PASSWORD	普通用户密码设置
IDE HDD AUTO DETECTION	自动检测 IDE 设置

五、CMOS 密码破解

如果自己设置了 CMOS 的密码而又忘记了所设的密码，怎么办呢？不要紧，这里介绍几种破解 CMOS 密码的方法。

破解 CMOS 的方法比较多，最常用也最简单的方法可以使用 debug 程序来破解，不过，这是有前提的：必须首先进入 DOS 模式，如果是在 NTFS 分区上，此种方法是行不通的。具体操作如下：

进入 DOS，例如在 DOS 提示符 C 下，格式为：

```
c:\>debug
-o 70 16
-o 71 16
-q
```

退出 debug 程序之后，重启计算机就可以进入 CMOS 设置程序了。

除了这种方法，还可以利用一些工具软件，如 BIOS Cracker 等。如果用户根本就无法进入系统，那就只有一招了——给 CMOS 电池放电。该方法很简单，打开机箱盖，找出放电跳线进行放电就可以了。此外，把电池取下，将正负极短接也可进行放电。

【任务实施】

一、设置启动顺序

安装系统一般要设置从光盘启动。现在也有用优盘或者移动硬盘安装系统的，如一些上网本不带光驱，则这种情况就可设置成移动设备启动系统来进行安装。注意采用这种情况安装系统，需把优盘或移动硬盘做成可自启动模式。这里以设置从光盘启动为例。

1．AWARD BIOS 设置从光盘启动

开机进入 BIOS 主界面，使用键盘方向键“↑、↓、←、→”移动到“Advanced BIOS Features”选项，按回车键后就会出现如图 4-11 所示画面。

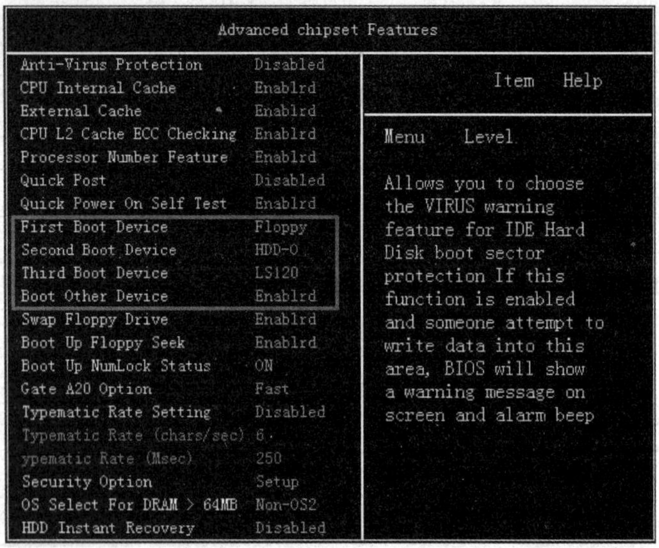

图 4-11 “Advanced BIOS Features”选项

图中方框内的四条选项分别为第一、第二、第三、其他启动设备，如果设置光驱为第一启动顺序的话，可以移动光标到“First Boot Drive”，然后回车，用↑、↓方向键选择“CDROM”，然后回车确定即可。

还有一种比较老的 AWARD 的界面，设置从光驱启动时可以选择“BIOS FEATURES SETUP”并回车，在接下的界面中选择“Boot Sequence”，用↑、↓方向键将顺序调整为“CDROM，C，A”，如图 4-12 所示。

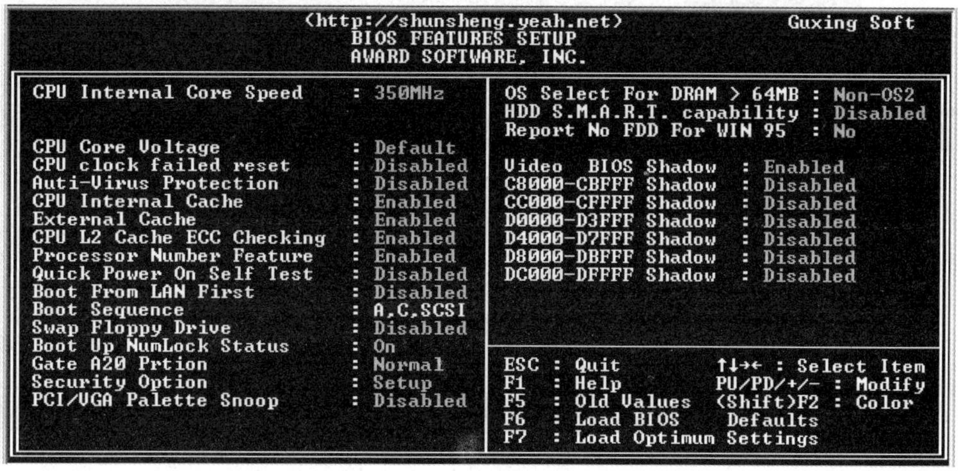

图 4-12　“BIOS FEATURES SETUP”选项

2．AMI BIOS 设置从光盘启动

AMI 和 Phoenix 的 BIOS 两者设置比较类似。设置光驱启动时，移动选择菜单到“BOOT”菜单，如图 4-13 所示。

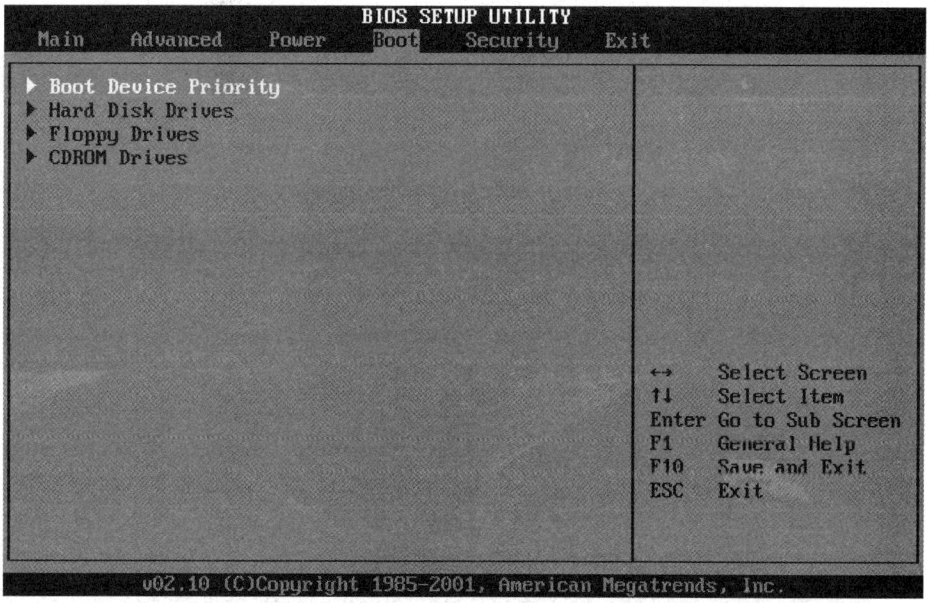

图 4-13　AMI 的 BIOS BOOT 菜单

然后选择“Boot Device Priority”并回车进行启动顺序的调整，并调整到光驱启动，如图 4-14 所示，最后保存并退出即可。

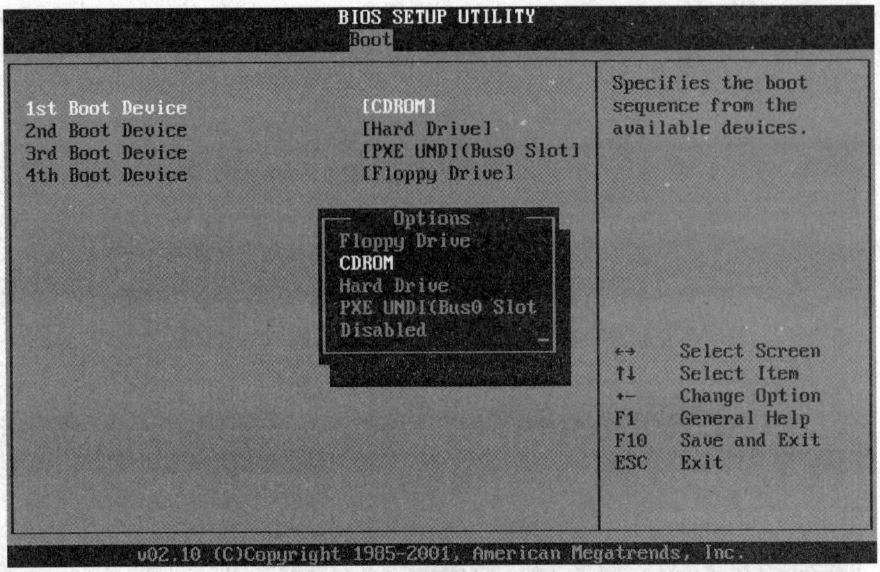

图 4-14　选择第一启动设备

二、禁用板载芯片

如果需要安装独立声卡，就要在 BIOS 中禁用板载的声卡芯片，以 AWARD 为例说明。

（1）开机进入 BIOS 主界面，使用键盘上方向键“↑、↓、←、→”移动到“Integrated Peripherals”选项，如图 4-15 所示。

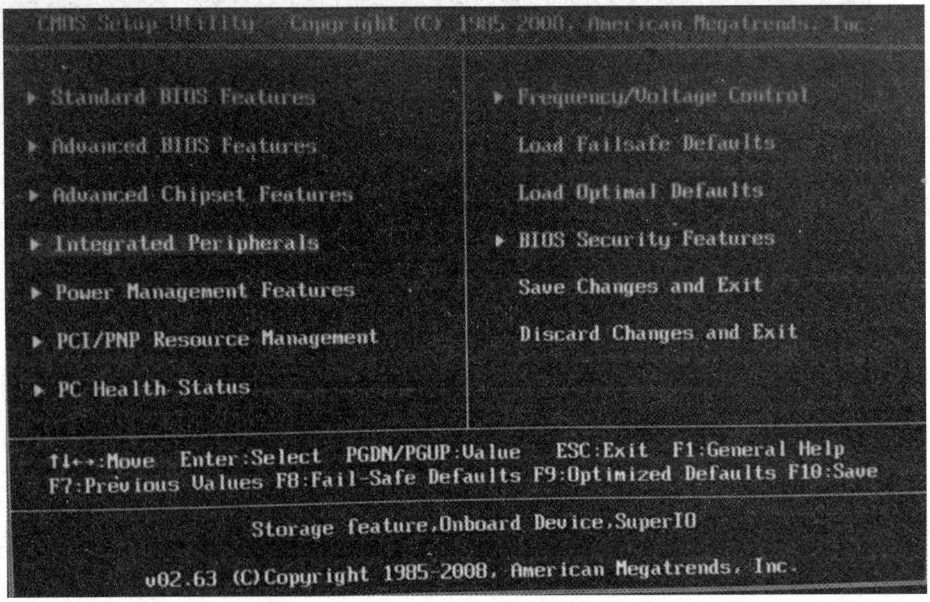

图 4-15　选择“Integrated Peripherals”选项

（2）按回车键确定后，选择“Onboard Device”选项，如图 4-16 所示。

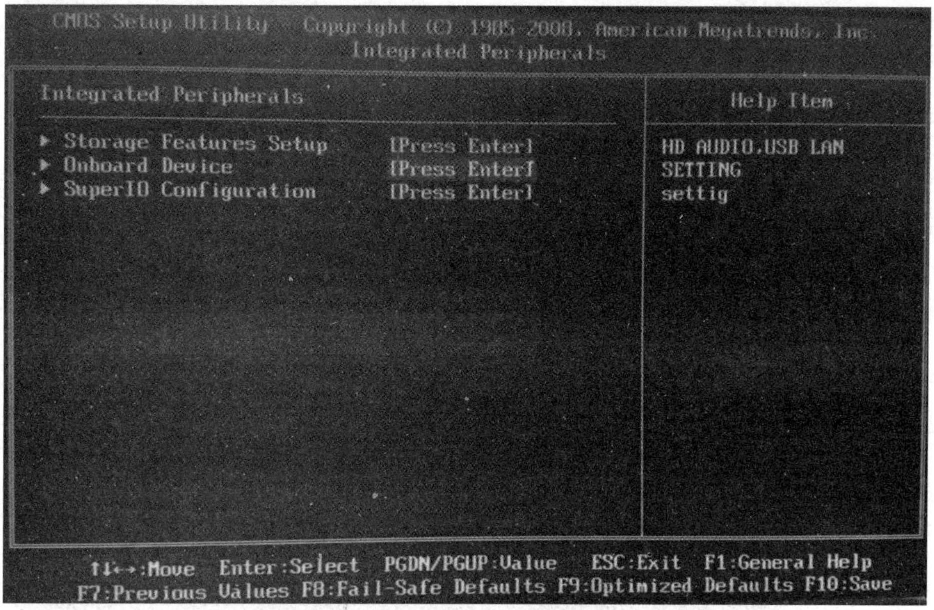

图 4-16　选择“Onboard Device”选项

（3）选择“HD Audio Controllor”并按回车键，选择“Dsiable”，如图 4-17 所示，按回车确认，保存退出后即可禁用板载声卡。

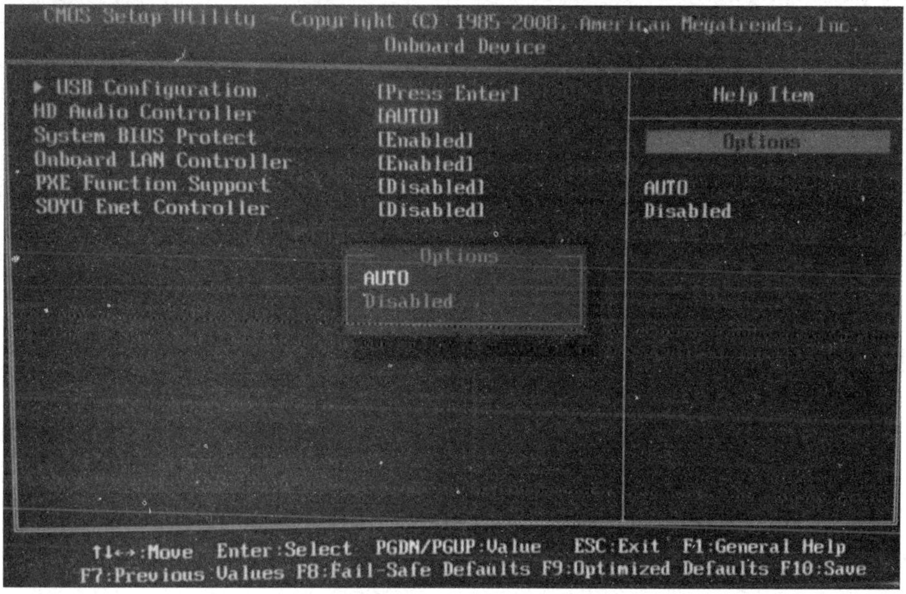

图 4-17　关闭板载声卡

三、设置密码

如果要设定密码，只要将光标移动到 Set Supervisor Password（设定管理者密码）或 Set User Password（设定用户密码）选项上，然后按下回车键，就会出现密码设置框。首先应输入当前密码（如果有的话），然后再输入两遍新密码即可，如图 4-18 所示。

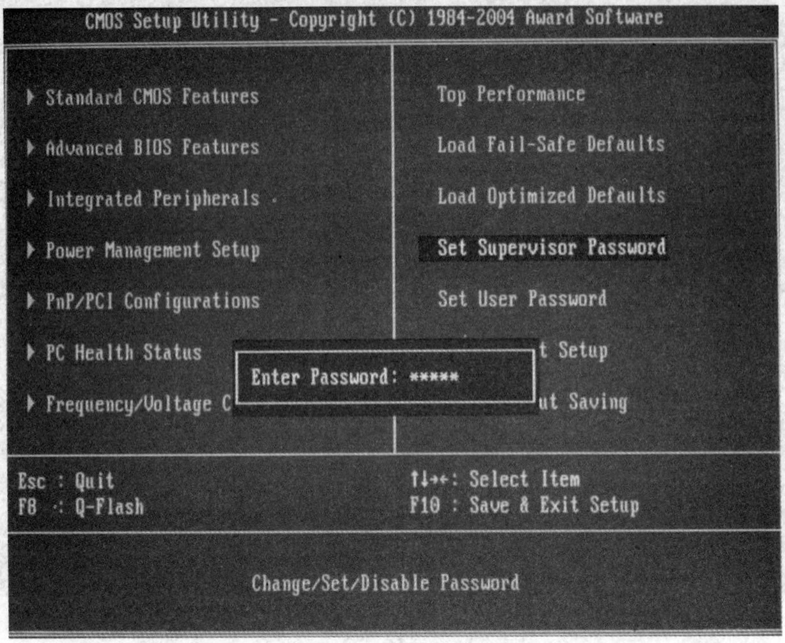

图 4-18　设置密码

如果需要取消设置的密码，请将光标移动到 Set Supervisor Password（设定管理者密码）或 Set User Password（设定用户密码）选项上，按回车键，在出现的密码设置框中删除原有密码即可。

任务 2　升级 BIOS

【任务引入】

升级 BIOS 是指使用最新版本的 BIOS 数据文件替换 BIOS 芯片中原来的 BIOS 文件。当主板不支持某些新硬件，或电脑总是出现一些兼容问题，通过升级 BIOS 往往能解决问题。不过升级 BIOS 也是一件危险的事，一不小心就会损坏 BIOS 芯片，损坏主板，所以如果不是必需，最好不要升级 BIOS。

【任务分析】

在升级 BIOS 之前，必须有 BIOS 写入程序和最新版本的 BIOS 文件。BIOS 写入程序其实就是一个可执行文件，不同的 BIOS 生产厂商所使用的程序也不一样，不能混用。因此，在正式升级主板 BIOS 之前，必须明确自己的主板使用的是何种品牌的 BIOS 芯片，然后才能找到相应的写入程序。

【相关知识】

一、升级准备

升级 BIOS 前，需要做好以下一些准备工作。

（1）利用检测软件，例如 EVEREST 查看主板生产厂家和型号，查看主板 BIOS 类型和版本。

（2）根据 BIOS 类型，从网上下载与之对应 BIOS 升级工具。BIOS 升级工具也被称为 BIOS 刷新程序，刷新工具等，它的主要作用是将 BIOS 数据文件写入 BIOS 芯片中，同时也可以备份原有的 BIOS 文件。不同类型的 BIOS 使用的升级程序是不同的，相互之间不能混用。各类 BIOS 的升级程序如下。

- **Awdflash.exe：** Award BIOS 专用的在 DOS 下的升级程序。
- **WinFlash.exe：** Award BIOS 专用的在 Windows 下的升级程序。
- **Amiflash.exe：** AMI BIOS 专用的在 DOS 下的升级程序。
- **WinSFI.exe：** AMI BIOS 专用的在 Windows 下的升级程序。
- **Phlash.exe：** Phoenix 专用 BIOS 在 DOS 下升级程序。

（3）根据主板型号，从其官方网站下载与之对应的 BIOS 最新文件。注意每种型号的主板都有与其相对应的 BIOS 文件，不能弄错，否则升级时会损坏主板。

（4）升级时要保证供电稳定，不能发生中途停电的情况，否则会损坏主板。

二、升级 BIOS 的方法

下面以利用 WinFlash.exe 升级程序，在 Windows 中升级某款主板的 BIOS 为例说明升级 BIOS 的方法。刷新过程中不要重启电脑，也不要运行其他任何程序，同时需要关闭病毒防火墙。

（1）将下载的 WinFlash.exe 软件解压缩，然后与用来升级的 BIOS 数据文件放在同一文件夹下。

（2）双击“WinFlash.exe”，启动程序，WinFlash 程序主界面如图 4-19 所示。

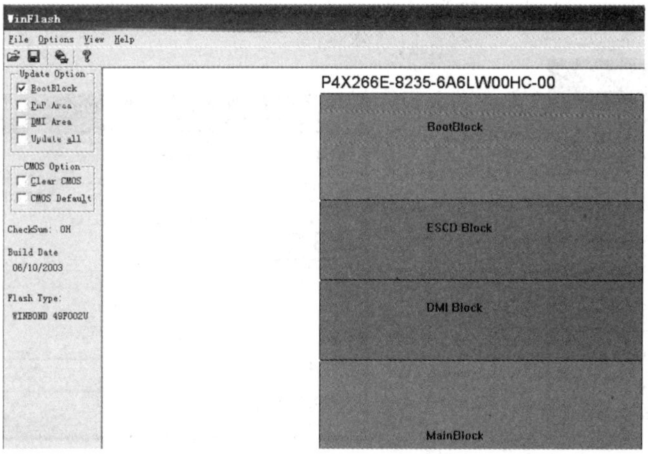

图 4-19　WinFlash 程序主界面

(3)先备份现在使用的BIOS文件,以便新BIOS文件出现不稳定时可以刷回,选择“File”→“Save Old”菜单，打开保存对话框，输入文件名并单击“保存”按钮，如图4-20所示。

（4）在“Save BIOS”对话框中单击“Backup”按钮，如图4-21所示，开始备份BIOS文件。当进度条显示完毕，“Save BIOS”对话框消失后，你会发现在Winflash软件所在的文件夹下多了一个BIN文件，这便是你备份的BIOS文件。

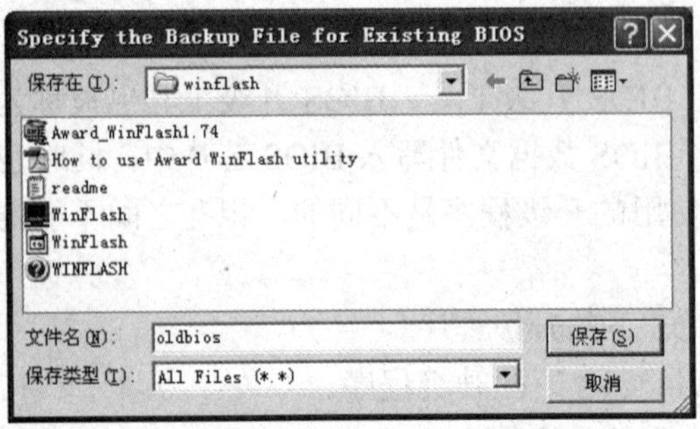

图4-20　保存对话框

图4-21　“Save BIOS”对话框

（5）下面便可以开始升级BIOS了。首先取消选择“Boat Block”复选框，并选中“Clear CMOS”复选框，如图4-22所示。各选项作用如下。

- **Boot Block:** 跳过主板BIOS中的BootBlock引导模块，这样万一升级失败了还可以再恢复。
- **Pnp Area:** 升级BIOS之后清空PnP（ESCD）数据。通常不需要这样的操作，除非你安装了新的即插即用设备并且使用不正常。
- **DMI Area:** 升级BIOS之后清空DMI数据信息。DMI容纳着系统的所有信息。通常不需要这样的操作，除非你新安装了多个系统设备并且使用不正常。
- **Clear CMOS:** 升级BIOS之后清空CMOS。一般的新的BIOS可能会有不同于原来的CMOS设置，引发一些意想不到的问题。而升级BIOS后清空CMOS可以避免该问题。

（6）选择“File” →“Update BIOS”菜单，在打开的对话框中选中用来升级的BIOS数据文件，然后单击“打开”按钮，如图4-23所示。

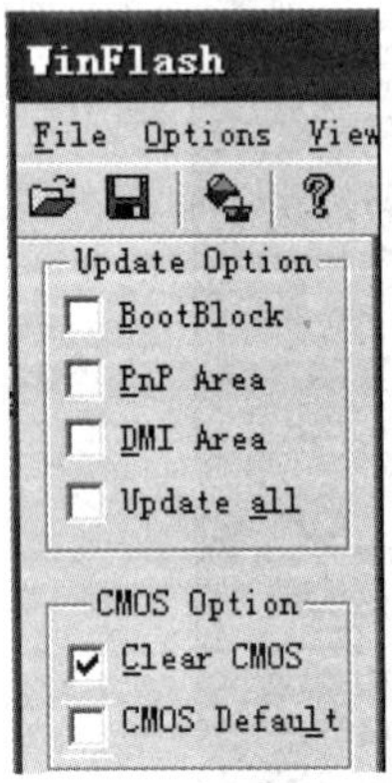

图4-22　设置升级选项

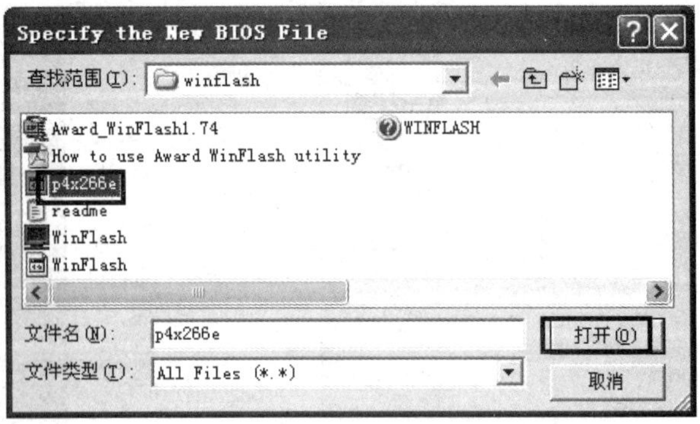

图4-23　打开升级文件对话框

（7）在打开的对话框中单击“Update”按钮，如图 4-24 所示，开始升级。升级完成后，出现一对话框提示需要重新启动，单击“Yes”按钮，重新启动，BIOS 刷新完成。

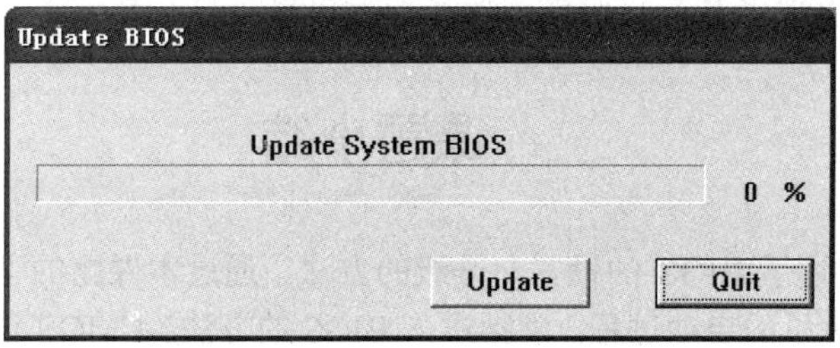

图 4-24 单击“Update”按钮

三、升级 BIOS 的注意事项

在升级 BIOS 时，需要注意以下几点：

（1）必须在纯 DOS 模式下进行。

（2）一定要确保写入的 BIOS 文件正确、完整。

（3）确认升级用的启动软盘没有坏块。

（4）保证下载的 BIOS 文件没有自身损坏，如感染病毒等。

（5）如果在升级、更新 BIOS 的过程中遇到某些意想不到的问题，千万不要关掉电源或者重新开机，只要重复更新的程序即可，如果这样重复仍无法解决问题，可以将事先备份好的 BIOS 文件重新写回 BIOS 内。

（6）如果更新程序不能正确完成升级或在升级过程中突然断电，则将导致无法开机，这个时候需要采用“热插拔”等方法来恢复（此方法危险性大且不易操作）。所以，在升级 BIOS 前一定要尽量选择在不断电的时间内来升级或采取一些应急措施。

四、升级 BIOS 失败后的处理

1．使用 BIOS 中的自举块

很多基于 Award BIOS 的主板上都有一个自举块（BOOT BLOCK），自举块也是构成主板 BIOS 的一部分，且它在擦写 BIOS 时不会被改写。自举块只支持软驱和 ISA 协议的显卡，并且可以执行引导软盘上的 Autoexec.bat 文件，所以可以利用自举块将擦写失败的 BIOS 芯片恢复。

具体操作是先将 Award 擦写程序和正确版本的 BIOS 文件复制到启动软盘上，并且在 Autoexec.bat 文件中加入“awdflash *.bin/参数”（*.bin 为正确版本的 BIOS 文件），不同的刷新工具参数也不一样，可以通过“awdflash/？”来获得相关的参数。

2．热插拔法修复

找一块相同型号的主板 BIOS 芯片，轻轻插在受损电脑主板的 BIOS 插座上，重新启动电脑，用 Flash ROM 写入程序 awdflash.exe 将 BIOS 中的内容读出，并存为一个文件。然后在不关闭电脑的情况下，拔掉好的 BIOS 芯片，将受损的 BIOS 芯片插上去。再用 awdflash.exe 程序将刚才保存的文件写入现在的 BIOS 芯片中，然后根据提示，重新启动计算机就可以了。

如果找不到一样的主板，这时可以找一块正常工作的主板，启动后，将正常工作的 BIOS

芯片取下，然后将升级失败的 BIOS 芯片换到主板上，用一个正确的 BIOS 版本写入 BIOS 芯片中即可。擦写时注意屏蔽掉 BIOS 版本和主板一致性的检查。可能有的主板并不一定支持擦写升级失败的 BIOS 芯片，这时就需要寻找一块相同的主板。

课题小结

本课题主要讲述了 BIOS 的设置与升级的方法。通过本课题的学习，读者应该了解什么是 BIOS，以及计算机的启动过程，掌握进入 BIOS 的方法、CMOS 设置参数，以及如何破解 CMOS 密码；掌握如何设置启动程序、如何禁用板载芯片和设置密码；了解升级 BIOS 前的准备工作，掌握升级 BIOS 的方法，以及升级 BIOS 失败后如何处理。

课后练习

一、填空题

1．BIOS 包含了电脑最重要的______________、______________、______________和______________，它可以说是硬件与软件程序之间的一个______________。

2．CMOS 本身只是一块______，容量一般为______字节至______字节，它的作用是______________。

3．电脑在刚启动时，会显示______________，在这个界面里可以了解电脑的______、______、______、______等信息。

4．在对 CMOS 进行设置时，可利用上下方向键移动选择条来选择要设定的项目，可用____________和____________键来修改内容。

5．升级 BIOS 是指使用最新版本的 BIOS 数据文件_____原来的 BIOS 文件。

6．BIOS 升级工具的主要作用是将______________写入______________中，同时也可以_____原有的 BIOS 文件。

7．当 CMOS 设置遭到破坏或设置混乱时，可用_________项可以使系统以最佳化模式工作。

8．升级 BIOS 失败以后的两种处理方法________________和_________________。

二、选择题

1．关机后 CMOS 中的信息将________。

A．丢失　　B．不会丢失　　C．无法确定　　D．以上都不对

2．COMPAQ 电脑可以在屏幕右上角出现光标时按________键进入 CMOS。

A．Del　　B．F2　　C．F10　　D．F8

3．在 CMOS 设置时，可以把光标移到相应的设置项上，按________键，可载入上一次的设置值。

A．F1　　B．F2　　C．F5　　D．F10

4．在系统出现兼容性问题或其他严重错误时，可以使用________功能项，使系统工作在最保守的状态，以便检查出系统错误。

A．STANDARD CMOS SETUP　　B．LOAD BIOS DEFAULTS

C．Load Setup Defaults　　D．以上都不对

5. 改变电脑上电时的启动顺序。例如：要改选为“CD-ROM，C，A”，可以选择________。

A．Security Option　　B．Hard Disk Boot From

C．Boot Up Floppy Seek　　D．Boot Sequence

三、简述题

1．简述计算机的启动过程。

2．什么是 BIOS？它有何作用？

3．如何进入 BIOS 设置程序？

4．升级 BIOS 前需要做哪些准备工作？

课题 5　硬盘分区、格式化与安装操作系统

【课题概览】

在安装操作系统之前，必须先对硬盘进行分区和格式化，然后开始安装操作系统。本课题将介绍对硬盘分区和格式化的方法，以及 Windows XP 的全新安装、多操作系统（Windows XP 和 Windows 7，Windows XP 和 Ubuntu Linux）的安装方法。

【课题重点】

➢ 硬盘分区和格式化
➢ 安装全新 Windows XP 操作系统
➢ 安装多操作系统

【课题目标】

➢ 熟悉主分区、扩展分区和逻辑分区的概念和作用
➢ 了解操作系统的概念和作用
➢ 掌握 Windows XP 操作系统安装的全过程
➢ 了解安装多操作系统的意义
➢ 掌握安装多操作系统的方法

任务 1　硬盘分区和格式化

【任务引入】

将计算机设置为从光盘启动以后，将安装光盘放入光驱就可以开始操作系统安装的进程了。如果要安装的磁盘是一个新的硬盘，那么不论安装什么操作系统，安装程序都会提醒要对磁盘进行分区和格式化。本任务将完成对硬盘进行分区和格式化的操作。

【任务分析】

要对硬盘进行分区和格式化操作，就要先了解磁盘的物理结构，以及对硬盘进行分区和格式化的原因，并了解常见的分区类型和分区格式。

【相关知识】

一、硬盘的物理结构

硬盘最基本的组成部分是磁头和由坚硬金属材料制成的涂以磁性介质的盘片（现在的硬盘中，一个盘片通常都包含两个盘面），如图 5-1 所示。在使用过程中，盘面又可分为磁道、扇区、柱面等。

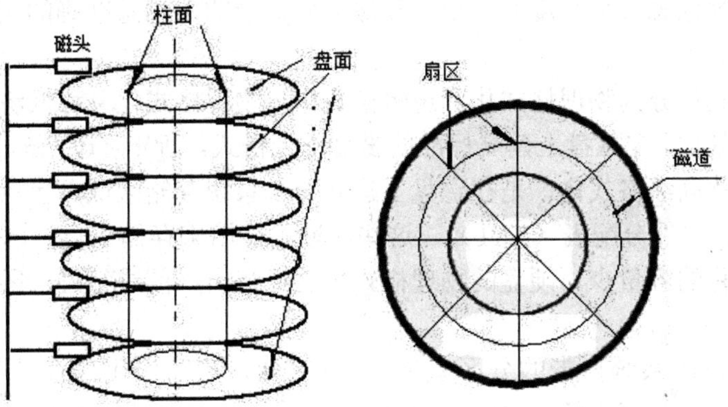

图 5-1　磁盘的结构

磁头是硬盘中最昂贵的部件，也是硬盘技术中最重要和最关键的一环。目前广泛应用的是 MR 磁头，即磁阻磁头，采用多层结构和磁阻效应更好的材料制作的 GMR 磁头（Giant Magnetoresistive heads）也逐渐普及。

在读写硬盘时，磁头依靠磁盘高速旋转引起的空气动力效应悬浮在盘面上，距离盘面不到 1μm。磁盘旋转时，磁头保持在某一个位置上，连续的数据就被存储在磁盘表面的一个圆形的轨迹中，通常把这些轨迹叫做磁道。当然，这些以特殊方式磁化的磁化区用肉眼是看不到的，且因磁化单元相隔太近时磁性会相互产生影响，所以相邻磁道之间并不是紧挨着的。

一个磁道上可以容纳若干 KB 的数据，而实际读写时一般并不需要一次读写这么多，所以磁盘上每个磁道被等分为若干个弧段，这些弧段便是磁盘的扇区，在磁盘读取和写入数据时，要以扇区为单位。一般每个扇区可以存放 512 个字节的信息。

硬盘通常由重叠的一组盘片构成，每个盘面都被划分为数目相等的磁道，并从外缘的“0”开始编号，具有相同编号的磁道形成一个圆柱，称为磁盘的柱面。磁盘的柱面数与一个盘面上的磁道数是相等的。由于每个盘面都有自己的磁头，因此，盘面数等于总的磁头数。

只要知道了硬盘的柱面（Cylinder）、磁头（Head）、扇区（Sector）数，即可确定硬盘的容量。硬盘的容量=柱面数×磁头数×扇区数×扇区（一般为 512B/4KB ）。

二、为什么要硬盘分区和格式化

硬盘分区实质上就是设定硬盘的各项物理参数，如指定硬盘主引导记录（即 Master Boot Record，MBR）的存放位置。从课题四可知，计算机启动时，系统 BIOS 将读取引导记录，并根据引导记录找到系统引导文件。因此硬盘从厂家生产出来后，必须进行分区，才能在硬盘上安装操作系统。

另外，如果一个硬盘仅有一个原始分区，由于现在硬盘制造技术不断更新，目前市场上的硬盘容量往往都在几百 GB 甚至几 TB，使用起来对计算机的性能的发挥相当不利，文件管理也会变得困难。通过对硬盘进行分区的操作，可将一块大容量的硬盘根据自己的需要分为几个容量较小的分区。

硬盘分区以后还必须格式化后才能使用，这是因为各种操作系统都必须按照一定的方式来管理磁盘，而只有格式化才能使磁盘的结构被操作系统认识。对磁盘进行格式化时可以完成很多功能，如在磁盘上确定接收信息的磁道和扇区，记录专用信息，如磁道标志（每个磁道一个）、扇区标志（每个扇区一个）和保证所记录的信息是准确的 CRC 位（循环冗余校验）。

磁盘的格式化分为物理格式化和逻辑格式化。物理格式化又称低级格式化，是对磁盘的物理表面进行处理，在磁盘上建立标准的磁盘记录格式，划分磁道（track）和扇区（sector）。逻辑格式化又称高级格式化，是在磁盘上建立一个系统存储区域，包括引导记录区、文件目录区（FCT）、文件分配表（FAT），这些区域不能用来存储信息，因此格式化以后磁盘可用空间会比标称的容量少。硬盘的物理格式化已经在出厂前进行过，所以一般对硬盘只进行逻辑格式化。

硬盘分区可用系统自带的分区工具，如 Fdisk，也可以用专业的分区软件，如 DM、PartitionMagic（分区魔术师、PQ）、Disk Genius 等。一般分区软件和命令都带有格式化的功能，但有些分区软件只能建立少数几种分区格式。若想对硬盘进行物理格式化，可采用 DOS 的 LOWFORMAT，HDFMT 等硬盘格式化程序或用硬盘管理软件 DM 等。

三、分区的概念和类型

创建硬盘分区是指将硬盘的整体存储空间划分成相互独立的多个区域（即 C 盘、D 盘、E 盘等）。这些区域可以用来安装不同的操作系统、储存文件和安装应用程序等。就像我们需要将房屋分为客厅、厨房、卧室以及洗手间一样，在使用硬盘前，需对硬盘进行分区，否则无法在它上面安装操作系统和储存数据。

硬盘分区有不同的类型，它们是主分区、扩展分区和逻辑分区，例如，图 5-2 所示为一块 150GB 的硬盘在正常使用时的分区示意图。

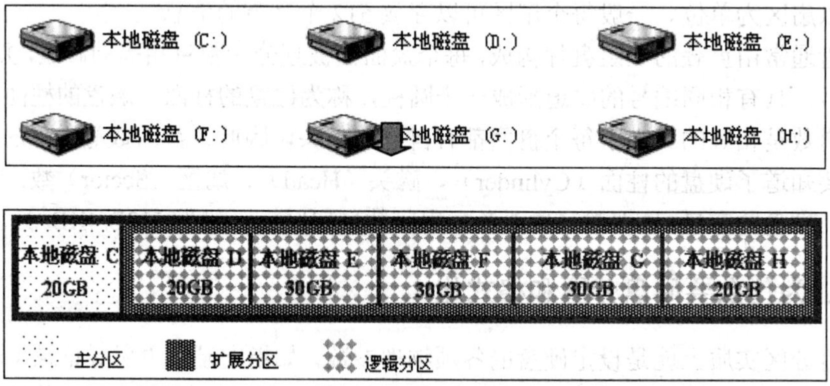

图 5-2　正常使用的硬盘分区示意图

1．主分区

在“我的电脑”窗口中看到的 C 盘便是主分区，它位于硬盘最前面的区域中。启动操作系统的文件都放在主分区上，所以要在硬盘上安装操作系统，必须要建立一个主分区。一般情况下一块硬盘上只建立一个主分区。

2．扩展分区

扩展分区用来存放逻辑分区，在“我的电脑”窗口中并不能看到扩展分区，通常在建立分区时，需要将主分区之外的硬盘空间都划分为扩展分区。

3．逻辑分区

逻辑分区需要建立在扩展分区上，我们在“我的电脑”窗口中看到的 D、E、F 等盘便是逻辑分区。一般最多允许建立 23 个逻辑分区，即盘符从 D 到 Z。

在新硬盘上安装操作系统时，安装过程中已经建立了主分区（C 盘），安装上操作系统后的硬盘分区结构如图 5-3 所示。此时要正常使用硬盘，还需要在未分配区域上建立扩展分区，然后在扩展分区上创建逻辑分区。

图 5-3　在新硬盘上安装操作系统后的分区示意图

不管使用哪种分区软件，在给新硬盘建立分区时都要遵循以下的顺序：建立主分区→建立扩展分区→建立逻辑分区→激活主分区→格式化所有分区，如图 5-4 所示。

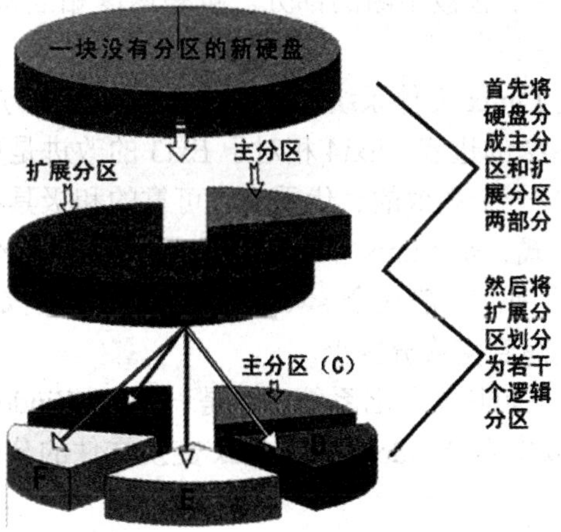

图 5-4　硬盘分区示意图

四、活动分区和隐藏分区

如果一块硬盘上有两个或两个以上的主分区，通常只有一个主分区为活动分区，其他的主分区会自动隐藏起来。隐藏分区在操作系统中是看不到的，如果想在一个操作系统中使用隐藏分区，就必须手动取消它的隐藏属性。

五、常见分区格式

1．Windows 分区格式

（1）FAT16 格式。采用 16 位的文件分配表，能支持的最大分区为 2GB，是目前获得操作系统支持最多的一种磁盘分区格式，几乎所有的操作系统都支持这一种格式。但是 FAT16 分区格式有一个最大的缺点，那就是硬盘的实际利用效率低。

（2）FAT32 格式。采用 32 位的文件分配表，使其对磁盘的管理能力大大增强，突破了 FAT16 对每一个分区的容量只有 2GB 的限制，运用 FAT32 的分区格式后，用户可以将一个大硬盘定义成一个分区，而不必分为几个分区使用。一般情况下，建议在分区时至少保留一个 FAT32 格式的分区，这样可以获得最大的兼容性。

（3）NTFS 格式。其显著的优点是安全性和稳定性极其出色，在使用中不易产生文件碎片，对硬盘的空间利用及软件的运行速度都有好处。它能通过对用户权限进行非常严格的限制，使每个用户只能按照系统赋予的权限进行操作，充分保护数据的安全。目前支持这种分区格式的操作系统有 Windows NT/2000/XP/VISTA/7/8。NTFS 格式的缺点是在 DOS、Win 9x 中看不到该格式的分区。

2．linux 分区格式

（1）Ext2 格式。是 GNU/Linux 系统中标准的文件系统。这是 Linux 中使用得最多的一种文件系统，它是专门为 Linux 设计的，拥有极快的速度和极小的 CPU 占用率。Ext2 既可以用于标准的块设备（如硬盘），也被应用在软盘等移动存储设备上。

（2）Ext3 格式。是 Ext2 的下一代，也就是保有 Ext2 的格式之下再加上日志功能。Ext3 是一种日志式文件系统（Journal File System），最大的特点是：它会将整个磁盘的写入动作完整地记录在磁盘的某个区域上，以便有需要时回溯追踪。当在某个过程中断时，系统可以根据这些记录直接回溯并重整被中断的部分，重整速度相当快。该分区格式被广泛应用在 Linux 系统中。

（3）Ext4 格式。是 Linux 文件系统的一次革命。在很多方面，Ext4 相对于 Ext3 的进步要远超过 Ext3 相对于 Ext2 的进步。Ext4 相对于 Ext3 的改进是更深层次的，是文件系统数据结构方面的优化。Ext4 是一个高效的、优秀的、可靠的和极具特点的文件系统。

（4）Linux swap 格式。是 Linux 中一种专门用于交换分区的 swap 文件系统。Linux 使用这整个分区作为交换空间。一般这个 swap 格式的交换分区是主内存的 2 倍。在内存不够时，Linux 会将部分数据写到交换分区上。

（5）VFAT 格式。也叫长文件名系统，这是一个与 Windows 系统兼容的 Linux 文件系统，支持长文件名，可以作为 Windows 与 Linux 交换文件的分区。

【任务实施】

这里以 Fdisk 和 PartitionMagic（分区魔术师、PQ）为例，来介绍如何进行分区和格式化操作。

一、用 Fdisk 进行分区和格式化

Fdisk 是 DOS 下的分区程序，用 Fdisk 分区是最基础的分区方法，虽然现在更多使用其

他的分区方法，但掌握这种最基础的分区方法还是有必要的。下面以对一个 80G 硬盘分区为例，来说明用 Fdisk 进行分区的过程，分区的具体要求为：C 盘为主分区，占总磁盘空间的 30%，剩余的空间平分给逻辑盘 D 和 E。

步骤一：利用光盘启动盘启动计算机，如图 5-5 所示是光盘启动后得到的画面，选择“2”并按【Enter】键。

步骤二：启动结束，在屏幕最下方出现“A：\>”提示符，在这里输入启动 Fdisk 的 DOS 命令“fdisk”，如图 5-6 所示，并按【Enter】键。

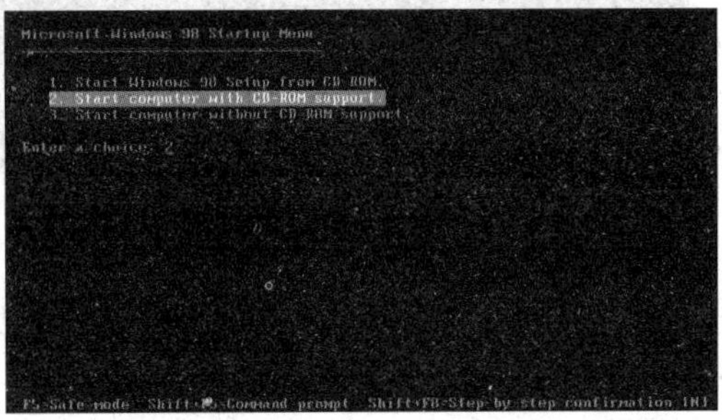

图 5-5　DOS 启动选择菜单

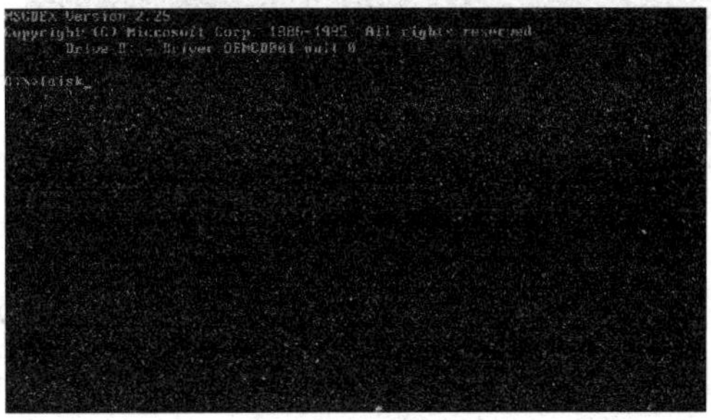

图 5-6　DOS 命令行

步骤三：这时出现如图 5-7 所示的画面，其英文大意是说磁盘容量已经超过了 512MB。为了充分发挥磁盘的性能，建议选用 FAT32 文件系统，输入“Y”键后按【Enter】键。

步骤四：进入了 Fdisk 的主画面，如图 5-8 所示，里面的选项虽然不多，但选项下面还有选项，操作时注意别搞混了。

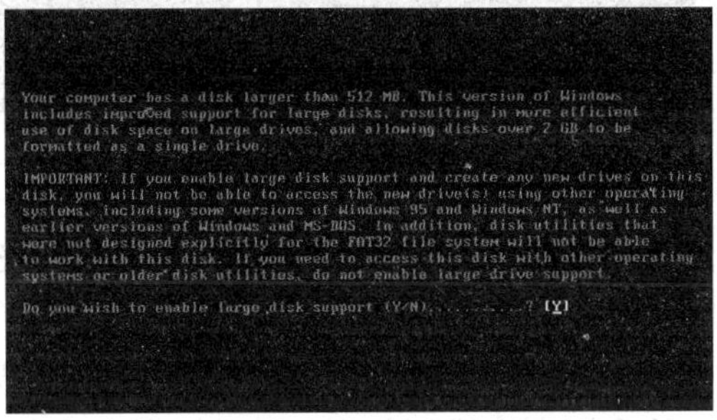

图 5-7　是否选择大硬盘支持

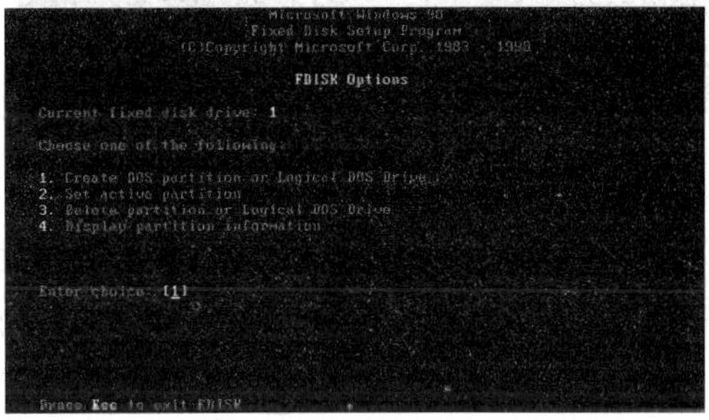

图 5-8　Fdisk 主菜单

该图中 4 个选项含义分别如下。

（1）创建 DOS 分区或逻辑驱动器

（2）设置活动分区

（3）删除分区或逻辑驱动器

（4）显示分区信息

步骤五：选择“1”后按【Enter】键，画面显示如图 5-9 所示。该图中 3 个选项含义如下。

（1）创建主分区

（2）创建扩展分区

（3）创建逻辑分区

步骤六：选择“1”后按【Enter】键确认，Fdisk 开始检测硬盘，检测完成后显示如图 5-10 所示画面。这是询问是否希望将整个硬盘空间作为主分区并激活。主分区一般就是 C 盘，随着硬盘容量的日益增大，很少有人将硬盘只分为一个区，所以按“N”并按【Enter】键。

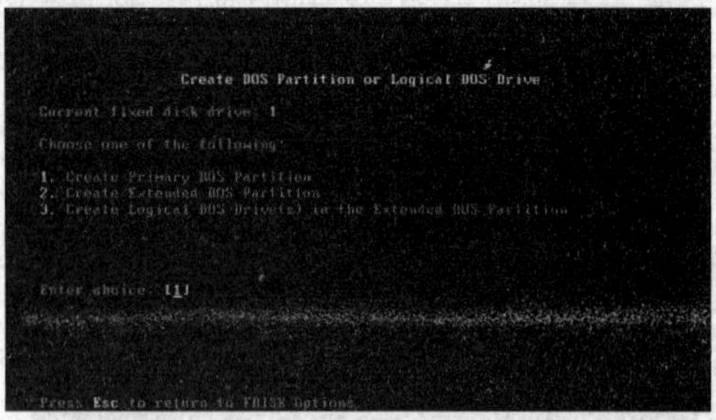

图 5-9　创建分区子菜单

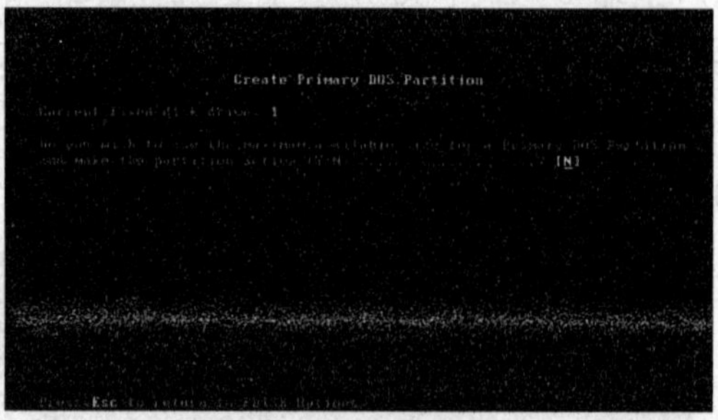

图 5-10　选择是否全部磁盘为一个分区

步骤七：设置主分区的容量，可直接输入分区大小（以 MB 为单位）或分区所占硬盘容量的百分比（%），如图 5-11 所示，按【Enter】键确认，主分区 C 盘已经创建如图 5-12 所示。

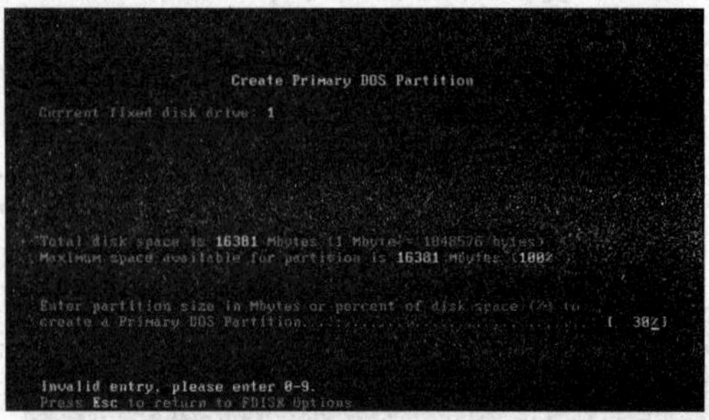

图 5-11　设定主分区大小图

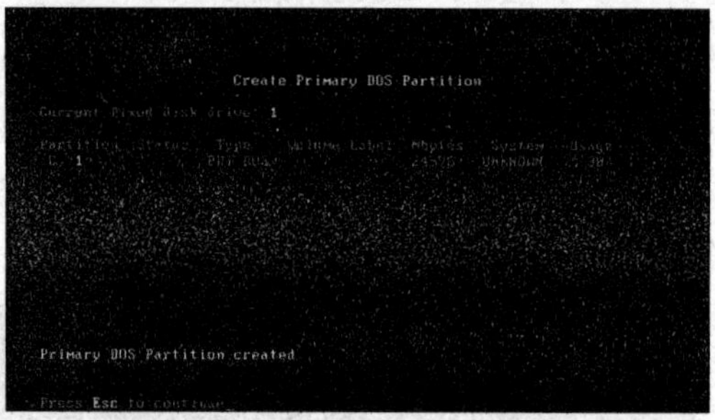

图 5-12　创建主分区完成后信息

步骤八：按【Esc】键返回至 Fdisk 主菜单，选择“1”继续操作，再选“2”，开始创建扩展分区。扩展分区创建成功如图 5-13 所示。

习惯上将除主分区之外的所有空间划为扩展分区，直接按【Enter】键即可。当然，如果想安装多个操作系统，则可根据需要输入扩展分区的空间大小或百分比。这里把剩余的空间全部划为扩展分区即直接按【Enter】键。

步骤九：画面提示没有任何逻辑分区，接下来任务就是创建逻辑分区。前面提过逻辑分区在扩展分区中划分，在此输入第一个逻辑盘的大小或百分比，最大不超过扩展分区的大小。这里选择第一个逻辑盘占扩展分区的 50%，如图 5-14 所示，按【Enter】键确认。

逻辑盘 D 已经创建。按此方法，可继续创建逻辑盘。逻辑盘 E 已经创建，按【Esc】键返回。如图 5-15 所示。

步骤十：按【Esc】键返回至 Fdisk 主菜单，选“2”设置活动分区。只有主分区才可以被设置为活动分区，选择数字“1”，即设 C 盘为活动分区，如图 5-16 所示。按【Enter】键确认。

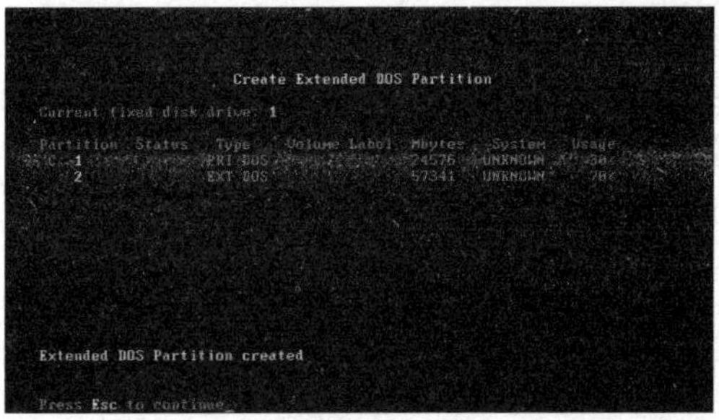

图 5-13　创建扩展分区完成后信息

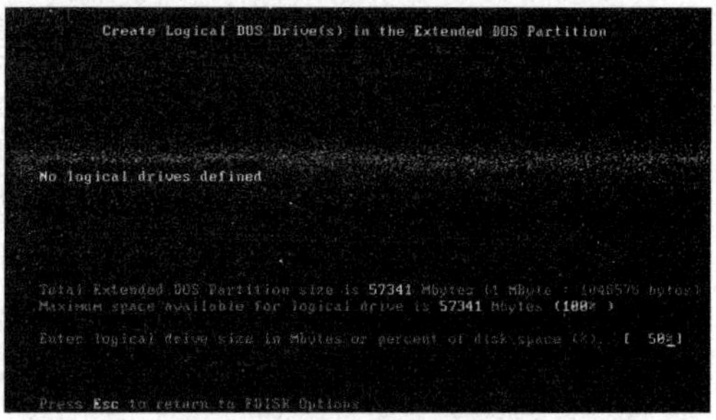

图 5-14　创建逻辑盘大小

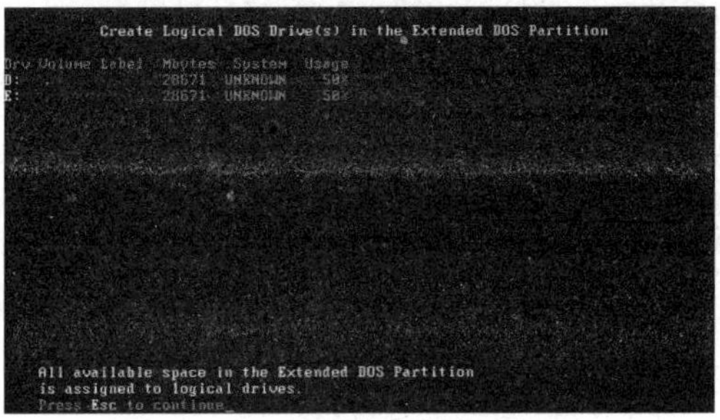

图 5-15　逻辑盘创建完成后信息

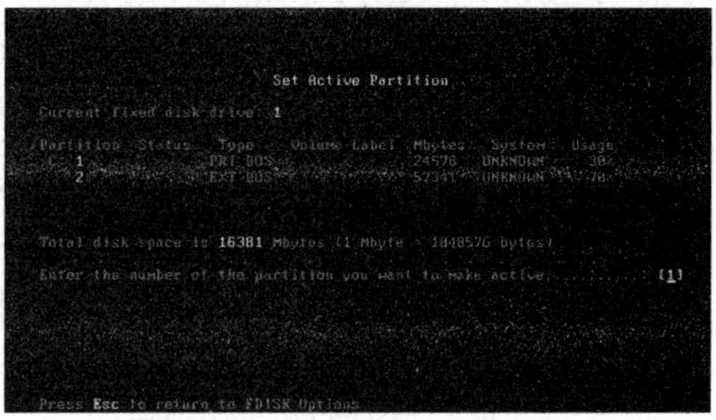

图 5-16　设置活动分区

步骤十一：按【Esc】返回，再按【Esc】退出 fdisk 程序，这时弹出必须重新启动计算机的提示窗口如图 5-17 所示，这样分区才能够生效。

步骤十二：当分区完成重启计算机进入 DOS 命令行后，这时还需格式化硬盘后才能使用个分区的磁盘。格式化磁盘用 Format 命令，如格式化 C 盘并传输必要的启动文件，只要在 A:\>后输入“format c：/s”，按【Enter】键确认后，会出现格式化会丢失在此盘上的所有数据的警告提示，按“Y”确定，这样就进行格式化硬盘了，如图 5-18 所示。

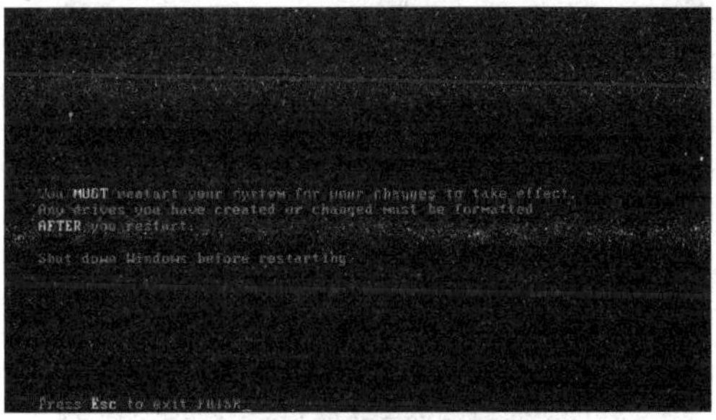

图 5-17　提示需重启计算机生效

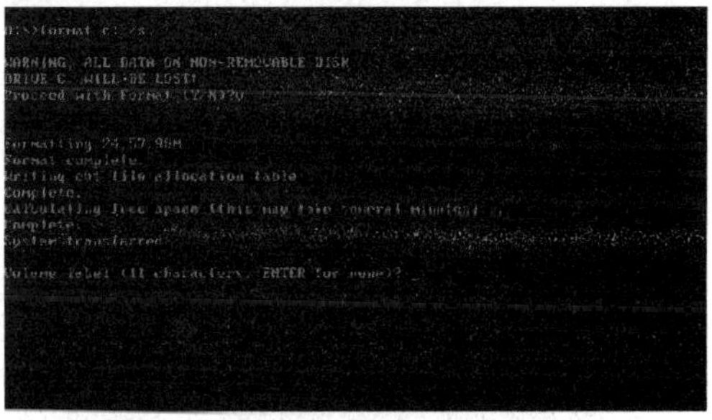

图 5-18　格式化分区

Format 命令的使用方法如下。

格式：format volume [/fs:file-system] [/v:label] [/q] [/a:UnitSize] [/c] [/x] [/s]

主要参数说明如下：

- **Volume：**指定要格式化的驱动器的装入点、卷名或驱动器号。
- **/fs:file-system：**指定要使用的文件系统：FAT、FAT32 或 NTFS。软盘只能使用 FAT 文件系统。
- **/v:label：**指定卷标。如果省略 /v 命令行选项或使用它而不指定卷标，format 将在格式化完成后提示输入卷标。

- **/q**：执行快速格式化。删除以前已格式化卷的文件表和根目录，但不在扇区之间扫描损坏的区域。使用 /q 命令行选项应该仅格式化以前已格式化的完好的卷。
- **/s**：格式化完成后传输系统启动文件。
- **/?**：在命令提示符显示帮助信息。

在格式化完成后，Format 显示总磁盘空间、标记为错误的空间以及文件可用的空间的信息。如果要对一块硬盘重新分区，那么首先要做的是删除旧分区。删除分区，在 Fdisk 主菜单中选“3”后按回车键。删除分区的顺序从下往上，即“非 DOS 分区”→“逻辑分区”→“扩展分区”→“主分区”。

二、使用 PQ 进行分区和格式化

用魔术分区师 PartitionMagic 分区的思路：如 80G 硬盘，分三个区，C 盘 10G，D 盘 30G，E 盘为余下部分，其中 C、D 格式化为 NTFS 格式，E 格式化为 FAT32 格式。

步骤一：DOS 版 PQ 在很多系统或工具光盘上都有，用此光盘启动，并选择魔术分区师 PartitionMagic 软件（PQ）。

步骤二：启动界面如图 5-19 所示。

步骤三：选中该磁盘单击“作业”→“建立”，如图 5-20 所示

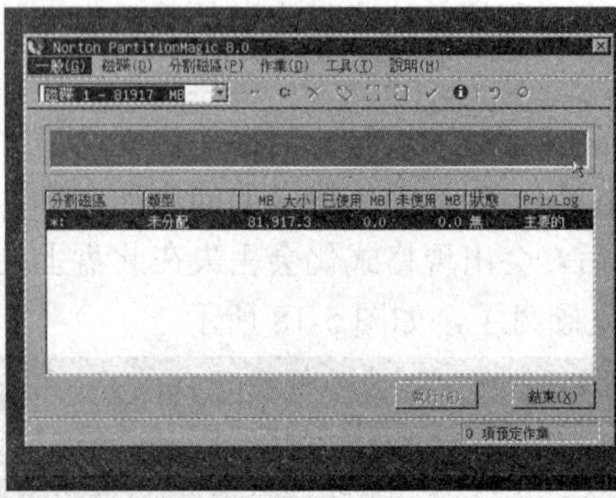

图 5-19　PQ 主窗口

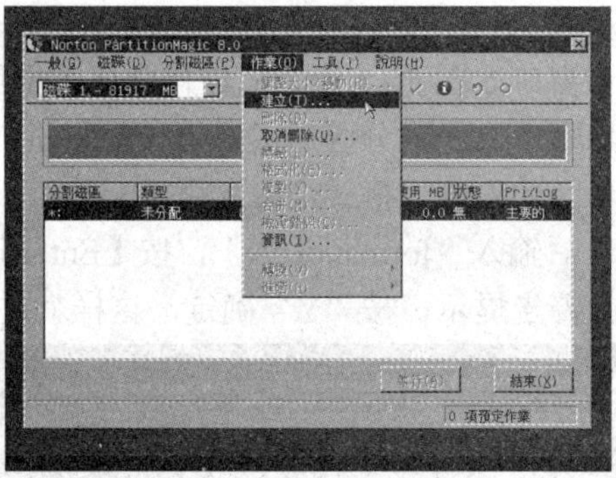

图 5-20　选择建立分区作业

步骤四：设置主要分区（即 C 盘），如图 5-21 所示。设置分区类型，如图 5-22 所示。

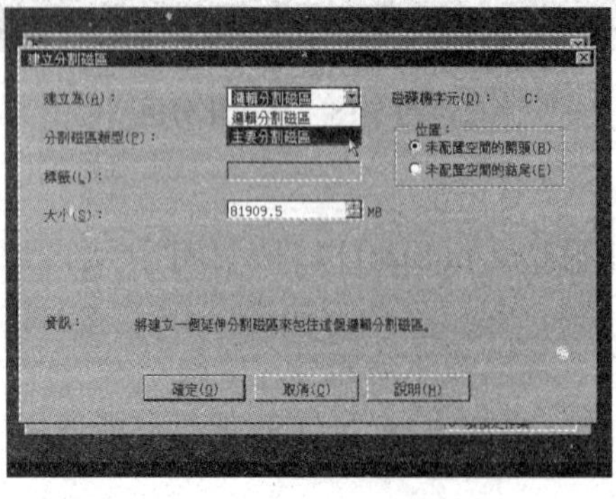

图 5-21　设置主要分区

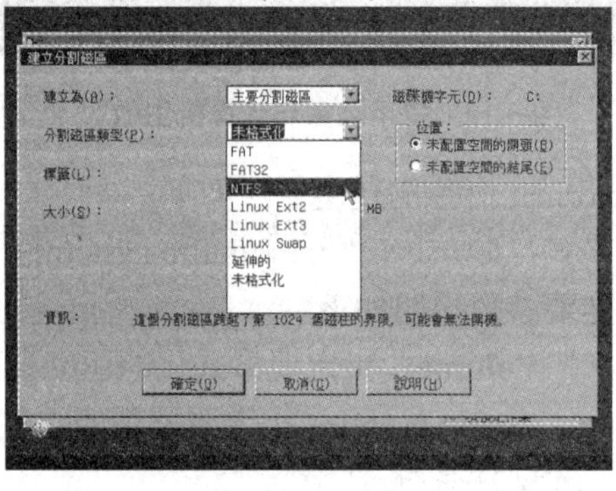

图 5-22　设置分区类型

步骤五：设置分区大小为 10G，如图 5-23 所示。设置完成后单击“确定”按钮，完成 C 盘分区后如图 5-24 所示。

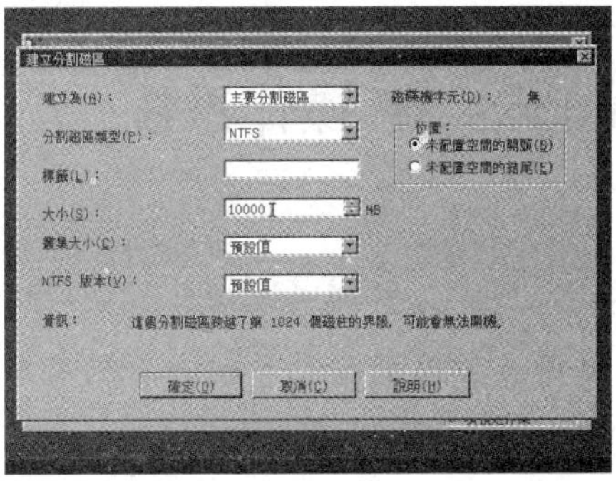

图 5-23　设置分区大小

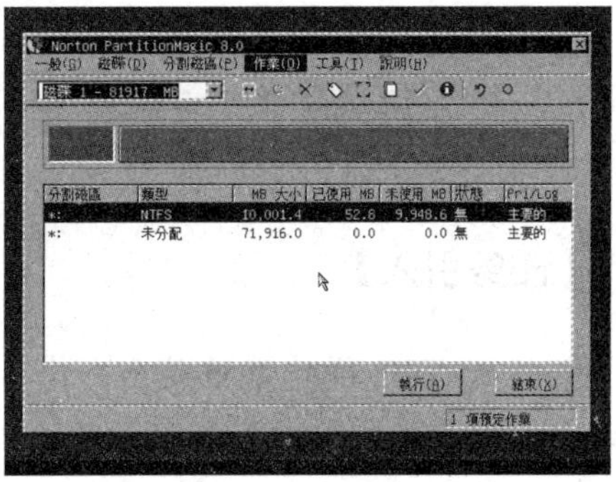

图 5-24　主分区创建完成后信息

步骤六：按类似方法划分逻辑分区（即 D 盘和 E 盘），分区后结果如图 5-25 所示。

步骤七：激活主分区：选定划分好的第一个分区，然后“作业”→“进阶”→“设定为作用”。如图 5-26 所示。在弹出的确认窗口点击“确定”按钮，这样第一个分区就设置为活动分区了。

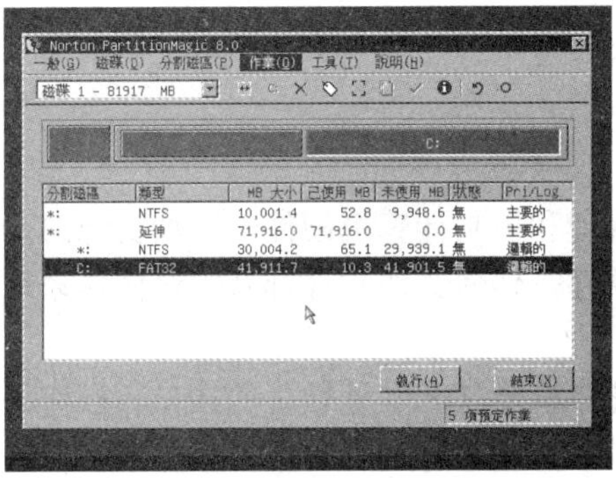

图 5-25　全部分区创建完成后信息

图 5-26　设置主分区为活动分区

步骤八：点击执行，并在弹出的确认窗口单击“是（Y）”按钮，如图 5-27 所示，使刚才所有设置生效。

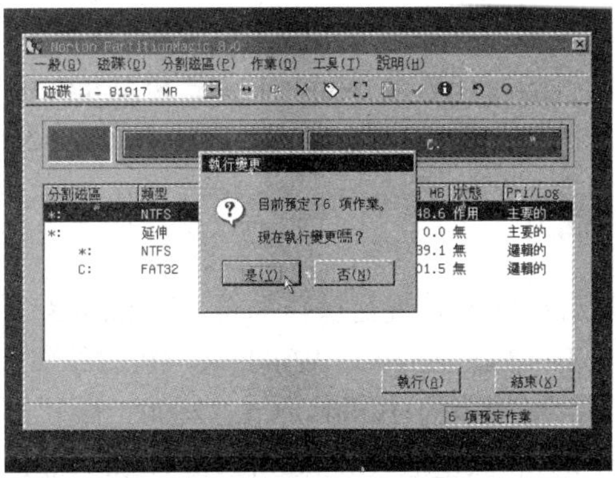

图 5-27　确定执行所有设置

步骤八：单击“结束”按钮，退出 PQ 软件，重启计算机后，硬盘就已经按照预定的要求完成分区和格式化工作了。

任务 2　安装全新 Windows XP 操作系统

【任务引入】

Windows XP 操作系统是当前个人计算机使用最普遍的操作系统。本任务要完成 Windows XP 系统的全新安装。

【任务分析】

Windows XP 是微软公司最成功的操作系统产品之一，主要有专业版（Windows XP Professional）和家庭版（Windows XP Home Edition）两个版本。本任务使用 Windows XP Professional 安装光盘进行安装。

【相关知识】

一、操作系统的概念

操作系统（Operating System，简称 OS）是管理和控制计算机硬件与软件资源的计算机程序，是直接运行在“裸机”上的最基本的系统软件，任何其他软件都必须在操作系统的支持下才能运行。

操作系统是用户和计算机的接口，同时也是计算机硬件和其他软件的接口。操作系统的功能包括管理计算机系统的硬件、软件及数据资源，控制程序运行，改善人机界面，为其他应用软件提供支持等，使计算机系统所有资源最大限度地发挥作用，提供了各种形式的用户界面，使用户有一个好的工作环境，为其他软件开发提供必要的服务和相应的接口。实际上，用户是不用接触操作系统的，操作系统管理着计算机硬件资源，同时按着应用程序的资源请求，为其分配资源，如：划分 CPU 时间，内存空间的开辟，调用打印机等。

计算机操作系统目前有很多种，最常用的就是微软公司（Microsoft）的 Windows 操作系统系列产品。目前使用最多的应该就是 Windows XP 和 Windows 7。除了 Windows 操作系统以外，还有很多其他优秀的操作系统。例如，UNIX、Linux、Mac OS 等。

二、Windows XP 简介

Windows XP 是微软公司的一款视窗操作系统。Windows XP 于 2001 年 8 月 24 日正式发布（RTM，Release to Manufacturing）。Windows XP 的外部版本是 2002，内部版本是 5.1（即 Windows NT 5.1），正式版的 Build 是 5.1.2600。微软最初发行了两个版本：专业版（Windows XP Professional）和家庭版（Windows XP Home Edition），后来于 2005 年又发行了媒体中心版（Media Center Edition）和平板计算机版（Tablet PC Editon）等。家庭版的消费对象是家庭用户，专业版则在家庭版的基础上添加了新的为面向商业的设计的网络认证、双处理器等特性。且家庭版只支持 1 个处理器，专业版则支持 2 个。字母 XP 表示英文单词的“体验”（experience）。

Windows XP 是基于 Windows 2000 代码的产品，同时拥有一个新的用户图形界面，它包括了简化了的 Windows 2000 的用户安全特性，并整合了防火墙，以增强系统的安全性和稳定性。

Windows XP 安装的最低硬件要求为：使用时钟频率为 300MHz 或更高的处理器；至少需要 233MHz（单个或双处理器系统）；使用 Intel Pentium/Celeron 系列、AMDK6/Athlon/Duron 系列或兼容的处理器，使用 128MB RAM 或更高（最低支持 64M，可能会影响性能和某些功能），1.5GB 可用硬盘空间，SuperVGA（800×600）或分辨率更高的视频适配器和监视器，CD-ROM 或 DVD 驱动器，键盘和 Microsoft 鼠标或兼容的指针设备。

【任务实施】

一、安装操作系统文件

步骤一： 从光驱启动系统后，当看到如图 5-28 所示的窗口时快速按任意键，否则不能从光盘启动 Windows XP 安装光盘。（如果硬盘还没有分区，一般不会出现此窗口）

图 5-28　用光盘启动系统

步骤二： 接着会出现如图 5-29 所示的 Windows XP 安装欢迎页面。根据屏幕提示，按【Enter】键进入下一步安装进程。

步骤三： 接着会看到 Windows 的用户许可协议页面，如图 5-30 所示。如果要继续安装 Windows XP，就必须按【F8】同意此协议来继续安装。

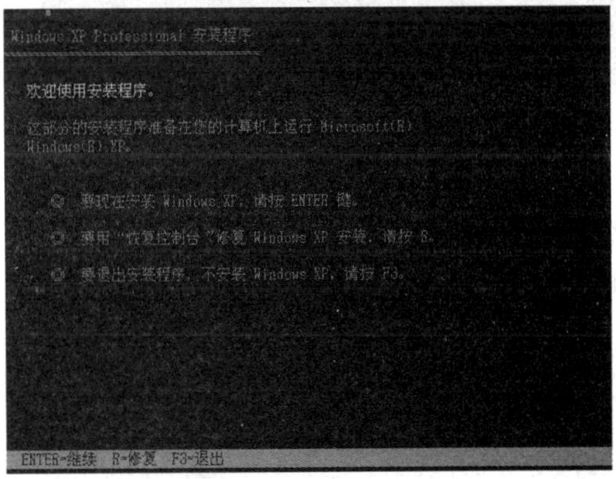

图 5-29　安装欢迎页面

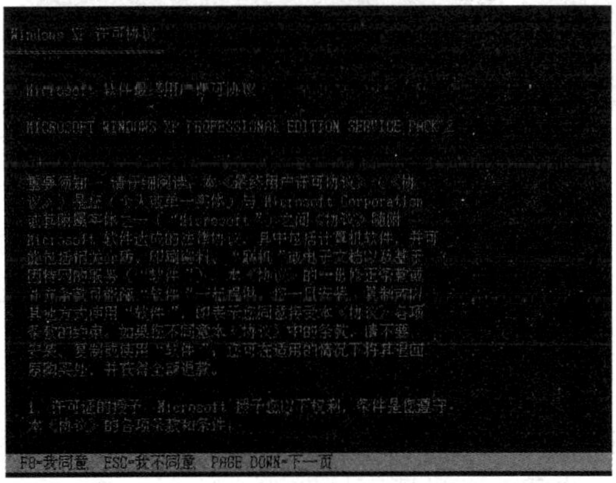

图 5-30　同意“用户许可协议”

步骤四： 现在进入 XP 安装过程。选择准备安装的分区 C，按回车进入下一步。如图 5-31 所示。如果硬盘还没有进行分区，可以按“C”键进入硬盘分区划分的页面，按提示进行硬盘分区。

步骤五：在选择好系统的安装分区之后，就需要为系统选择文件系统了，作为普通Windows用户，推荐选择NTFS格式。在本例中也选择NTFS文件系统，如图5-32所示。

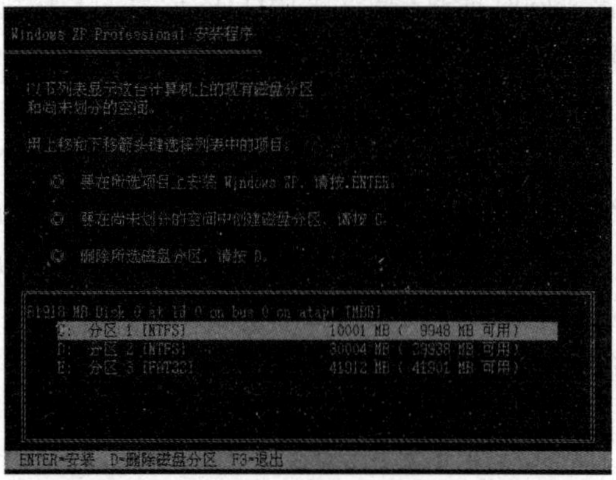

图5-31　选择C区安装Windows XP

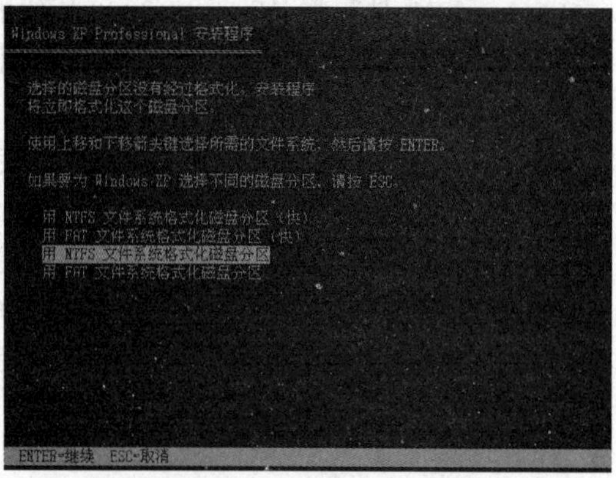

图5-32　选择NTFS文件系统

步骤六：进行完这些设置之后，Windows XP系统安装前的设置就已经完成了，接下来就是复制文件，如图5-33所示。

当安装文件复制结束后，会出现要求从计算机取出光盘和软盘，重启计算机的提示，如图5-34所示。重启计算机时可把BIOS里的第一启动设备设置为硬盘或取出安装光盘。

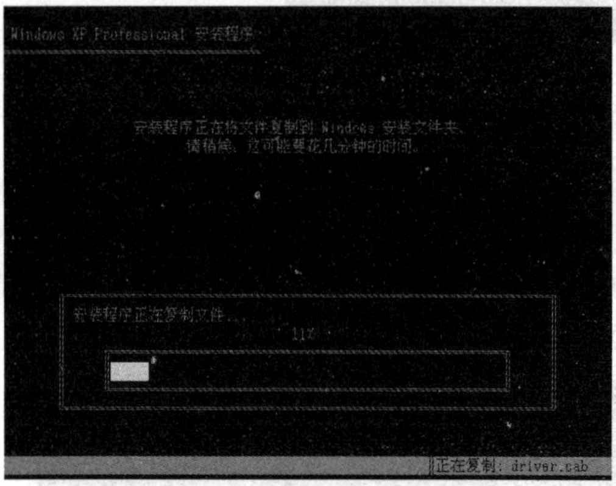

图5-33　开始复制安装文件

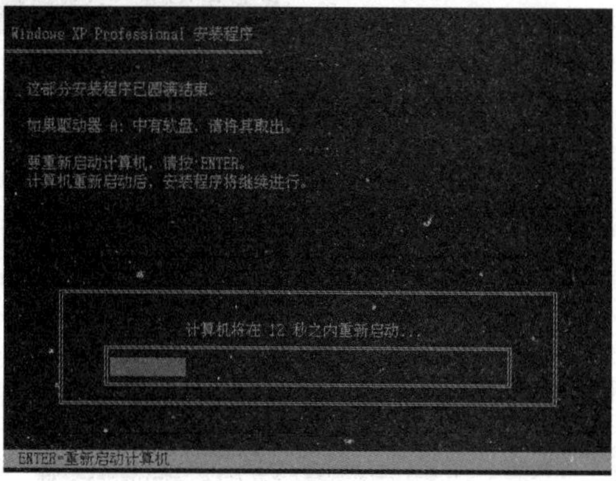

图5-34　重新启动计算机

步骤七：重启后，进入Windows XP的图形化安装界面。Windows XP的图形化安装过程基本不需要人工干预，但是输入序列号，设置时间、网络、管理员密码等项目还是需要手工操作的。

在安装页面左侧标识了真正进行的内容，右侧则是用文字列举着相对于以前版本来说Windows XP所具有的新特性，如图5-35所示。

步骤八：设置区域和语言选项。Windows XP支持多区域以及多语言，所以在安装过程中，第一个要设置的就是区域以及语言选项。如果没有特殊需要的话，这一步直接单击“下一步”即可。如需更改设置，单击图5-36中的“自定义”按钮即可进入自定义选项卡。Windows XP内置了各个国家的常用配置，所以只需要选择某个国家，即可完成区域的设置。而语言的设置，主要涉及到默认的语言以及输入法的内容，单击“语言”选项卡即可进行相应设置，如删除默认的郑码输入法，如图 5-37 所示。

步骤九：输入个人信息。个人信息包括：姓名和单位两项。对于企业用户来说，这两项内容可能会有特殊的要求，对于个人用户来说，在这里填入任意内容即可，如“zhansan”，如图 5-38 所示。

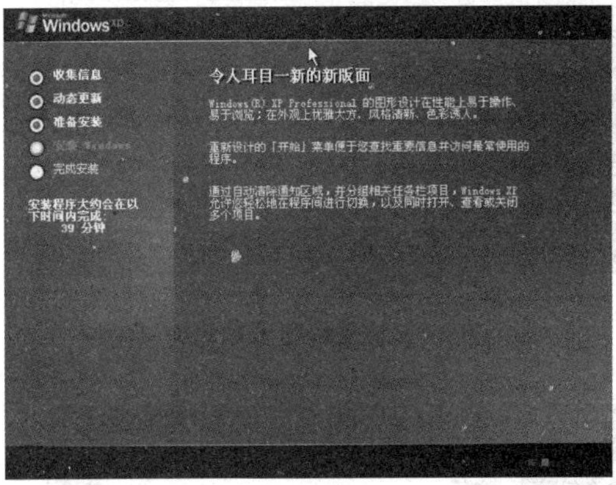

图 5-35　安装 Windows XP

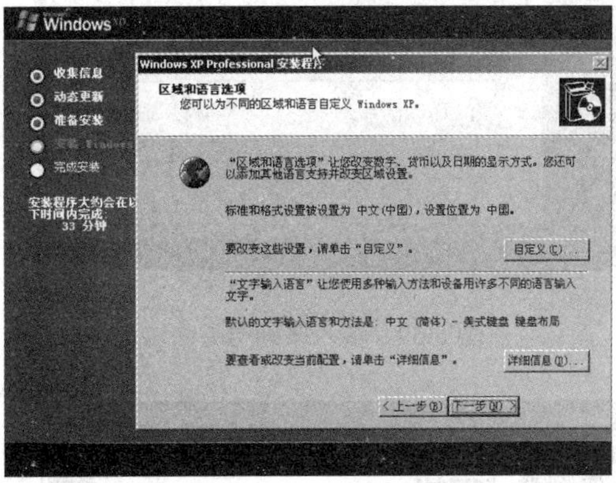

图 5-36　区域和语言选项

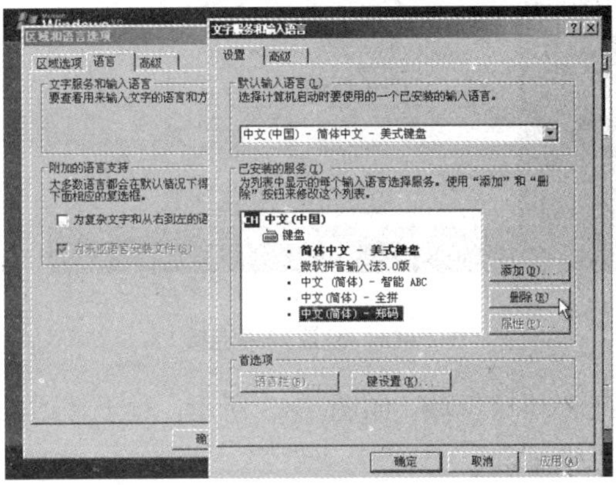

图 5-37　文字服务和输入语言选项卡

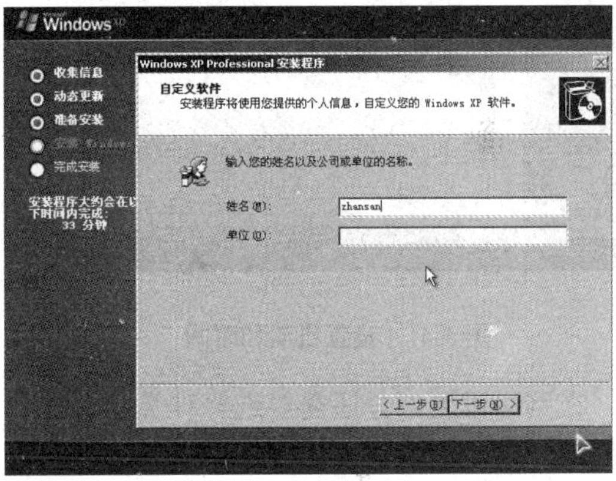

图 5-38　输入个人信息

步骤十：输入序列号。安装程序运行到这一步，需要输入 Windows XP 的序列号才能进行下一步的安装，一般来说可以在系统光盘的包装盒上找到该序列号，如图 5-39 所示。

步骤十一：设置计算机名和系统管理员密码。在安装过程中 XP 会自动设置一个系统管理员账户，在这里，可以为这个系统管理员账户设置密码。同时也可以修改计算机名如“PC1”，如图 5-40 所示。

步骤十二：设置日期和时间。接下来要进行设置的是系统的日期以及时间，如图 5-41 所示。当然，如果是在中国使用的话，那就直接单击“下一步”就可以了。

步骤十三：设置网络连接。网络是 XP 系统的一个重要组成部分，也是目前生活所离不开的。在安装过程中就需要对网络进行相关的设置，如图 5-42。如果是通过 ADSL 等常见的方式上网的话，选择“典型设置”即可。

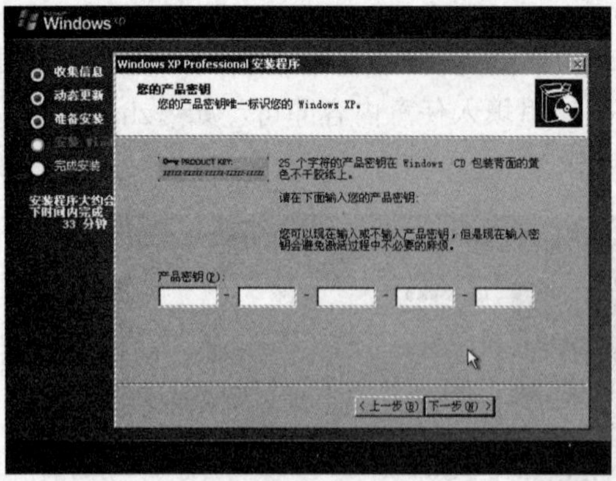

图 5-39　输入序列号

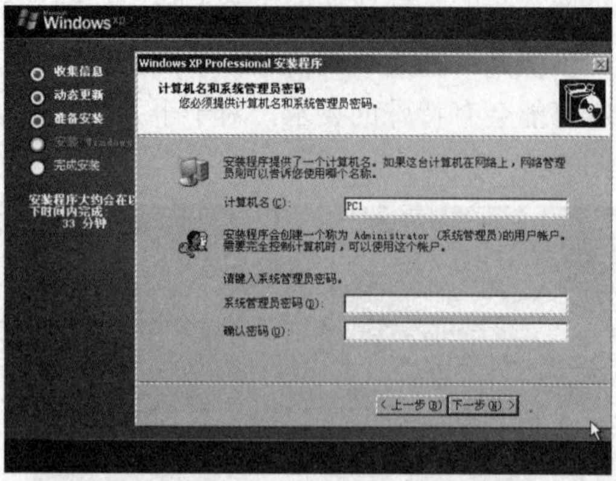

图 5-40　设置计算机名和系统管理员密码

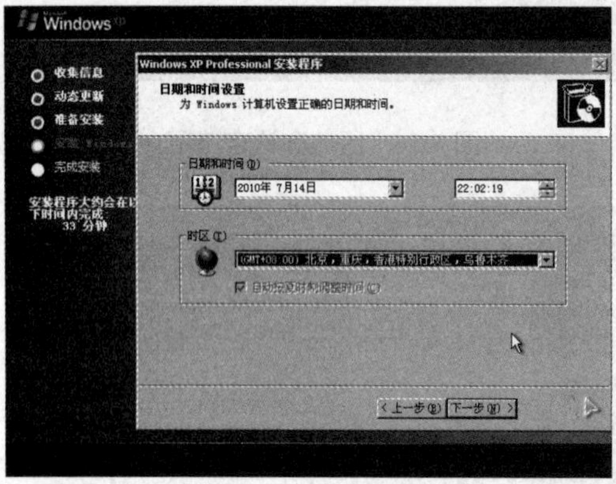

图 5-41　设置日期和时间

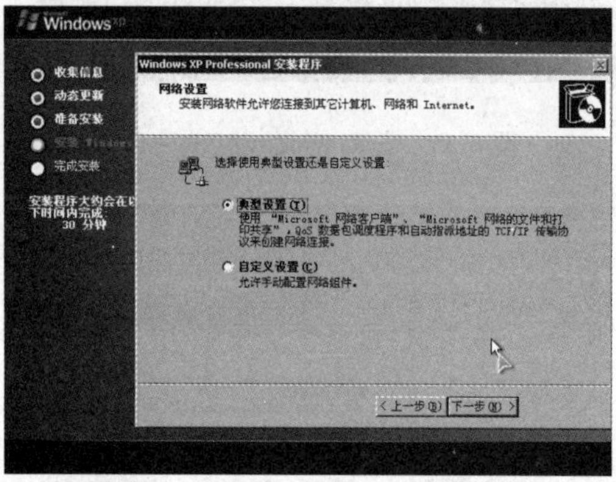

图 5-42　设置网络连接

在网络设置部分还需要选择计算机的工作组或者计算机域，如图 5-43 所示。对于普通的家庭用户来说，在这一步直接单击“下一步”就可以了。

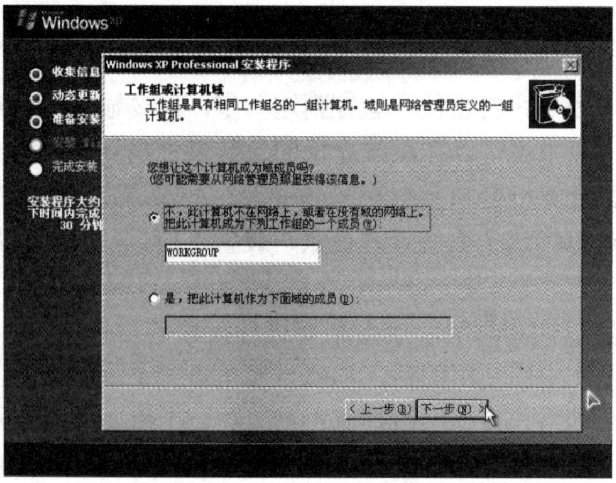

图 5-43　设置工作组或域

至此，在 Windows XP 安装过程中需要设置的部分就结束了。

二、Windows XP 系统文件安装后的设置

重启计算机，进入 Windows XP 系统前还需进行一些设置内容，具体如下。

步骤一：调整屏幕分辨率。在安装完成后，Windows XP 会自动调整屏幕的分辨率，如图 5-44 所示。在出现如图 5-45 所示对话框时，如果能够看清楚对话框中文字的话，那就单击“确定”，否则单击“取消”。

图 5-44　调整屏幕分辨率

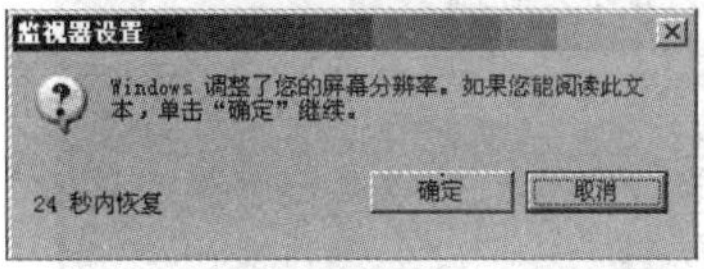

图 5-45　确定屏幕分辨率

在屏幕分辨率设置结束后，就可以看到 Windows XP 的欢迎页面了，如图 5-46 所示。

步骤二：设置自动保护。Windows XP 具有较高的安全性，其提供了一个简单的网络防火墙以及系统自动更新功能。在这里建议选择“开启自动保护”，如图 5-47 所示。

图 5-46　欢迎使用 Windows XP

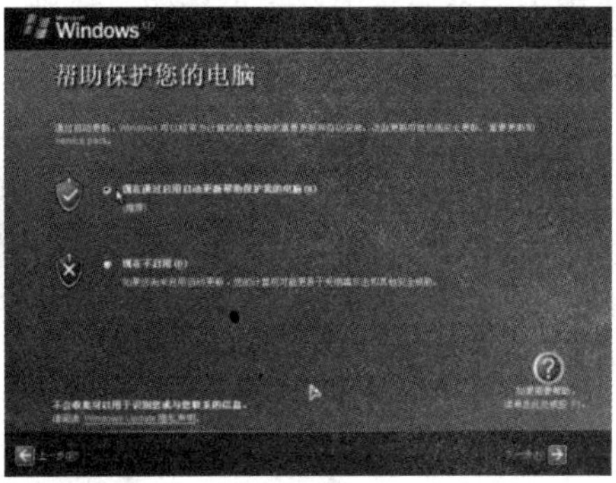

图 5-47　设置自动保护

步骤三：设置网络连接。一般家庭用户选择“数字用户线（DSL）或电缆调制解调器”，在连接属性中输入 ISP 提供的账号、密码和 ISP 名即可。如果是局域网用户的话那就选择“局域网 LAN”，如图 5-48 所示。选择了局域网后，就需要对 IP 地址以及 DNS 地址等项目进行配置，一般只要选择默认自动获取网络配置即可，如图 5-49 所示。

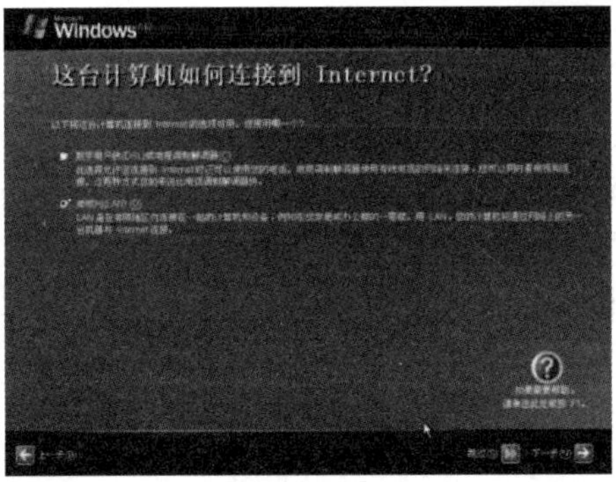

图 5-48　选择网络类型

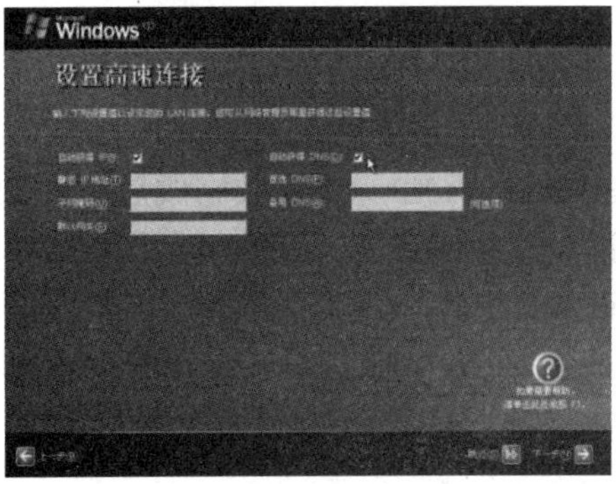

图 5-49　局域网连接设置

步骤四：Windows XP 的激活。如果已经建立了与 Internet 的连接，则现在就激活 XP，如果不激活，则只有 30 天的试用期，选择“否，请等候几天提醒我”单选按钮，然后单击“下一步”按钮，如图 5-50 所示。

步骤五：创建用户账号。在这里需要创建用户账号，如图 5-51 所示。

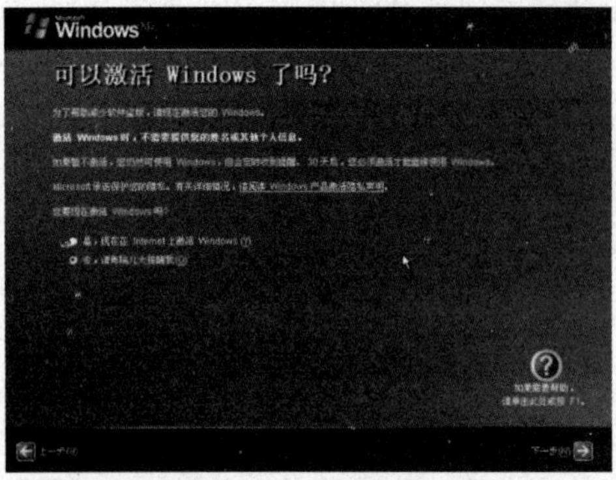

图 5-50　激活 Windows XP

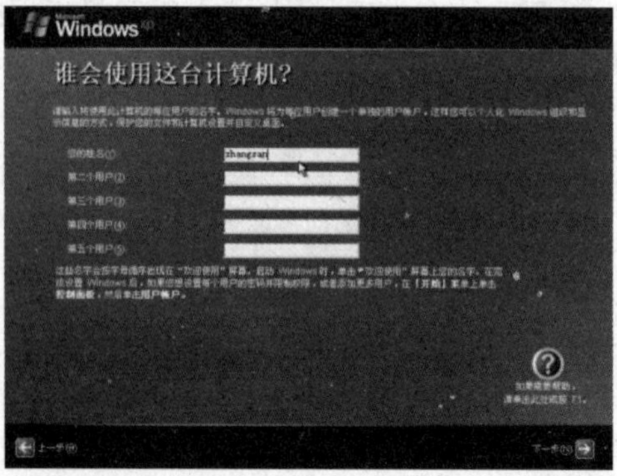

图 5-51　创建用户账号

步骤六：单击“下一步”按钮，就进入了“蓝天、白云、绿地”的 Windows 窗口，如图 5-52 所示。

图 5-52　Windows XP 桌面

至此，Windows XP 系统的安装已经完成。

在 Windows XP 系统安装完成后，如需激活 Windows XP，单击“开始”，依次指向“所有程序”→“附件”→“系统工具”，然后单击“激活 Windows”。或者单击通知区域中的“Windows 激活”图标。然后使用以下任一方法根据相应提示激活 Windows XP 副本：使用 Internet 激活 、使用调制解调器激活、通过电话激活。

任务3　安装多操作系统

【任务引入】

有些用户想体验更多 CPU 核的支持（XP 只支持 2 个）、更大内存支持等，因此希望安装 Windows 7 系统。但目前使用的应用软件（如部分行业软件、游戏等）在 Windows 7 上还存在兼容性问题，因此需要在保留 Windows XP 操作系统的同时，再安装一个 Windows 7 操作系统。

另外，很多网络管理员、编程人员出于安全性和工作需要，必须安装 Linux 操作系统，但目前有很多软件没有 Linux 版本，如网络银行插件等，为了兼顾两方面的要求，需要在计算机上同时安装 Windows XP 和 Linux 双系统。

本任务将满足以上两种类型人员的需求，实现在一台计算机上安装多个操作系统。

【任务分析】

所谓多操作系统，是指多个操作系统同时并存在一台计算机上。使用多操作系统可将不同类型的工作分配到不同的操作系统中完成。多操作系统的安装相比单操作系统要复杂一些，如一般会使用启动管理器来实现选择启动不同的操作系统。

【相关知识】

一、在一台计算机中安装多操作系统的三种方式

实现在一台计算机上安装 2 个或以上的操作系统，按不同的工作方式和不同的操作系统，大体可以分成下面三种方式：

1．通过 BIOS 来切换进入哪个操作系统

各自安装在独立的物理硬盘上，通过 BIOS 来切换进入哪个操作系统。

- **好处：**各操作系统独立性很强，格式化任何一个操作系统都不影响其他的操作系统。除了误操作以及病毒会影响到另一个操作系统外，各个系统都独立，在使用/安装一个操作系统时可以完全忽略另一个操作系统的存在。
- **缺点：**消耗物理硬盘数量。另外就是切换稍微麻烦，开机时没有默认的双启动或多启动菜单。

这种多系统的安装方式比较简单，等同于各个单系统的安装。比较适合于硬盘多的人以及希望减少维护风险的人。采用这种方式安装时要注意：安装时首先必须在 BIOS 中选择需要安装某一系统的磁盘为启动硬盘，然后再从安装光盘启动安装。

2．利用虚拟机实现不同的操作系统

这种方式计算机上真实存在的操作系统只有一个，然后安装虚拟机，目前常用的虚拟机有 VMWARE、Virtual PC、QEMU 等，在虚拟机上进行操作系统安装。

- **优点：**一是，可以同时运行数个操作系统，并可以组建虚拟网络；二是，可以方便地尝试多种操作系统；三是，操作也比较简单。安装过程体验跟安装软件和单一新

操作系统体验一样。

➢ **缺点：**一旦主操作系统崩溃，虚拟机就不能使用。另外，系统运行时的资源消耗较大，对 CPU 和内存要求较高。

3．多个操作安装在一个硬盘上

这种安装方式对于系统硬件占用数量以及运行时操作系统消耗资源数量都是最小的，也可以说是最经济的安装方式。如果要安装的几个操作系统都是 Windows 系列操作系统，则允许安装在一个分区（一般均不推荐使用这种方式），否则几个操作系统都应安装在不同的分区。

如果安装的所有操作系统全是 Windows 系列，可以不使用第三方启动管理软件，直接使用 Windows 启动管理器来管理操作系统的选择。安装操作系统时要注意安装次序：先安装低版本，再安装高版本。

如果安装的是 Windows 和 Linux 双操作系统，由于采用 Windows 启动管理器来管理配置比较复杂，一般在这种情况下选择 Linux 自带的或第三方的启动管理器，如 LILO、GRUB 等。

本任务采用第三种形式。

二、Windows 7 系统简介

Windows 7 是 Windows NT 家族第七代产品，于 2009 年 10 月正式上市，共发布有 6 个版本：Windows 7 Starter（简易版）、Windows 7 Home Basic（家庭基础版）、Windows 7 Home Premium（家庭高级版）、Windows 7 Professional（专业版）、Windows 7 Enterprise（企业版）和 Windows 7 Ultimate（旗舰版）。

要安装 Windows 7，推荐使用以下硬件配置。

（1）使用 64 位双核以上等级的处理器，Windows 7 包括 32 位及 64 位两种版本，如果安装 64 位版本，则需要支持 64 位运算的 CPU 的支持；

（2）内存 1.5 GB DDR2 及以上；

（3）硬盘应剩余 20GB 以上可用空间；

（4）使用支持 DirectX 10/Shader Model 4.0 以上级别的独立显卡，这样才能开启 Windows Aero 特效。

在“双核 CPU + 2G 内存”主流硬件配置情况下，相对于 Windows XP 和 Windows Vista 而言，Windows 7 无论是开机、关机、启动软件程序、复制/移动/删除大型文件这些“大众化”操作的运行速度，还是系统的安全性、人性化以及“触摸技术”和对新硬件的支持等方面，都有更佳的表现。

三、Ubuntu 系统简介

Ubuntu 是一个以桌面应用为主的 Linux 操作系统。Linux 是一类 Unix 计算机操作系统的统称。Linux 操作系统的内核的名字也是“Linux”。Linux 操作系统也是自由软件和开放源代码发展中最著名的例子。严格来讲，Linux 这个词本身只表示 Linux 内核，但在实际上人们已经习惯了用 Linux 来形容整个基于 Linux 内核，并且使用 GNU（代表 GNU’s Not Unix，它既是一个操作系统，也是一种规范，符合 GNU 许可协议的程序都是自由软件，都可以在网络免费下载）工程各种工具和数据库的操作系统。

Ubuntu 基于 Debian 发行版和 GNOME 桌面环境，与 Debian 的不同在于它每 6 个月会发布一个新版本。Ubuntu 的目标在于为一般用户提供一个最新的、同时又相当稳定的主要由自由软件构建而成的操作系统。Ubuntu 具有庞大的网络社区，用户可以方便地从社区（http://forum.ubuntu.org.cn/）获得帮助。

Ubuntu 提供了多种安装方式，其中使用 Live CD 安装是最常用的方式。使用 live CD 时，用户可以通过光盘启动的方式将 live CD 上的 Ubuntu 加载到计算机中，在不安装系统、不改动硬盘现有数据的情况下使用 Ubuntu。live CD 可以让不熟悉 Linux 系统的用户体验 Ubuntu，也可以在系统出现故障时作为系统救援盘使用。

【任务实施】

一、安装 Windows XP 和 Windows 7 双系统

步骤一：参照任务一全新安装 Windows XP，其中选择把 Windows XP 安装在 C 分区，直至 Windows XP 安装完成。

步骤二：设置 BIOS 从光盘启动，用 Windows 7 安装光盘启动，开始启动 Windows 7 的安装，或者在 Windows XP 系统中直接执行 Windows 7 的安装。

步骤三：当安装执行到如图 5-53 所示时，选择单击“现在安装”按钮。

步骤四：在选择以何种类型进行安装时，选择“自定义（高级）”安装的方式，如图 5-54 所示。如选择升级安装，则会把 Windows XP 升级成 Windows 7。

图 5-53　安装 Windows 7

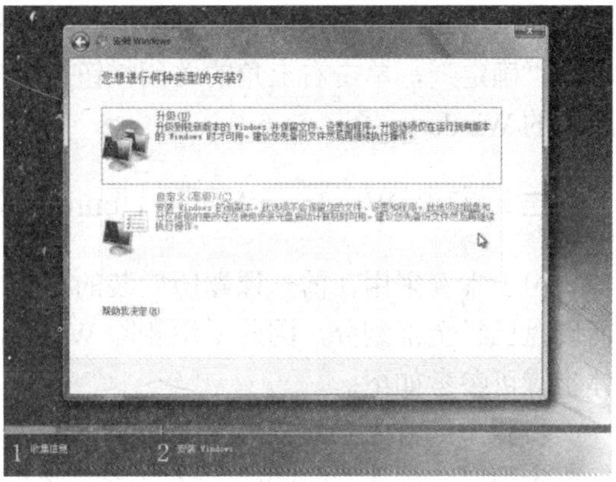

图 5-54　选择 Windows 7 安装类型

步骤五：在选择 Windows 7 的安装位置时，建议安装在非 Windows XP 系统分区内，这里选择没有创建的分区，也可以安装在如 D、E 等逻辑盘上，即磁盘 0 的分区 2 或 3，如图 5-55 所示。如需在未分配空间中再划分分区，则可以单击驱动器选项（高级）链接进行相应的设置。

步骤六：按照提示直到 Windows 7 安装完成，并重启完成 Windows 7 的相应设置。

步骤七：当启动计算机时，在进入操作系统时会出现 Windows 启动管理器来选择需进入的操作系统，如图 5-56 所示。这里“早期版本的 Windows”是指原来安装的 Windows XP 操

作系统。

图 5-55　选择安装 Windows 7 的分区

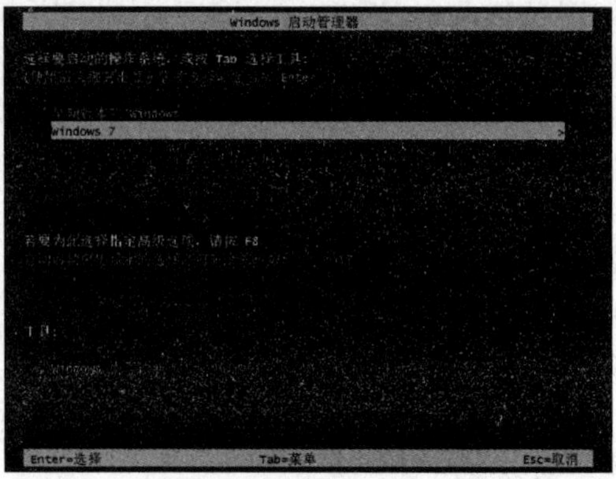

图 5-56　新版 Windows 启动管理器

登录 Windows 7 可以修改系统默认启动顺序，修改方法如下。

- 启动计算机进入 Windows7 后，用鼠标右键单击“计算机”图标，在弹出的快捷菜单中选择“属性”，进入到“系统”选项。
- 再单击左侧的“高级系统设置”，弹出“系统属性”对话框，然后单击“高级”选项卡，在“启动和故障恢复”组中单击“设置”，弹出“启动和故障恢复”对话框。
- 单击“系统启动”选项卡的“默认操作系统”项的下拉列表，出现两个启动项：“早期版本的 Windows”和“Windows7”，选择“早期版本的 Windows”。

此外，默认显示“Windows 启动管理器”的时间是 30 秒，如果觉得太长，勾选“在需要时显示恢复选项的时间”，把时间改为 5 秒。单击“确定”回到“系统属性”对话框，再单击“确定”，单击右上角的关闭按钮，退出设置。完成后重新启动，默认的选项就是早期版本的 Windows 了。

二、安装 Windows XP 和 Ubuntu 双系统

由于本例采用在前一课题所安装的 Windows XP 的基础上，再安装 Ubuntu 10.10 系统，而硬盘已经全部划分，因此采用删除 Windows XP 系统中 E 盘来安装 Ubuntu 10.10 系统，具体步骤可参考如下：

步骤一： 首先全新安装 Windows XP。

步骤二： 放入 Ubuntu live CD 安装光盘，设置 BIOS 从光盘启动，重新启动计算机进入 liveCD 光盘，启动出现以下界面，选择中文（简体），如图 5-57 所示。

步骤三： 选择第二项“安装 Ubuntu”，按回车确认。 也可以选择第一项安装。因为 Ubuntu live CD 有个特色，就是可以在一台计算机上用光盘来临时体验一下 Ubutnu 的完整系统，进入后在桌面也可安装系统。

步骤四： 根据需要选择“安装中下载更新”和“安装这个第三方软件”，建议仅选择“安装这个第三方软件”，如图 5-58 所示，并按 “前进”按钮确认。

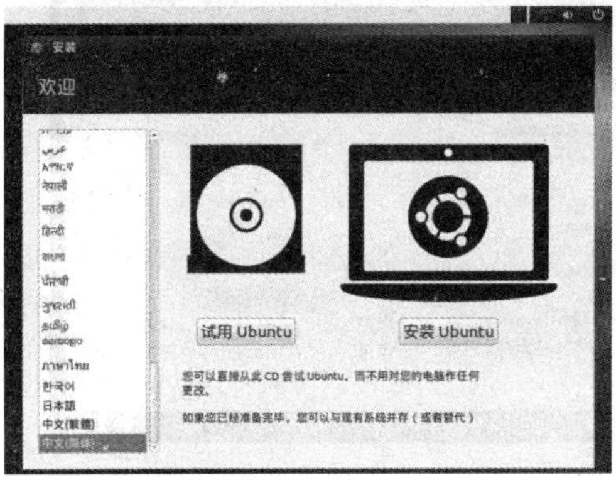

图 5-57　Ubuntu 安装欢迎界面

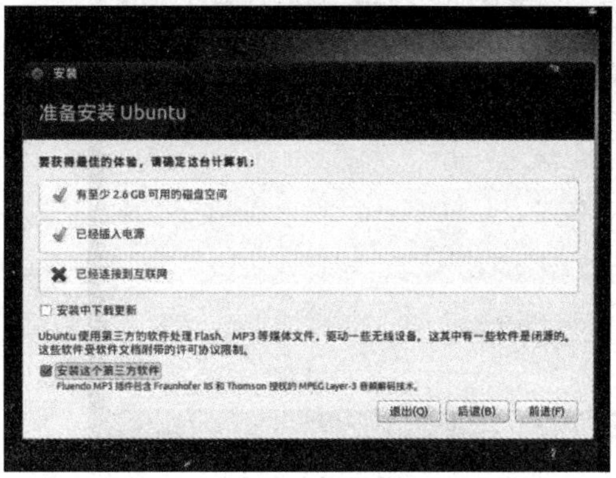

图 5-58　准备安装 Ubuntu 界面

步骤五：在分配磁盘空间界面中，选择“手动指定分区（高级）”，如图 5-59 所示，并按“前进”按钮键确认。本例中采用删除最后一个分区用于安装 Ubuntu 的方法，即删除 XP 中 E 盘空间来安装 Ubuntu，因此选择最后一个分区“/dev/sda6”后，按“删除”按钮确认，如图 5-60 所示。

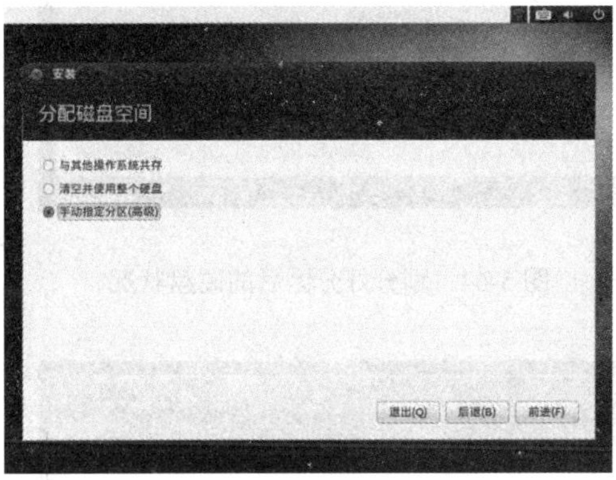

图 5-59　选择分配磁盘空间的方法

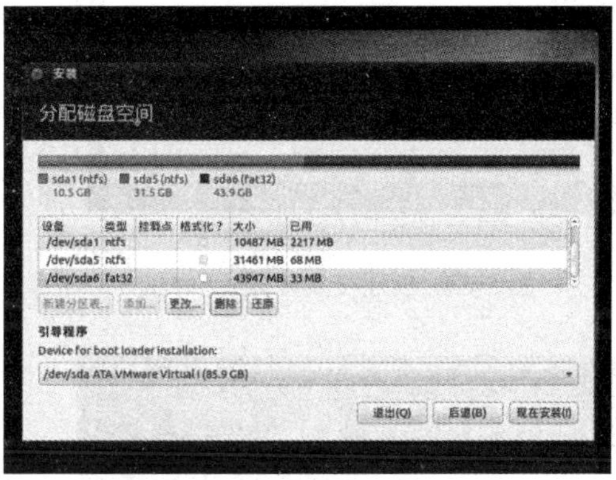

图 5-60　删除磁盘分区

选中删除后的空闲空间，按“添加”按钮，如图 5-61 所示。

- 首先创建/boot 分区，大小一般为 100~200MB，选择 Ext4 文件系统，如图 5-62 所示，按“确定”按钮创建。
- 然后创建一个交换空间，其作用类似 Windows 中的虚拟内存，一般为内存容量或者 2GB 大小，如图 5-63 所示。
- 接着按上述方法划分根分区和其他分区，本例中选择再划分一个 20G 的根分区，剩余均划分为/home 分区，文件系统均选择 Ext4，图 5-64 所示为划分好分区后的硬盘状况显示。

步骤六：按“现在安装”按钮后，将开始安装系统，地区选择“Shanghai”并确认，完成所在地设置，如图 5-65 所示。

步骤七：选择键盘布局，并按“前进“按钮确认，如图 5-66 所示。

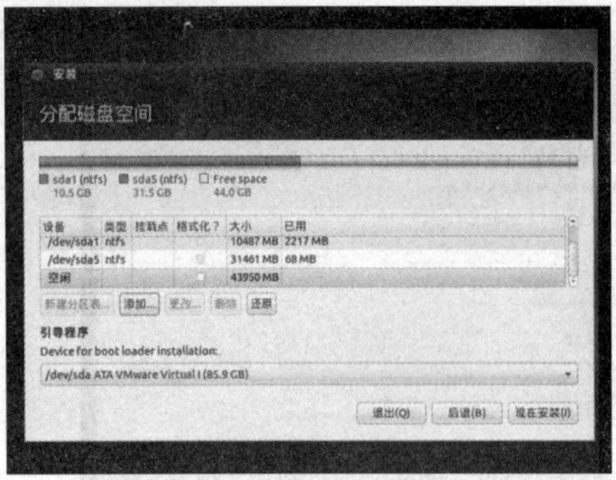

图 5-61　添加磁盘分区

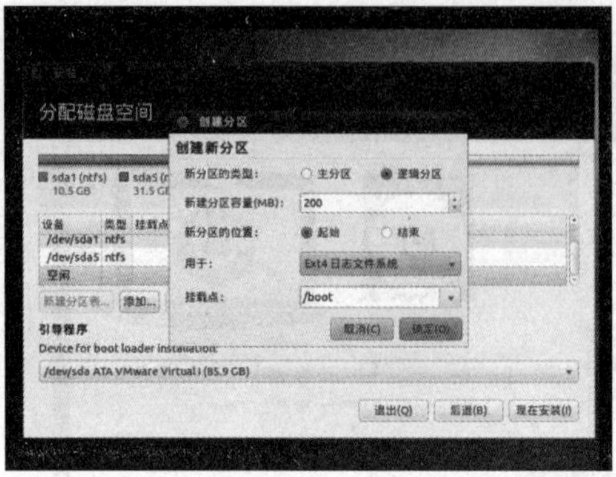

图 5-62　创建/boot 分区

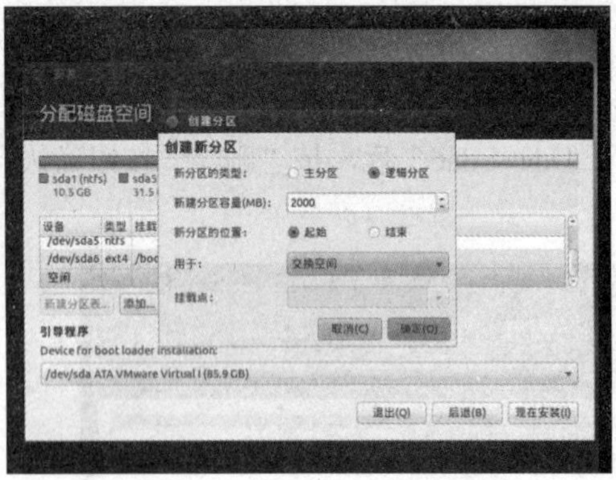

图 5-63　创建交换分区

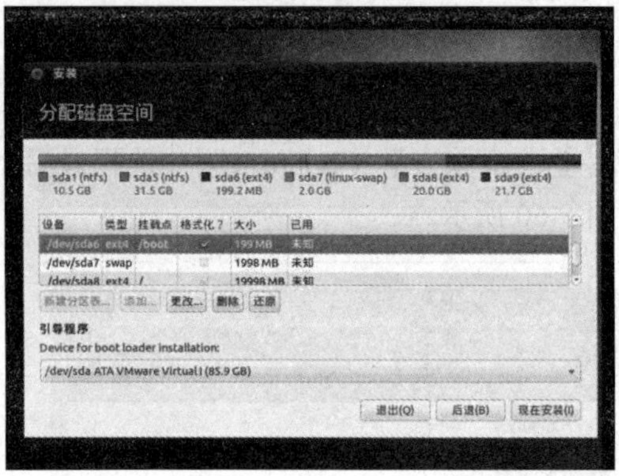

图 5-64　划分好分区后的硬盘状况

图 5-65　进行所在地设置

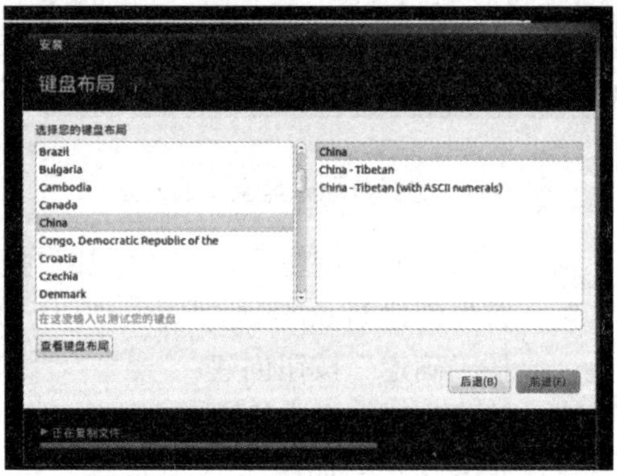

图 5-66　键盘布局设置

步骤八：输入“姓名”、“计算机名”、“用户名”、“密码”和登录方式，如图 5-67 所示，按“前进”键完成安装过程中的设置。

步骤九：当安装完成后，弹出重启的窗口，如图 5-68 所示，取出安装光盘，确认后重启计算机。

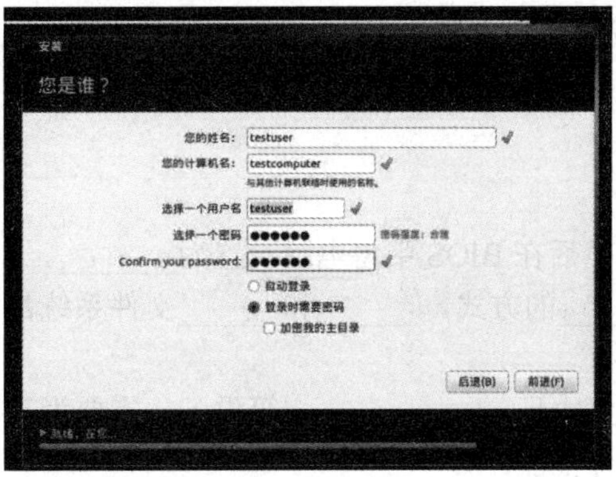

图 5-67　登录设定

图 5-68　“安装完成”提示窗口

步骤十：计算机重启后，首先进入 GRUB 启动管理器，如图 5-69 所示。选择第一项后即可进入 Ubuntu，选择“Microsoft Windows XP Professional”可以进入 Windows XP 操作系统。

步骤十一：选择 Ubuntu，按【Enter】键确认，如图 5-70 所示为进入 Ubuntu 后的界面。由于 Ubuntu 10.10 采用 GRUB2 的启动方式，若要修改启动菜单可以通过修改 /boot/grub/grub.cfg 配置文件的方法来更改启动菜单的顺序

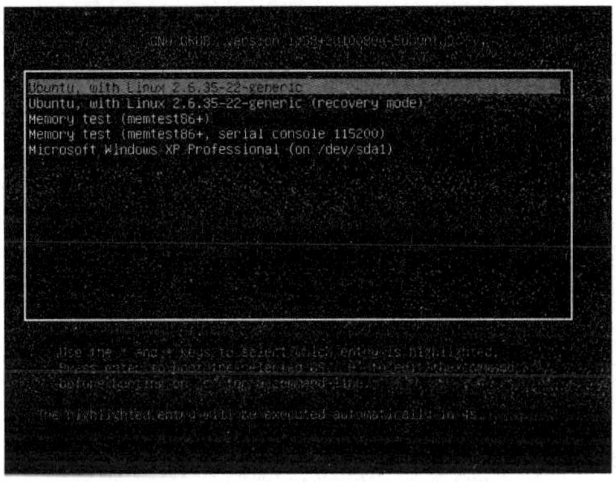

图 5-69　GRUB 启动管理器界面

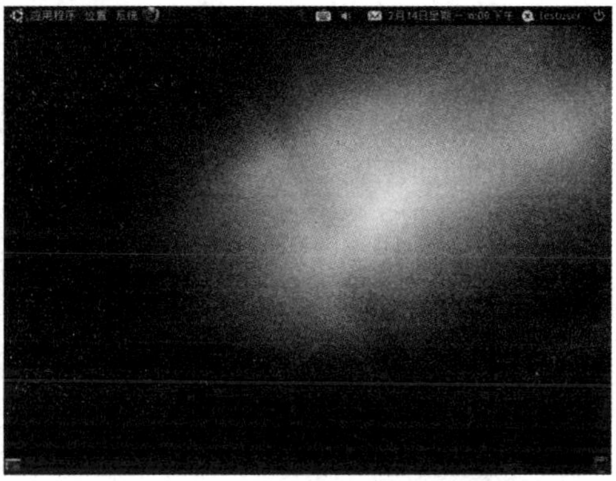

图 5-70　Ubuntu 系统桌面界面

课题小结

本课题主要讲述了硬盘分区和格式化、安装全新 Windows XP 操作系统和安装多操作系统的方法。通过本课题的学习，读者应该熟悉主分区、扩展分区和逻辑分区的概念和作用，了解操作系统的概念和作用；掌握 Windows XP 操作系统安装的全过程；了解安装多操作系统的意义，并掌握安装多操作系统的方法。

课后练习

一、填空题

1．要安装 Windows XP，需要准备一张____，然后在 BIOS 中将电脑设置为_______。

2．文件系统是指操作系统在硬盘上____________的方式，______和______文件系统都是目前比较常用的文件系统。

3．操作系统会自动为大多数硬件安装驱动，但对于______、______等设备，需要为其安装厂商提供的驱动，这样才能最大限度地发挥硬件性能。

4．创建硬盘分区是指将硬盘的______________划分成____________。

5．硬盘分区有不同的类型，它们是_________、_________和_________。

6．在"我的电脑"窗口中看到的_________便是主分区，要在硬盘上安装操作系统，必须要建立一个主分区，一般情况下一块硬盘上只建立_________主分区。

7．逻辑分区需要建立在_______上，我们在"我的电脑"窗口中看到的_______等盘便是逻辑分区。一般最多允许建立______个逻辑分区。

二、简述题

1．主分区、扩展分区和逻辑分区有什么不同？

2．FAT32 和 NTFS 系统格式各有什么优缺点？

3．如何创建扩展分区、创建逻辑分区？

4．在什么情况下需要安装多操作系统？

5．安装多操作系统有哪几种方式？它们各有什么特点？

三、实践题

1．在一台计算机上安装全新 Windows XP Professional。

2. 在一台计算机上安装 2 个或 2 个以上的 Windows 操作系统（如 Windows XP、Windows 2000、Windows 7）。

3. 在一台计算机上安装一个 Windows 操作系统（XP 或 2000/2003 或 Win 7）和一个 Linux 发行版（Ubuntu 或 RedHat 或 Fedora）。

课题 6　安装驱动、系统补丁及实用程序

【课题概览】

在安装操作系统后，应安装一些硬件的驱动程序，从而使硬件能正常有效地工作起来；另外平常应不断升级安装操作系统的程序，以保证系统正常稳定地工作；同时，电脑中应该安装一些日常所需使用的应用软件，这些应用程序是为了解决用户的各种实际问题而编制的程序，如电脑办公软件、图像处理软件等。本课题将介绍各种设备的驱动程序、系统补丁和相关应用软件的安装方法。

【课题重点】

- 安装驱动程序
- 安装系统补丁
- 安装应用软件

【课题目标】

- 了解驱动程序的作用和驱动程序的安装顺序，以及如何获取驱动程序
- 掌握如何查看驱动程序的安装情况，并掌握各种设备的驱动程序安装方法
- 了解系统补丁的概念和作用，并掌握系统补丁的安装方法
- 了解应用软件的概念和分类，并掌握应用软件的安装和卸载方法

任务 1　安装驱动程序

【任务引入】

当 Windows XP 操作系统安装完毕以后，会发现还存在一些问题，如图片显示很大，显示效果很差，色深支持不够；音响没有声音；打印机没法打印等问题。这是由于部分硬件设备驱动程序还没有安装。本任务将介绍这些硬件驱动程序的安装方法，使其以最有效的方式来工作。

【任务分析】

驱动程序的安装比较简单，一般有通过设备管理器安装、生产厂商附送安装程序安装、第三方驱动软件安装等形式。在新安装的操作系统中，各设备驱动程序的安装应遵循一定的顺序。

【相关知识】

一、驱动程序的作用

简单地说，驱动程序就是用来向操作系统提供一个访问、使用硬件设备的接口，实现操作系统和系统中所有硬件设备之间通信的程序，它能告诉系统硬件设备所包含的功能，并且在软件系统要实现某个功能时，调动硬件并使其用最有效的方式来完成。

驱动程序是直接工作在各种硬件设备上的软件，其“驱动”这个名称也十分形象地指明了它的功能。正是通过驱动程序，各种硬件设备才能正常运行，达到既定的工作效果。

从理论上讲，所有的硬件设备都需要安装相应的驱动程序才能正常工作。但像CPU、内存、主板、软驱、键盘、显示器等设备却并不需要另行安装驱动程序也可以正常工作，而显卡、声卡、网卡等却一定要安装驱动程序，否则便无法正常工作。这是为什么呢？这主要是由于这些硬件对于一台计算机来说是必需的，所以早期的设计人员将这些硬件列为BIOS能直接支持的硬件。换句话说，上述硬件安装后就可以被BIOS和操作系统直接支持，不再需要安装驱动程序。从这个角度来说，BIOS也是一种驱动程序。

二、获取驱动程序

主要有以下几种途径可以获得相关硬件设备的驱动程序。

1．使用操作系统提供的驱动程序

Windows XP系统中已经附带了大量的通用驱动程序，这样在安装系统后，无须单独安装驱动程序就能使这些硬件设备正常运行。不过，Windows XP系统附带的驱动程序总是有限的，所以在很多时候系统附带的驱动程序并不适用，这时就需要手动来安装驱动程序了。

2．使用附带的驱动程序光盘中提供的驱动程序

通常，各种硬件设备的生产厂商都会针对自己硬件设备的特点而开发专门的驱动程序，并采用软盘或光盘的形式在销售硬件设备的同时一并免费提供给用户。这些驱动程序都有较强的针对性，它们的性能无疑比Windows附带的驱动程序要强一些。

3．通过网络下载

除了购买硬件时附带的驱动程序盘之外，许多硬件厂商还会将相关驱动程序放到网上供用户下载。由于这些驱动程序大多是硬件厂商最新推出的升级版本，它们的性能及稳定性无疑比用户驱动程序盘中的驱动程序更好，有上网条件的用户应经常下载这些最新的硬件驱动程序，以便对系统进行升级。

三、驱动程序的安装顺序

通常，在Windows XP系统安装完成之后紧接着要安装的就是驱动程序了，而各种驱动程序安装比较普遍的是按照以下顺序进行的。

1．主板

这里所谓的主板在很多时候指的就是芯片组的驱动程序。由于目前硬件更新换代的速度

远远快于软件的速度，所以在使用新主板的时候往往会带来一系列的兼容问题。如很多主板芯片组无法被操作系统正确识别，这直接造成了本来能够支持的新技术不能正常使用以及兼容性问题大量出现。在这种情况下，各大芯片厂商提供了相关的主板驱动程序，以配合操作系统使用。其作用有两点：一是让操作系统正确识别新款芯片组以充分应用，二是让操作系统支持新款芯片组所支持的新技术。

主板驱动程序不仅解决了硬件与软件的兼容性问题，同时在一定程度上对系统整体或子系统的性能进行了优化。一块主板的性能发挥如何，与其驱动程序完善程度有极大关系。

目前，主板芯片组主要有 Intel、NVIDIA、VIA、ATI、SiS、ULi 等几家，它们都有各自的主板驱动程序。因此在安装主板驱动前，首先要确定当前主板所使用的芯片组品牌和型号。如果主板的包装盒、说明书还在，可以通过查看它们从而获知主板信息。当然通过相关工具软件也可以查看到主板芯片组的具体型号。

2．各种板卡

在安装完主板驱动之后，接着要安装的就是各种插在主板上的板卡的驱动程序了，如显卡、声卡、网卡之类。

3．各种外设

在进行完上面的两步工作之后，接下来要安装的就是各种外设的驱动程序了。例如：打印机、鼠标、键盘等。

四、第三方驱动软件

目前有一些提供驱动程序智能安装、升级、备份的软件，如驱动精灵、驱动人生等，它们提供硬件驱动自动检测安装、驱动升级、备份、还原、卸载等功能，为驱动程序的相关操作提供便捷的帮助。

驱动精灵的主界面如图 6-1 所示，可以根据具体的需要来进行相应操作。

图 6-1　驱动精灵主界面

【任务实施】

一、查看驱动程序的安装情况

要想了解驱动程序的信息，必须首先知道计算机中都装有哪些硬件设备，并且对这些设备的型号、厂商等要作进一步的了解。通常情况下，可以通过计算机中的“设备管理器”来对它们进行详细的查看。

1．用“设备管理器”查看驱动信息

右键单击“我的电脑”，选择“属性”命令，打开“系统特性”对话框。单击“硬件”选项卡，然后单击“设备管理器”按钮，以打开设备管理器窗口，如图6-2所示。

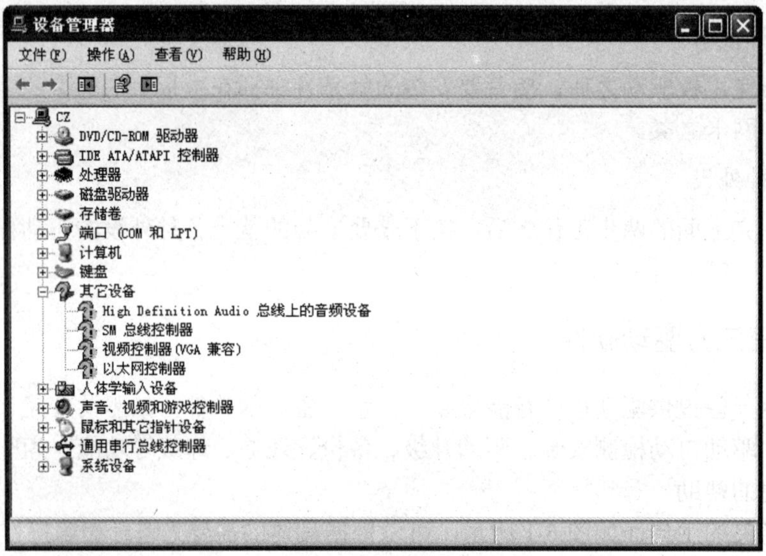

图6-2　设备管理器

窗口中列出了系统中的所有硬件设备，所有的硬件都需要驱动程序的支持。其中项目前带有黄色问号的设备表示没有安装或者安装的驱动程序不正确，这些设备还不能正常地工作。

双击某一硬件，还可以查看这一设备的详细信息。这里以查看CPU的设备信息和驱动程序为例，具体的操作如下：在“设备管理器”对话框中，找到“处理器”设备，然后单击该硬件设备前的“+”号，这时看到的是该处理器的名称，然后在该设备名称上单击右键，选择“属性”命令。打开相应的属性对话框，如图6-3所示。

单击“驱动程序”选项卡，在此可以对当前驱动程序的提供商、驱动程序日期、驱动程序的版本、数字签名程序等信息作进一步的了解，如图6-4所示。

2．用工具软件查看驱动信息

除了通过系统的“设备管理器”这个途径来查看计算机中的硬件以及驱动程序的信息之外，还可以通过各种工具来查看，如Everest、驱动精灵等。

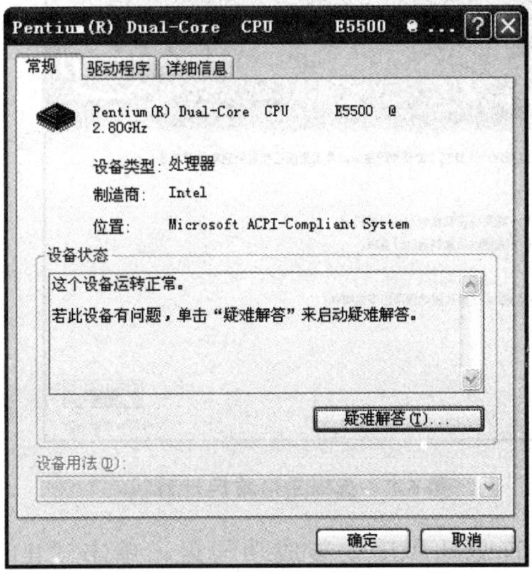

图 6-3　CPU 属性对话框图

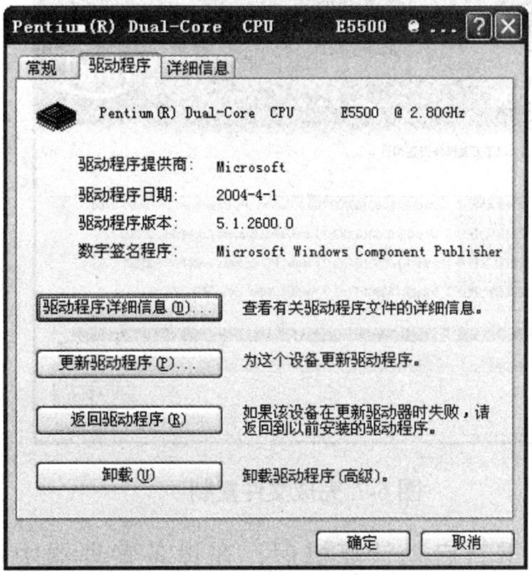

图 6-4　CPU 驱动程序信息

二、安装主板驱动程序

下面，以目前使用最广泛的 Intel 芯片组为例来说明主板驱动的安装。Intel 的芯片组以优秀的稳定性和兼容性著称，加上配合自家的 CPU，性能一流。因此目前其用户数量也是最多的。

（1）下载主板驱动程序（或使用主板自带的驱动光盘中的驱动程序），双击安装文件 Setup.exe 即可运行。在出现的欢迎对话框中，单击“下一步”按钮，如图 6-5 所示。

（2）在出现的许可协议对话框中，单击“是”继续执行，如图 6-6 所示。

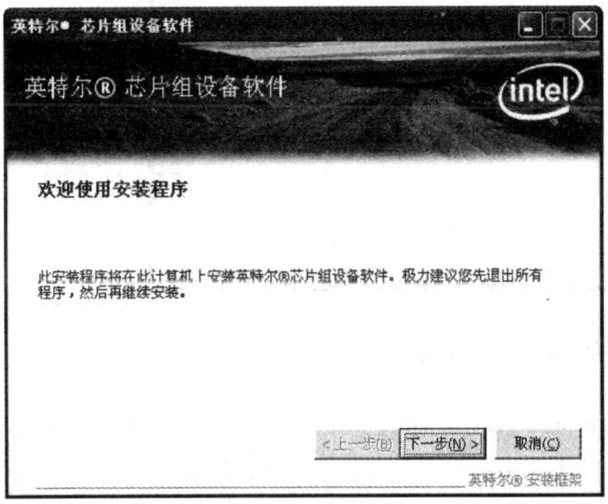

图 6-5　欢迎对话框

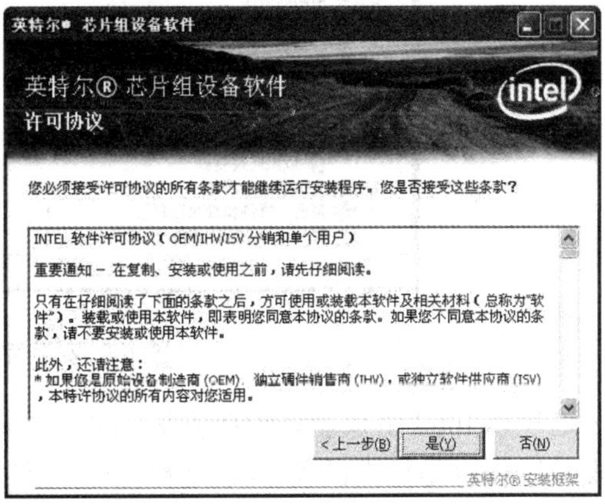

图 6-6　许可协议对话框

（3）文件复制完成后，单击“下一步”按钮，继续后面的操作，如图 6-7 所示。

（4）出现选择是否重启计算机对话框，由于芯片组驱动程序必须重新启动计算机才能生效，这里选择立即重启计算机，单击“完成”按钮确认，如图 6-8 所示。

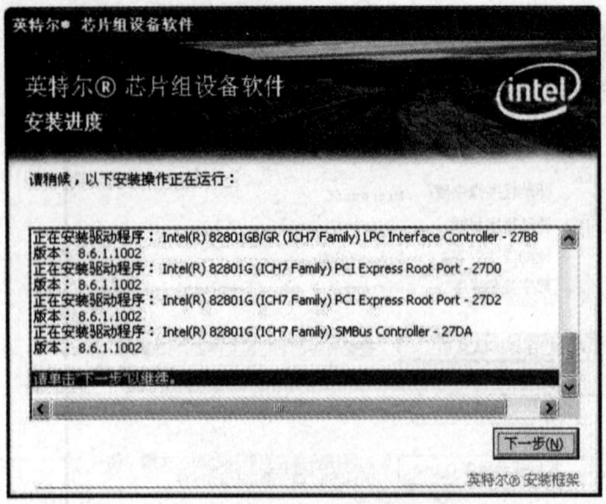

图 6-7 完成文件复制

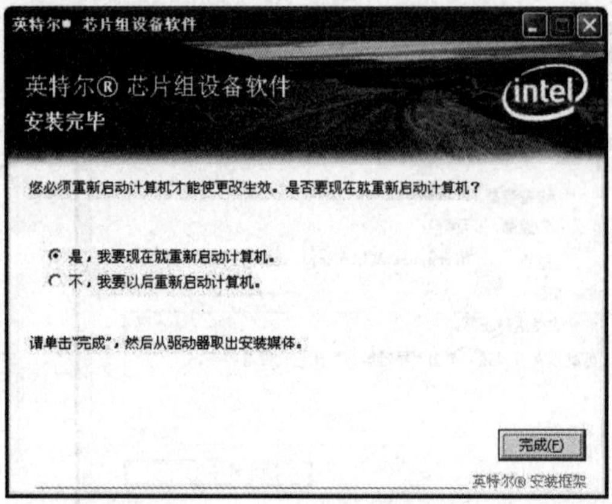

图 6-8 选择是否重启计算机

重新启动计算机后，在设备管理器中可以检查驱动程序安装成功与否，单击“IDE ATA/ATAPI 控制器”选项，可以看到“Intel（R） 82801……”选项，即表示安装成功，如图 6-9 所示。

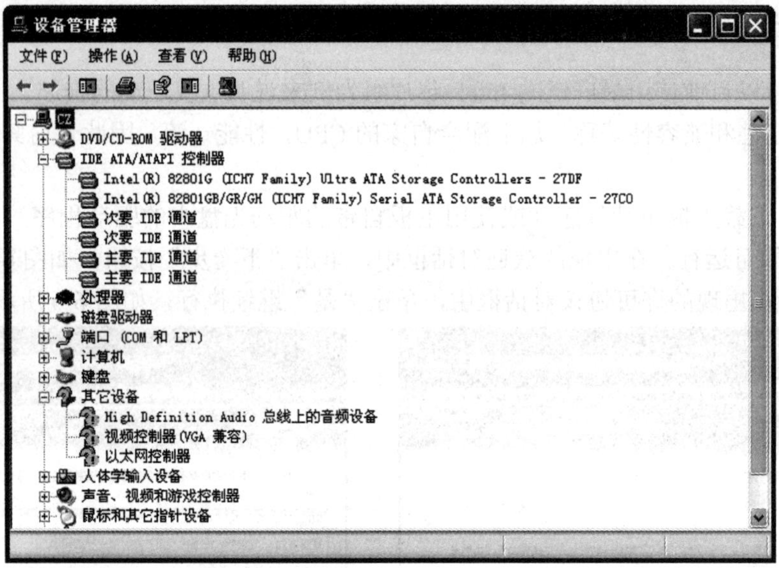

图 6-9 安装完芯片组的设备管理器

这里以 Intel 主板驱动程序安装为例。其实，各种芯片组驱动程序的安装都是大同小异的。其安装过程也是标准的 Windows 程序安装方式，只是主板驱动程序安装后需要重启计算机。

三、其他板卡驱动安装

现在硬件厂商已经越来越注重其产品的人性化，其中就包括将驱动程序的安装尽量简单化，所以很多驱动程序里都带有一个“Setup.exe”可执行文件，只要双击它，然后一路“Next（下一步）”就可以完成驱动程序的安装。如本机的显卡和声卡的驱动程序安装，类似于芯片组驱动程序的安装。

有些硬件厂商提供的驱动程序光盘中加入了 Autorun 自动启动文件，只要将光盘放入到计算机的光驱中，光盘便会自动启动。然后在启动界面中单击相应的驱动程序名称就可以自动开始安装过程，这种十分人性化的设计使安装驱动程序非常的方便。

当然，也可以在设备管理器里自己指定安装，这里以网卡的驱动安装为例，其具体步骤如下：

（1）从控制面板进入“系统属性”，然后依次单击“硬件”——“设备管理器”。

（2）选择“其它设备”的“以太网控制器”，右键单击该设备，然后选择“更新驱动程序”，如图 6-10 所示。

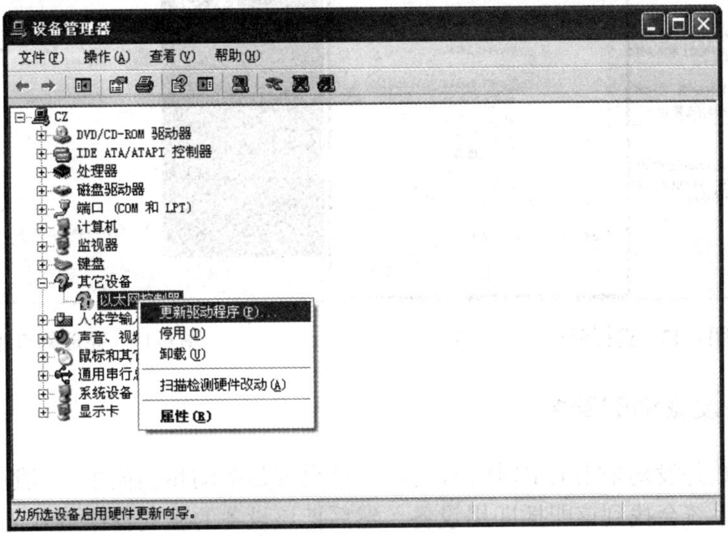

图 6-10　选择更新驱动程序

（3）接着就会弹出一个“硬件更新向导”，询问是否连接到 Windows Update 以搜索软件，选择“否，暂时不”，单击“下一步”按钮，如图 6-11 所示。

（4）既然知道了它是属于什么型号的设备，而且还有它的驱动程序，在接下来的对话框中选择“从列表或指定位置安装”，如图 6-12 所示。

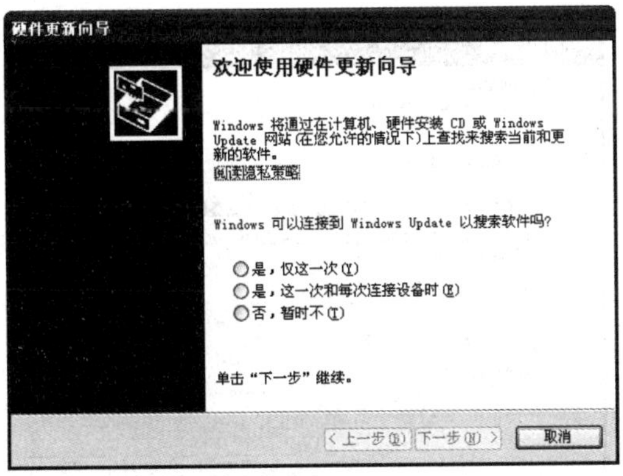

图 6-11　选择不连接 Windows Update

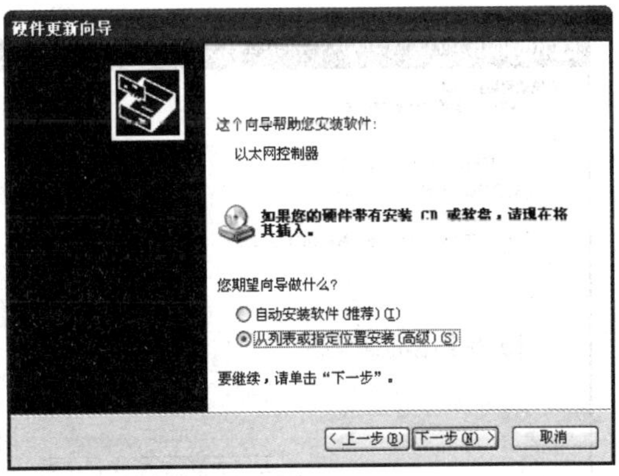

图 6-12　选择指定安装

（5）如果驱动程序在光盘里，接着在弹出的窗口里把“搜索可移动媒体”勾上就行；如果在硬盘里，则把“在搜索中包括这个位置”前面的复选框勾上，然后点“浏览”。

（6）接着找到准备好的驱动程序文件夹，要注意的是很多硬件厂商会把其生产的很多类型的硬件设备驱动都压制在一张盘中，而且还会有不同的操作系统版本，如 For Win2K（Win2000）和 For WinXP 的，要注意选择正确的设备和操作系统版本，如图 6-13 所示。点“确定”之后，单击“下一步”就行了。

（7）片刻之后，就可以完成这个设备的驱动程序安装了，如图 6-14 所示。

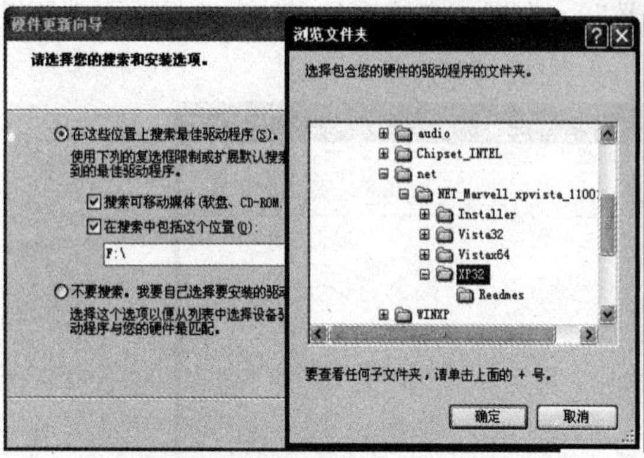

图 6-13　选择驱动程序文件夹

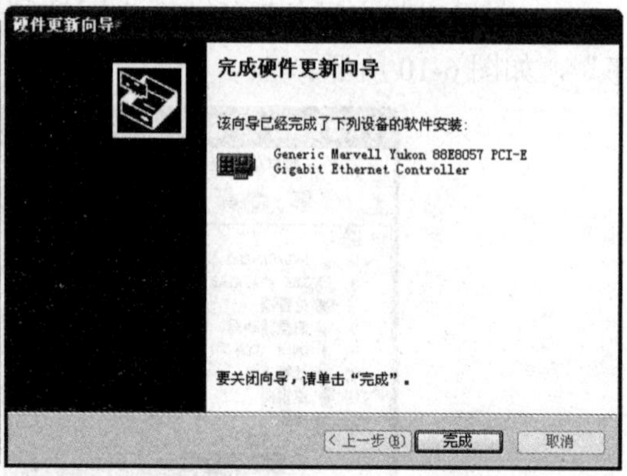

图 6-14　完成网卡驱动安装

四、外设驱动的安装

现在多数外设均采用 USB 接口，为这些外设安装驱动相当简单，一般连接 USB 连线后，打开电源，系统会找到该即插即用设备，然后把该设备的驱动程序放入光驱，参考上面的网卡的安装驱动步骤进行安装即可。对于使用并口的一些针式打印机，则可以在“控制面板”中的“打印机和传真”选项中安装。其具体安装步骤如下：

步骤一：单击“添加打印机”链接，在弹出的欢迎使用打印机安装向导的对话框中，单击“下一步”按钮，选择“连接到此计算机的本地打印机”单选按钮，如图 6-15 所示。

步骤二：选择打印机使用的端口，大多数计算机使用 LPT1，单击“下一步”按钮，如图 6-16 所示。

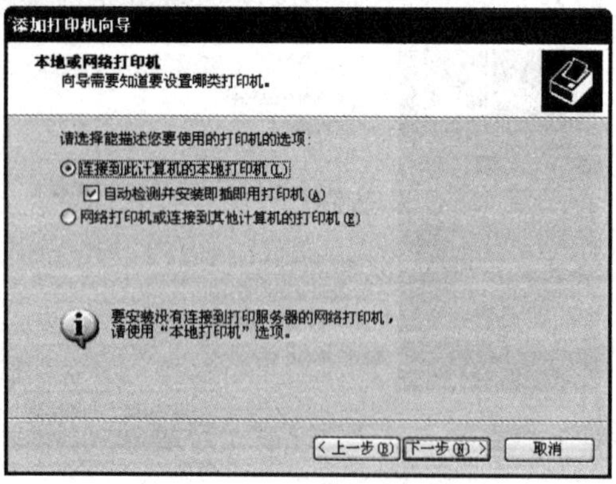

图 6-15　选择打印机类型

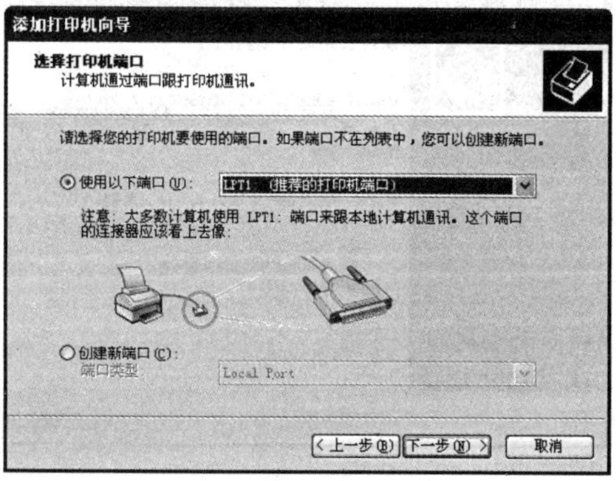

图 6-16　选择打印机端口

步骤三：在打印机的驱动程序中选择打印机的品牌和型号，如果 Windows 的驱动程序库中没有这种打印机驱动，可以单击“从磁盘安装”按钮，如图 6-17 所示，然后选中打印机驱动程序所在的位置就可以安装了。

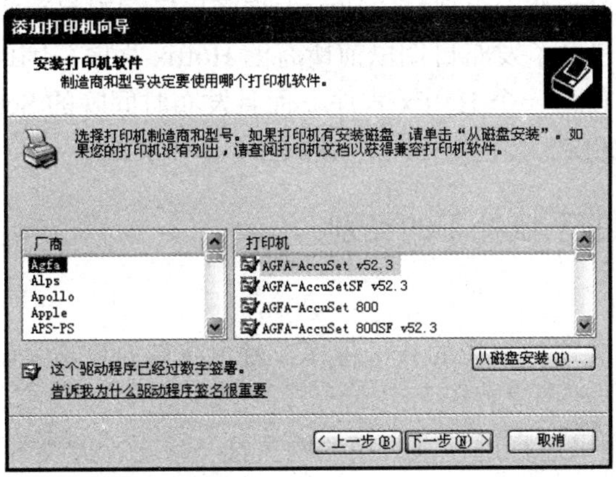

图 6-17　选择打印机驱动程序

任务 2　安装系统补丁

【任务引入】

Windows 操作系统是一个封闭开发、非常复杂的软件系统，因此它难免会存在许多的程序漏洞，这些漏洞会被病毒、木马、恶意脚本、黑客利用，从而严重影响计算机使用和网络的安全和畅通。微软公司为此不断发布升级程序供用户安装。这些升级程序就是“系统补丁”。本任务将介绍系统补丁的安装方法。

【任务分析】

及时为 Windows 安装系统补丁是十分必要的。通常使用 Windows 自带的更新功能或使用第三方软件提供的漏洞修复功能完成系统补丁的安装。

【相关知识】

一、Hotfix 和 Scrvicc Pack

微软发布的系统补丁有两种类型：Hotfix 和 Service Pack，下面介绍它们之间的区别和联系。

Hotfix 是微软针对某一个具体的系统漏洞或安全问题而发布的专门补丁程序，Hotfix 的程序文件名有严格的规定，一般格式为“产品名-KBXXXXXX-处理器平台-语言版本.exe”。现举一个例子来详细说明：微软针对震荡波病毒而发布的 Hotfix 程序名为“Win2K-KB835732-X86-CHS.exe”，我们知道这个补丁是针对 Win2000 系统的，其知识库编号为 835732，应用于 X86 处理器平台，语言版本为简体中文。

Hotfix 是针对某一个具体问题而发布的补丁程序，因此它会经常发布，数量非常大。用户想要知道目前已经发布了哪些 Hotfix 程序是一件非常麻烦的事，更别提自己是否已经安装了。因此微软将这些 Hotfix 补丁全部打包成一个程序提供给用户安装，这就是 Service Pack，简称 SP。Service Pack 包含了发布日期以前所有的 Hotfix 程序，因此只要安装了它，就可以保证自己不会漏掉之前任何一个 Hotfix 程序。而且发布时间晚的 Service Pack 程序会包含以前的 Service Pack，例如 SP3 会包含 SP1、SP2 的所有补丁。

二、按功能划分的系统补丁的类别

1．安全类必装补丁

对用户来说，不安装这种类型的补丁程序，就意味着向攻击者敞开了大门。安全类必装补丁主要有以下两类：

（1）阻止被黑客用来进行进行大规模的网页挂马攻击。此类补丁，如微软 Office 漏洞（KB978214），通常包含远程执行代码，涉及平台广、影响版本众多，漏洞触发概率较高。黑客对此常精心构造进行攻击。

（2）阻止可被部分黑客进行针对性攻击。此类补丁触发需要非常特殊的环境，黑客对此的攻击可能性小。

2．功能类可选补丁

建议高端用户根据自己的需要选择性地安装此类补丁，对于无法判断补丁作用而希望提升系统性能，提高系统可用性的用户，建议安装功能类可选补丁有如下作用：

（1）计算机性能提升，功能新增或改进。微软会通过补丁的方式增加一些新的功能，比如增加对数码相机型号的支持；会针对系统性能相关的模块进行更新，从而使得系统运行速度得以提高。

（2）系统兼容性改进。此类补丁会解决操作系统和一些软件的冲突，修复操作系统的已知问题。

（3）安全模块更新，比如恶意软件扫描工具。更新恶意软件扫描工具，更新反间谍软件的恶意特征库，更新一些默认安全配置提高计算机安全等级等。

3．特殊类型补丁

对于以下几类补丁，建议用户不安装。

（1）微软黑屏补丁（正版验证补丁）。盗版用户安装此类补丁可能会触发系统运行到受限模式，导致系统黑屏，或者不能登录操作系统。KB905474——微软正版验证补丁，盗版用户安装后会重启系统，进入黑屏模式。

（2）已经被新补丁替换的旧补丁文件。如果已经安装新版本的补丁后再去安装旧补丁，可能会导致系统文件不匹配从而出现系统异常，Windows Update（微软自动更新程序）未检测出的补丁不需要更新。

（3）经过大量用户反馈，补丁存在兼容性问题的非安全补丁。与用户的常用软件或者硬件冲突的可能会导致程序崩溃，系统蓝屏的非安全补丁。

（4）经过大量用户确认补丁安装失败率较高的非安全补丁（微软 Office 补丁）。这些补丁程序通常因为用户安装的是盗版软件，从而使某些补丁程序无法顺利完成安装。

【任务实施】

一、使用 Windows 自带的功能更新安装补丁

1．手动安装

微软客户帮助和支持网站 http://support.microsoft.com/提供了大量技术文档、安全公告、补丁下载服务，经常访问该网站可及时获得相关信息。当然也包含了各类补丁的下载链接。通过链接下载补丁程序后，只需运行安装并按提示操作即可。

2．在线更新

手动安装是比较麻烦的，而且往往我们不知道系统到底需要哪些补丁，因此对于一般用户推荐采用在线自动更新的方式。

下面以 Windows XP 的自动更新设置为例。

（1）进入控制面板，双击“自动更新”。

（2）在自动更新对话框中，勾选“自动（建议）”单选项，并在下面设置更新周期和更新时间，如图 6-18 所示。

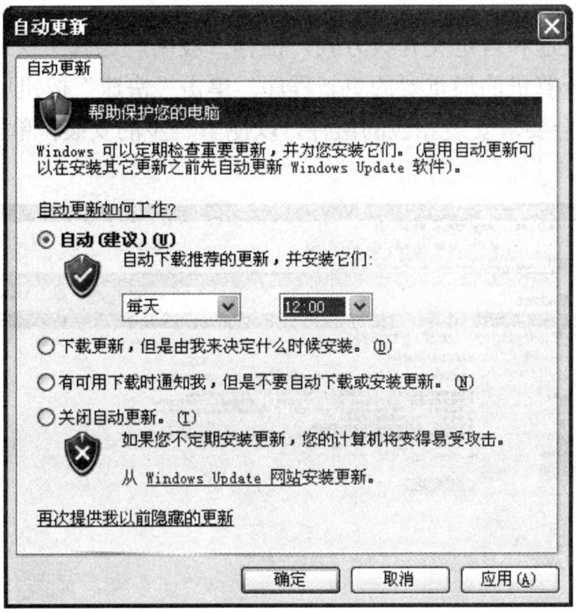

图 6-18　“自动更新”对话框

（3）单击“确定”按钮。这样系统的自动更新功能就启用了，系统会自动连接微软网站下载更新，操作非常简单。

另外，还可以进入 IE 浏览器的“工具”菜单，单击“Windows Update”命令，IE 会自动打开 http://update.microsoft.com/，并自动对系统进行检测。由于微软对网站进行更新，因此会先要求下载新的在线更新软件。稍等一会儿后，IE 显示出更新方式选择页面，如图 6-19 所示。

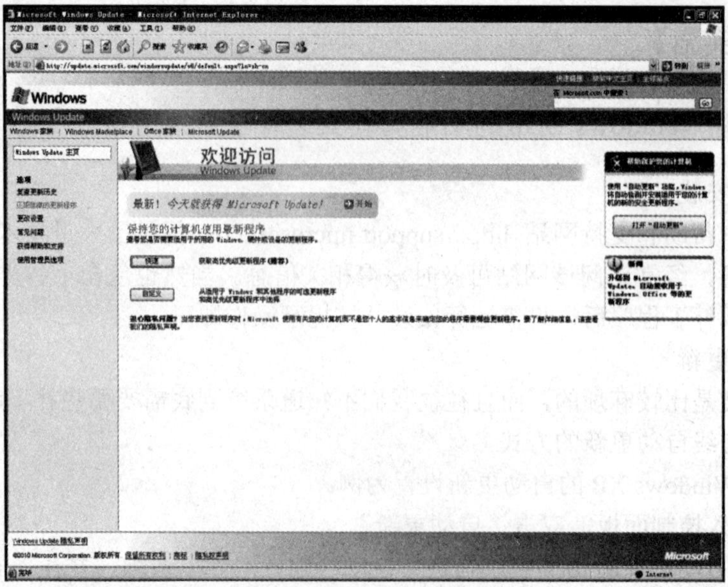

图 6-19　Windows Update 网站

页面中提供了快速和自定义升级方式，推荐一般用户选择“快速”方式，这种方式只查找安装最适合自己计算机的最重要的更新程序。单击“快速”按钮后，IE 会自动查找最新的更新程序，接着 IE 会要求安装相应的组件，以便下一步的安装，单击“立即下载和安装”即可，如图 6-20 所示。

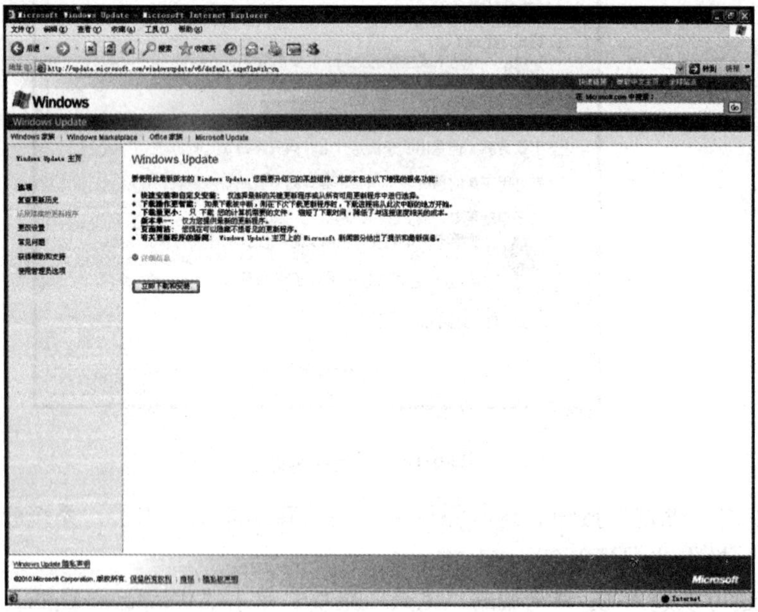

图 6-20　下载并安装新的 Windows Update 程序

安装完成后，单击“查找更新程序”按钮。按提示操作即可完成在线更新操作。

二、第三方软件软件提供的漏洞修补功能

目前，有很多工具软件提供漏洞修补的功能，如 360 安全卫士、超级兔子、Windows 优化大师等，这些工具软件的漏洞修补功能一般都是智能化的，会挑选适合用户系统补丁来进行安装，因此相对于 Windows 自带的更新软件，可能更适合大多数计算机用户。

下面以 360 安全卫士为例，具体介绍修补漏洞的方法。

（1）下载并安装 360 安全卫士。

（2）运行 360 安全卫士，并在主界面单击“修复漏洞”菜单，这时 360 安全卫士会自动根据计算机环境的情况，智能选择需要安装的补丁，如图 6-21 所示。

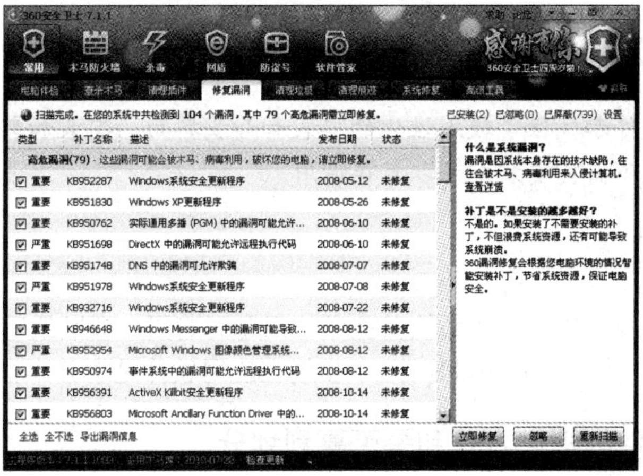

图 6-21　“360 安全卫士”扫描需安装的系统漏洞列表

（3）扫描完成后，单击“立即修复”按钮，这时计算机会自动下载并安装需要安装的全部补丁，安装完成后重启计算机以便使补丁全部生效。

（4）当再次扫描时，会显示无需修复系统的提示，如图 6-22 所示。

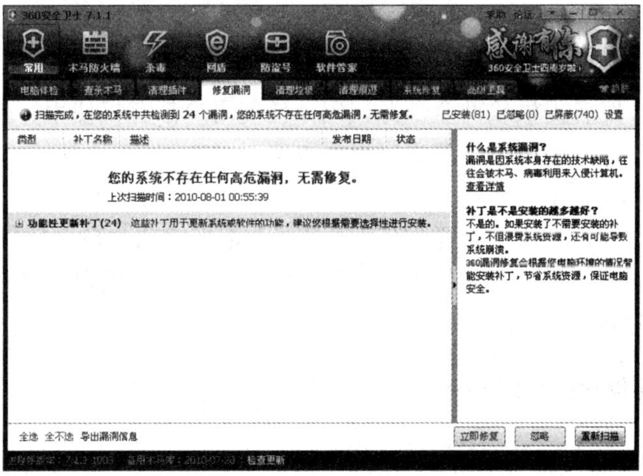

图 6-22　漏洞安装完成后

另外，当有新的系统补丁需要安装时，360 安全卫士会自动提醒用户安装。

任务3　安装应用软件

【任务引入】

要更好地发挥计算机的功能，离不开一些应用软件的帮助，如编制家庭开支表，可以用 Excel 报表软件，甚至数据库软件来制作。这些软件能提供操作系统不能提供的强大功能，帮助计算机用户更好、更方便地使用计算机。本任务将介绍如何安装和卸载常用的应用软件。

【任务分析】

一般的应用软件都提供了较人性化的安装和卸载界面，安装和卸载操作都比较简单，一些绿色软件甚至不需要安装就可以直接调用。

【相关知识】

应用软件是计算机用户为了解决某些具体问题而购买、开发或研制的各种程序或软件包，如文字处理软件（包括 Word、WPS 等）。市场上应用软件是十分丰富的，其分类方法如下。

一、按照软件的提供方式和是否赢利划分

1．商业软件（Commercial software）

商业软件由开发者出售拷贝并提供技术服务，用户只有使用权，但不得进行非法拷贝、扩散和修改；当然不可能给你源代码。如果你想升级就只能等其升级版本。

2．共享软件（Shareware）

由开发者提供软件试用程序拷贝授权，用户在试用该程序拷贝一段时间之后，必须向开发者交纳使用费用，开发者则提供相应的升级和技术服务；也不提供源代码。

3．自由软件（Freeware 或 Freesoftware）

自由软件由开发者提供软件全部源代码，任何用户都有权使用、拷贝、扩散、修改。但自由软件不一定免费。它可以收费也可以不收费。

4．免费软件（freeware）

它的英文名称和自由软件一样。所以很多书上都把它归为自由软件。其实那是不确切的。免费软件是不要钱的。但免费软件不一定提供源代码。只有当自由软件是免费的或者免费软件提供源代码的时候两者才是一样的。

二、按照软件的功能划分

按照软件的功能来划分，应用软件的种类就非常繁多了，如办公软件、解压缩软件、图形处理软件、多媒体软件、各种管理软件等等。表 6-1 列出了主要功能类别的一些常用应用软件。

表 6-1　常用软件分类列表

应用分类	常用软件名称			
办公软件	微软 Office	金山 WPS	永中 Office	致力协同 OA
下载工具	迅雷 7	快车 FlashGet	BitComet	QQ 旋风
联络聊天	腾讯 QQ	MSN	飞信 Fetion	阿里旺旺
主页浏览	遨游浏览器	谷歌 Opera	搜狗浏览器	360 浏览器
视频播放	暴风影音	Realplayer	WMP11	快播 Qvodplayer
MP3 播放	千千静听	酷狗音乐	Winamp5	酷我音乐盒
系统设置	优化大师	超级兔子	驱动精灵	鲁大师
光盘刻录	Nero Burning	CloneCD	Alcohol 120	WinISO
邮件处理	Foxmail	DreamMail	Becky!	KooMail
汉字输入	万能五笔	搜狗拼音	QQ 拼音	紫光拼音
杀毒软件	卡巴斯基	瑞星杀毒	金山毒霸	360 杀毒
网络安全	瑞星防火墙	天网防火墙	诺顿 2010	网路岗 7
防疫木马	360 安全卫士	QQ 电脑管家	金山卫士	木马克星
压缩解压	WinRAR	WinZIP	WinAce	7-ZIP
FTP 工具	FlashFXP	CuteFTP	LeechFTP	LeapFTP
图文处理	ACDSee	Adobe Reader	美图秀秀	Google Picasa
网络电视	UUSee 电视	PPTV 网络电视	PPS 网络电视	9 品网络电视

这些常用应用软件中的绝大部分都可通过互联网的下载站点下载，如华军软件园（http://www.onlinedown.net/）、天空软件站（http://www.skycn.com/）等。

【任务实施】

一、应用软件的安装

应用程序分为两种，一种是绿色软件，不用安装，下载解压后就可以直接使用，如图 6-23 所示的桌面休闲小游戏五彩连珠，双击就会运行。另一种是需要安装的软件，如 Office 2003，下面以光盘安装为例来说明。

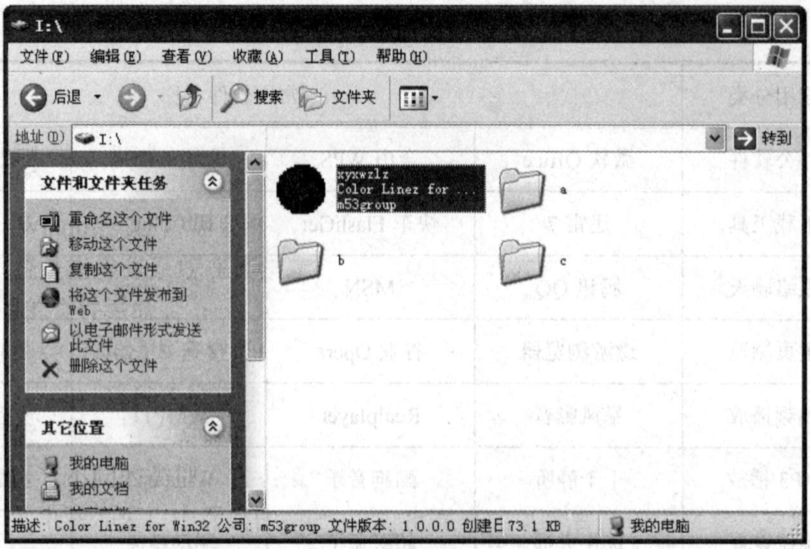

图 6-23 应用程序

（1）将 Office 安装光盘放入光驱，一般光盘发布的软件都是自动运行的，如没有自动运行，则双击光盘运行或双击 setup.exe 运行，会弹出如图 6-24 所示的窗口。

（2）运行安装向导，开始安装，在如图 6-25 所示窗口中，按要求填入序列号，单击“下一步”继续。

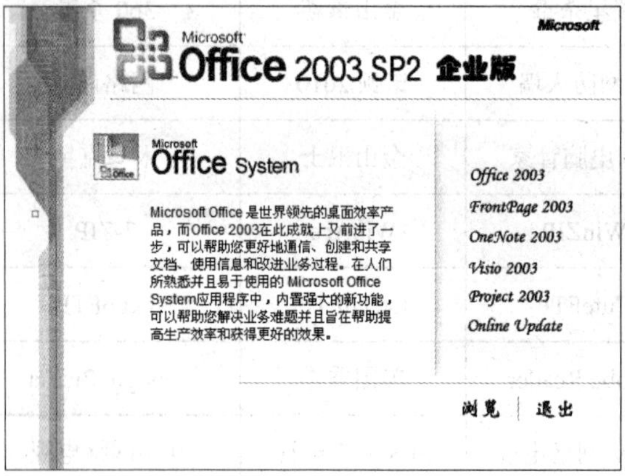

图 6-24 选择安装内容

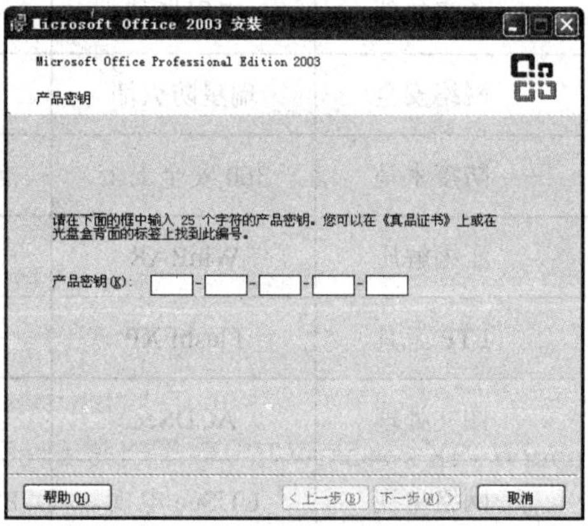

图 6-25 输入序列号

（3）在“用户名”和“单位”文本框输入信息，如图 6-26 所示。

（4）选中“我接受《许可协议》中的条款”，如图 6-27 所示。

（5）接着选择合适的安装类型和安装位置，如图 6-28 所示。

- **典型安装：**安装程序将自动为用户安装最常用的选项。它是为初级用户提供的最简单的方式，用户无须为安装进行任何选择和设置。用这种方式安装的软件包可为你实现各种最基本、最常见的功能。
- **完全安装：**选择它会自动将软件中的所有功能全部安装，但它需要的磁盘空间最多。如果说想全面地了解某个软件，最好选择完全安装，以免少安装了什么组件而不能使用其中的某个功能。

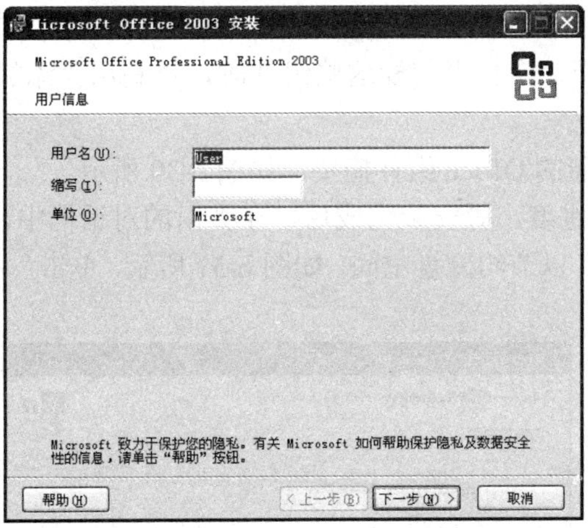

图 6-26　输入“用户名”和“单位”

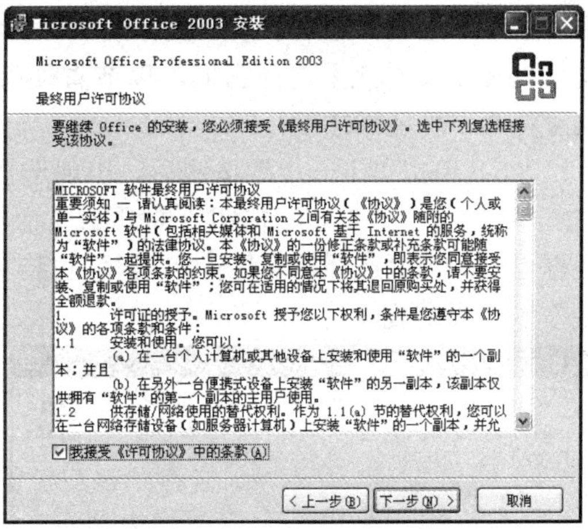

图 6-27　接受许可协议

➢ **最小安装：**只安装软件最必需的部分软件，主要是满足硬盘空间紧张或只需要它的主要功能的用户，比如在安装文字处理软件时，选择此方式会放弃安装一些不常用的字体而只安装几种必需的字体。

➢ **自定义安装：**自己选择要安装软件的哪些功能组件。选择它后，安装程序会提供一张清单列表，用户可以根据自己的实际需要，选择要安装的项目并清除不需要的安装项目。

在这四种安装方式中均可选择软件的安装路径。一般初学者在安装各种软件时，对软件所安装的文件夹都不做特别设置，直接把软件安装到系统的程序文件夹下，其实这样做并不是最好的办法。一般系统默认的程序文件夹是系统盘下的“Program Files”目录，由于系统在运行时需要很大的剩余空间用于数据交换，所以，不推荐把所有软件都安装到 C 盘上，特别是在 C 盘空间不大的情况下。我们可以在其他盘（如 D 盘）上建一个叫“Program Files”的文件夹，把安装文件夹指定到你事先设置好的文件夹。对于自定义安装，单击“下一步”时会出现选择安装组件的窗口，如图 6-29 所示。

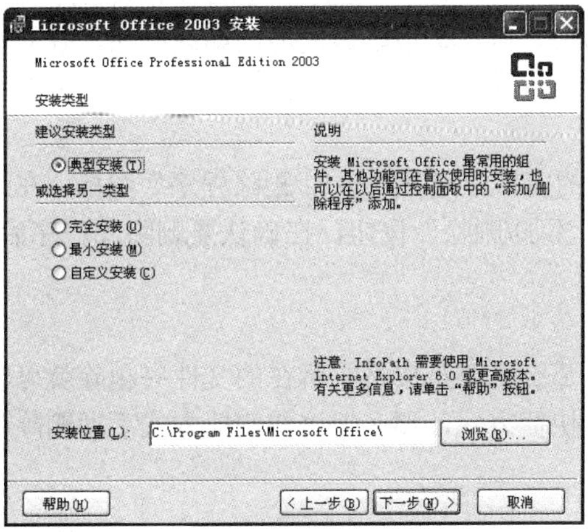

图 6-28　选择安装类型和安装位置

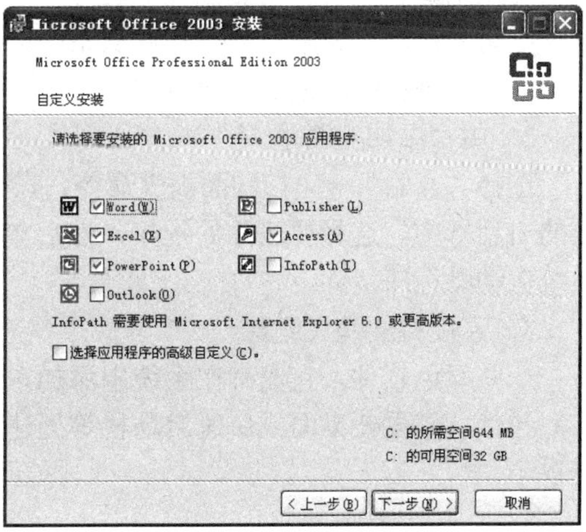

图 6-29　自定义安装

注意：一般软件都是由很多单独功能的子程序组成的，如 Office 就是由 Word、Excel 等多个子程序组成，这些子程序被称为软件的组件。对于平时不需要或不常用的组件，我们完全可以在安装时就不选择它们，以节省硬盘空间，当将来需要这些组件时，再利用“添加/删除程序”功能添加就行。

（6）单击“下一步”按钮后，出现选择安装的Office组件摘要，如图6-30所示。

（7）单击“安装”按钮，即开始显示安装进度，等安装完成后，在弹出的对话框中，根据自己的需要选择，这里选中“删除安装文件”以节约磁盘空间，如图6-31所示，单击“完成”以完成安装。

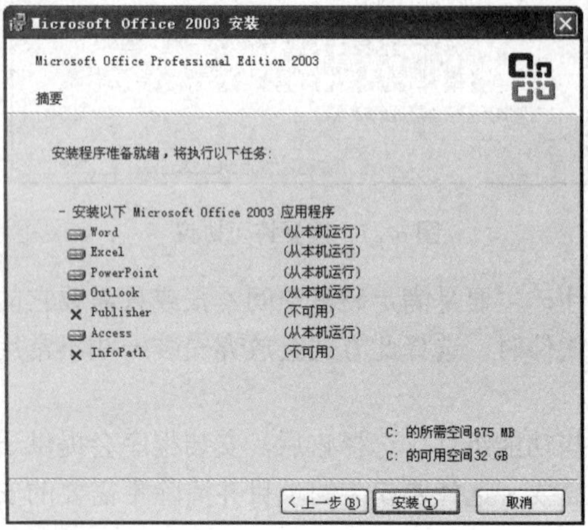

图6-30　安装摘要

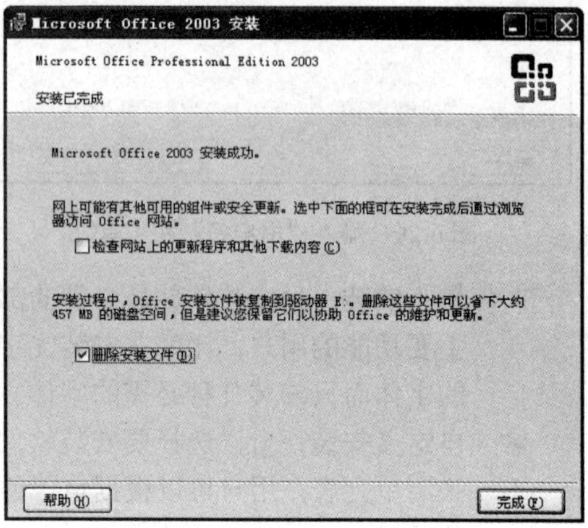

图6-31　完成安装

至此，完成Office 2003应用程序的安装。

二、应用软件的卸载

安装了软件之后可能想要卸载软件，卸载应用软件的常用方法有以下几种：

1．用软件自带的卸载工具

现在绝大多数软件均提供卸载程序（Uninstall），只需从“程序”里运行卸载程序就可以了，它会自动将原来安装的软件从系统清除出去。这也是最好最简便的卸载办法。好的应用程序都提供这种卸载的快捷方式。

2．用“添加/删除程序”

选择“开始”→“控制面板”命令，在打开的窗口中选择“添加/删除程序”图标，在弹出的对话框中，选择要删除的程序，然后单击“添加/删除”按钮，在确认要删除此程序后，系统自动将程序清除。

3．直接将文件夹删除

一些绿色软件，它没有在系统中添加东西，那么只要直接将它所在的文件夹删除就可以了。当然，如果在桌面或快速启动栏等处建立了快捷方式，那么把这些快捷方式手动删除就可以了。

课题小结

本课题主要讲述了如何安装驱动程序、系统补丁，以及如何安装应用软件。通过本课题的学习，读者应该了解驱动程序的作用和驱动程序的安装顺序，以及任何获取驱动程序；掌握如何查看驱动程序的安装情况，并掌握各种设备的驱动程序安装方法；了解系统补丁的概念和作用，并掌握系统补丁的安装方法；了解应用软件的概念和分类，并掌握应用软件的安装和卸载方法。

课后练习

一、填空题

1．驱动程序是连接____________和____________之间的一个接口，操作系统需要通过它来同硬件进行通信。

2．驱动程序必须与硬件的______和______相符，还需要与__________对应。

3．获取驱动程序的途径可以是使用__________提供的驱动程序、使用附带的驱动程序光盘中提供的驱动程序、通过_______________等。

4．按照软件的提供方式和是否赢利划分，可分为______、______、______、______。

二、简述题

1．什么是驱动程序？它有什么作用？

2．为什么要安装主板驱动程序？

3．什么是系统补丁？为什么需要安装系统补丁软件？

4．什么是应用程序？按照提供方式和是否赢利可以划分成几种？

三、实践题

1．为所在的计算机操作系统扫描并安装需要安装的系统补丁。

2．从网上压缩软件和多媒体播放软件中各选择一种来进行安装。

课题 7　计算机硬件性能测试

【课题概览】

计算机配置好后，应该对计算机进行一些简单的测试，以检查计算机的性能和稳定性。本课题主要介绍如何对计算机硬件性能进行测试，包括硬件单项测试和硬件综合性能测试。

【课题重点】

- 如何进行硬件单项测试
- 如何进行硬件综合性能测试

【课题目标】

- 掌握计算机硬件的常见性能指标
- 掌握使用硬件测试软件对各配件的性能进行测试的方法
- 掌握计算机各硬件测试的方法
- 了解硬件综合性能测试的评判标准

任务 1　进行硬件单项测试

【任务引入】

前面的课题介绍了计算机中常见的硬件及其主要性能参数，这些性能参数对于计算机配件选购以及升级有着重要的参考价值。

对于某个配件，怎么能知道它的性能参数与购买时商家说的一致呢？如何了解装配成整机以后，各配件是否充分发挥其性能？

【任务分析】

拿到一个配件以后，首先可以通过刻印在其上或印刷外包装上的标记或者编号，了解其标称的性能参数。

装配成整机后，可以通过操作系统本身获得各配件的基本信息。最后，还可以通过专用的测试软件更全面地了解该配件的参数及其工作情况。

【相关知识】

一、计算机各部件的性能指标

使用测试软件进行配件的性能指标测试时，需要注意基本性能指标与硬件测试性能指标的区别。前者是硬件出厂时都已经确定了的，是由硬件生产厂商决定的，主要包括产品的型号和一些基本功能，而后者是通过测试软件结合具体的计算机平台得出的综合信息，反映了硬件在该环境下表现出来的实际能力。相比基本性能指标，测试性能指标更具真实性。当然，不同测试软件的测试项目会有所不同，下面介绍各配件的主要性能指标。

1．CPU 的主要性能指标

（1）CPU 的基本性能指标

➢ **CPU 类型：**一般指明 CPU 生产厂商和型号，主要反映了 CPU 的核心与制造工艺。
➢ **CPU 的频率：**一般决定了 CPU 的运算和处理能力。主要指明的是 CPU 的工作频率，由主频、外频、倍频三方面的信息构成。一般主频=外频×倍频。
➢ **CPU 的高速缓存：**一般指明 CPU 的高速缓存的相关信息。主要由 L1 ache 和 L2 Cache 组成。
➢ **工作电压：**指的是 CPU 正常工作所需的电压。
➢ **CPU 支持的指令集：**指明了 CPU 对各种多媒体指令集的支持情况。

（2）CPU 的测试性能指标

➢ **CPU 的运算处理能力：**测试 CPU 的整数和浮点运算能力。单位为 MIPS（每秒钟百万条指令）
➢ **CPU 的多媒体处理能力：**针对具体 CPU 对其内含的多媒体指令测试，如对 SSE、MMX、3DNow!等指令集进行测试。

2．主板的主要性能指标

（1）主板的基本性能指标

➢ **类型：**主要是主板的生产厂商和型号说明。
➢ **芯片组：**主要是主板采用的芯片组类型，一般包括南桥芯片组和北桥芯片组，这是反映主板性能的主要指标。
➢ **总线速度：**主要是说明主板能够支持的外频。
➢ **支持的 CPU 类型：**主要说明主板能支持哪些类型的 CPU。
➢ **新技术：**主板能够运用哪些方面的新技术，提高主板的安全、稳定、效率。

（2）主板的测试性能指标。主板的测试性能指标主要用整机的性能好坏来衡量。

3．内存的主要性能指标

（1）内存的基本性能指标

➢ **内存容量：**主要说明内存的容量大小。
➢ **数据带宽：**指一次通过内存输入/输出的数据量，主要有 32、64 位等。
➢ **存取时间：**指从 CPU 读取到内存送出的时间，时间越短，存取越快。
➢ **工作频率：**反映了内存的传输速度，对同类型的内存来说，工作频率越高，数据传输越快。

（2）内存测试性能指标

- **带宽测试**：测试内存一次输入/输出数据量的大小。
- **存储测试**：测试内存存取数据的速度快慢。

4．显卡的主要性能指标

（1）显卡的基本性能指标

- **显示芯片**：这是显卡的核心部件，反映了一块显卡的性能好坏和处理能力。
- **接口类型**：目前显卡接口类型主要有 PCI、AGP、PCI Express 等，不同的接口类型的数据传输能力不一样。
- **显存**：存储处理图像的区域，一般来说越大越好。

（2）显卡的测试性能指标

- **分辨率**：主要指显示画面的细腻程度。一般以画面的最大"水平点数"乘"垂直点数"表示，如 1024 像素×768 像素。
- **刷新率**：指显示器每秒能够对整个画面重复更新的次数，单位为 Hz（赫兹）。对于 CRT 显示器来说，这个数值应高于 72Hz，这样画面看起来才没有闪烁感。
- **色深**：指显示画面的色彩位数。
- **其他**：不同显示芯片的显卡还有一些各自特有的技术指标，例如 Direct 性能、OpenGL 性能等。

5．显示器的主要性能指标

（1）显示器的基本性能指标

- **显像管尺寸**：一般指的是显像管对角线的尺寸。
- **点距**：指荧光屏上两个相邻的相同颜色的点之间的对角线距离。
- **分辨率**：指显示器画面解析度的高低。
- **带宽**：代表的是显示器的综合指标，指每秒能扫描图像的个数。
- **场频**：指每分钟屏幕刷新次数，单位为 HZ（赫兹）。
- **行频**：指电子枪每秒在荧光屏上扫描过的水平线数量。

（2）显示器的测试性能指标

- **刷新率**：指显示器每秒能够对整个画面重复更新的次数，单位为 Hz（赫兹）。
- **色深**：指显示画面的色彩位数。
- **失真**：一般指的是几何失真和非线性失真。
- **文本显示效果**：指显示文本时字体的锐利程度和整体的清晰程度。
- **图像显示效果**：指显示图像时的色彩饱和度、色彩柔和度、图像层次感和清晰度。

6．硬盘的主要性能指标

（1）硬盘的基本性能指标

- **硬盘容量**：指硬盘总的容量大小，反映了硬盘存储数据的能力。
- **单盘容量**：指构成硬盘的单个盘片的容量，一般硬盘的总容量依赖于单盘容量的提高，同时提高单盘容量也能提高硬盘的数据传输速度。
- **硬盘的转速**：指硬盘内主轴电机的转速。

- **数据缓存：**这是硬盘和外部总线交换数据的重要中介，其大小、速度直接影响硬盘的数据传输速度。
- **外部数据传输速率：**指计算机通过数据总线从硬盘内部缓存中读取数据的最高速率。
- **最大内部数据传输速率：**指磁头至磁盘缓存间的最大数据传输率。
- **接口技术：**一般的硬盘通过提高接口技术来达到提高数据传输率。

（2）硬盘测试性能指标

- **硬盘数据传输平均速率：**通过测试硬盘数据传输平均速率来体现硬盘的实际性能。
- **平均寻道时间和访问时间：**通过这两个方面的测试来获知硬盘在速度方面的实际性能。

7．光驱的主要性能指标

（1）光驱的基本性能指标

- **读取速度：**指的是光驱的标称速度，每个光驱上都标有多少倍速，这个数值越大，光驱读取数据的速度就越快。
- **平均寻道时间：**指光驱激光头从定位到开始读取盘片数据所需要的时间。
- **数据传输技术：**主流光驱一般采用 CAV（恒定角速度）读取方式，能有效地提高光驱的随机读取性能，有的光驱采用了 PCAV（局部恒定角速度）读取方式，在读取光盘内圈数据时采用恒定线速度读取，读取外圈采用 CAV 方式读取，以有效提高数据传输速度。
- **缓存容量：**和硬盘的缓存容量一样，光驱的容量大小和速度直接影响光驱数据传输速度。

（2）光驱的测试性能指标

- **CPU 资源占用率：**指光驱在读取数据的时候占用 CPU 资源的百分比，这个数值要求越小越好。
- **数据传输率：**指光驱实际传输数据的速率，可以反映光驱的数据传输性能。

二、硬件单项测试软件

硬件单项测试软件是主要针对某类硬件进行测试的软件，一般软件的体积都比较小，操作简单，但功能强大。

（1）CPU 测试软件。CPU 测试软件有很多，例如：Cpu-Z、CrystalCPUID、Intel CPU 专用检测软件——Intel Processor Identification Utility、IntelBurnTest 等，甚至连大家熟知的 WINRAR 都可以进行 CPU 性能测试。

（2）内存测试软件。目前市面上内存测试软件不多，其中最为常用的是 MemTest。

（3）硬盘测试软件。硬盘测试软件主要有 ATTO Disk Benchmark、HD Tune Pro、CrystalDiskMark、Mydisktest 等。

（4）显卡性能测试软件。显卡性能测试主要包含两大块，一是 DirectX 测试，另一个是 OpenGL 测试。测试的主流软件有 GPU-Z、Video Memory Stress Test 等。

【任务实施】

一、识别计算机各部件的标称性能指标

每个配件的生产厂家都会在其产品上印刷、刻印编号或者张贴标签。一般来说，各厂家的编号都有其一定的内在规律，代表着其本身特定的含义，如主要性能参数，但各厂家的规则不同。下面实例中只是给出范例，遇到具体产品需要先通过网络查询了解具体厂家的规则。

1．识别 CPU 的标称性能指标

CPU 表面共有 5 行字母，如图 7-1 所示。

- 第一行字母代表了这是 Intel 公司制作的产品。
- 第二行的 Intel Core i7 表示这块 CPU 的系列，是目前市场上比较高端的 i7 系列处理器，同样如果是其他 CPU，还有可能是 Pentium4，Pentium D 等。
- 第三行的 SLBJJ 是 Intel 处理器上的一个产品编号，和下面的 2.80GHz 是相对应的，也就是说不同的产品编号代表不同的频率。紧接着后面的 MALAY 叫 S-Spec 编码，是 Intel 为了方便用户查询其 CPU 产品所制定的一组编码，此编码通常包含了 CPU 的主频、二级缓存、前端总线、制造工艺、核心步进、工作电压、耐温极限、CPU ID 等重要的参数。
- 第四行就是可以看懂这块 CPU 的最简单的信息了，2.80GHz 是这块 CPU 的主频，8M 是处理器的二级缓存。
- 第五行的 L938B313 对于我们普通消费者没有什么意义，这是 Intel 处理器的一个出厂编号，一个编号只对应一块 CPU。

2．识别内存条的标称性能指标

内存条标签上共有四行数字字母，如图 7-2 所示。

图 7-1　CPU 编号

图 7-2　内存条标签

- 第一行表明该内存条的生产公司是“Kingston”，即“金士顿”。
- 第二行的 KVR 全称为 kingston value RAM，是金士顿公司产品的某个系列。1333 代表内存主频为 1333MHz。D3 代表内存传输类型为 DDRIII。N9 代表该内存条的使用机型为台式机。

➢ 第三行的 1.5V 表示该内存的供电电压应为 1.5V。
➢ 第四行是内存条的一个出厂编号。

3．识别硬盘的标称性能指标

某硬盘的背面标签如图 7-3 所示。

图 7-3　硬盘标签

➢ Seagate 代表公司名称希捷。S/N 是产品的序列号，没有实际意义。
➢ ST3160815AS 这串字符比较复杂，硬盘的基本信息都可以在这串字符中读取。
➢ ST 是希捷公司的代号。
➢ “3”代表 3.5 英寸半高硬盘。
➢ “1608”代表这块硬盘的容量为 100MB×1608=160.8GB。
➢ 后面的两位 15 代表硬盘标志，它由主标志和副标志组成：第一个数字为主标志，在普通 IDE 硬盘中代表盘片数。例如“2”即代表该硬盘内采用了 2 张盘片。第二个数字为副标志，即硬盘的辅助标志。一般用它来表示硬盘的代数，数字越大表示代数越高，也就是说此款硬盘越新。
➢ AS 代表硬盘接口类型。普通台式机的硬盘较为简单，但如果包括现在和早期的 SCSI 硬盘，其含义就较为复杂了，这里只介绍目前主流的桌面硬盘：“A”代表 Ultra ATA，即普通 IDE/EIDE 接口，这是大多数台式机硬盘所采用的接口类型；“AS”代表 Serial ATA150，即串行 ATA 1.0 硬盘接口。

另外，还能从硬盘上找到其他一些有用的参数，比如 Barracuda 7200.10 代表了希捷公司 Barracuda 系列的第 10 代产品。Seagate Barracuda 7200.10 使用了垂直记录技术，大大提高了单碟容量，它的单碟容量达到了 187G。

二、利用 Windows 系统查看基本的硬件属性

1．CPU 和内存的信息

在桌面上用鼠标右击“我的电脑”，在弹出的菜单中选择“属性”，也可以在“控制面板”里双击“系统”，在弹出的“系统属性”对话框中即可看到 CPU 和内存的基本信息，如图 7-4 所示。

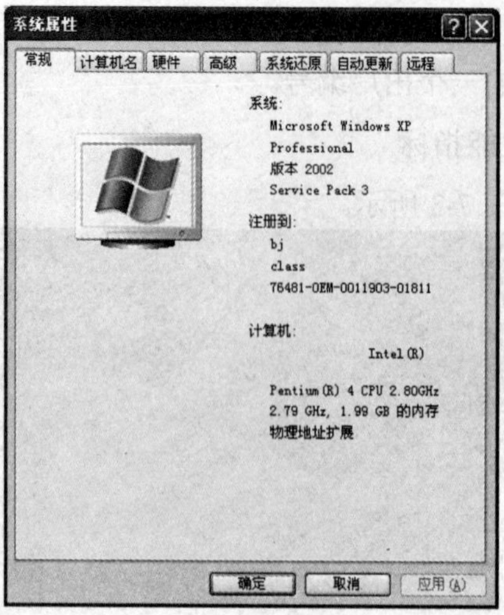

图 7-4 “系统属性”对话框

2．显卡和显示器信息

在桌面的空白处单击鼠标右键，在弹出的菜单中选择“属性”，在弹出的“显示属性”中选择“设置”并单击“高级”按钮，在弹出的显示器与显卡信息窗口中分别选择“适配器”和“监视器”，如果驱动程序正确安装了的话，即可看到显卡与显示器的相关信息，如图 7-5 和图 7-6 所示。

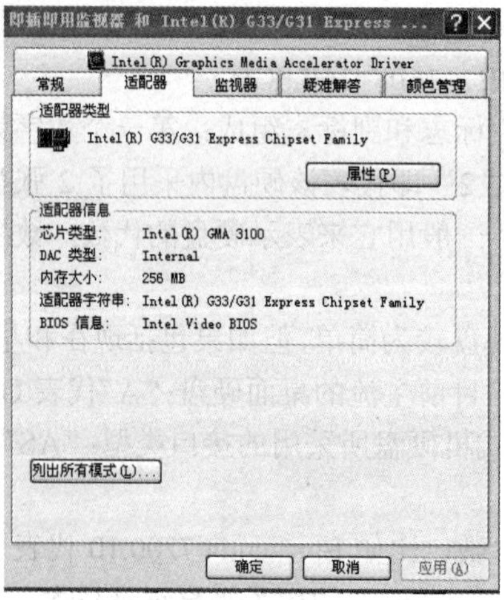

图 7-5 查看显卡信息

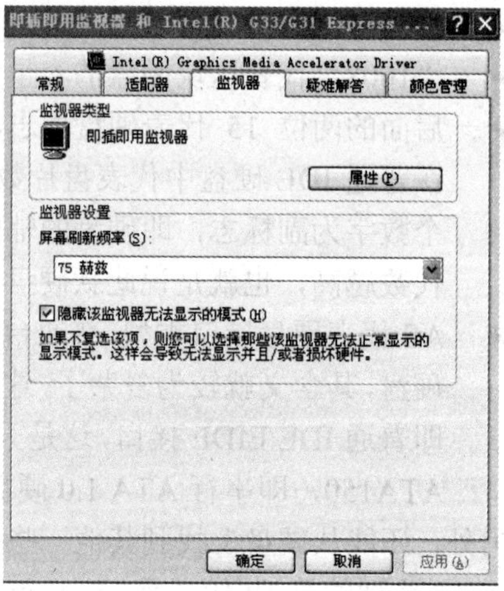

图 7-6 查看显示器信息

三、使用硬件单项测试软件进行测试

1．使用 CPU-Z 对 CPU 进行单项测试

CPU-Z 是一款专门的 CPU 检测软件，它支持的 CPU 种类相当全面，软件的启动速度及检测速度都很快。CPU-Z 是一款绿色软件，打开软件就可以显示 CPU 的基本信息（见图 7-7），以及 CPU 的缓存情况（见图 7-8）。除此之外，CPU-Z 还能检测主板和内存的相关信息，如图 7-9 和图 7-10 所示。

图 7-7　查看 CPU 的基本信息

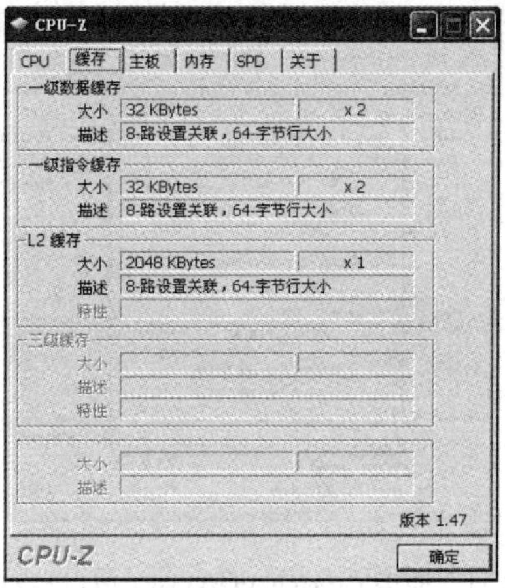

图 7-8　查看 CPU 缓存情况

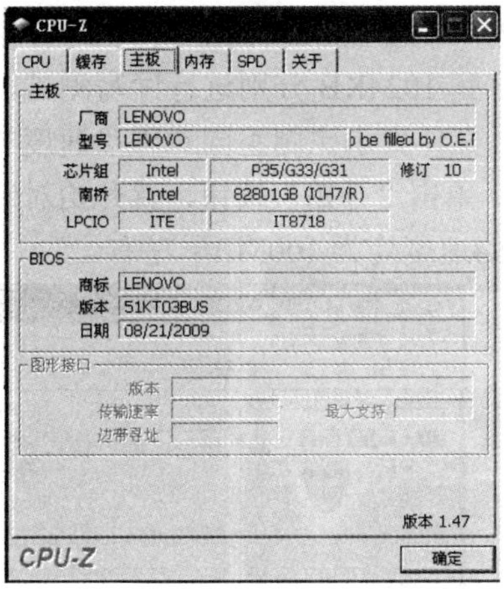

图 7-9　查看主板信息

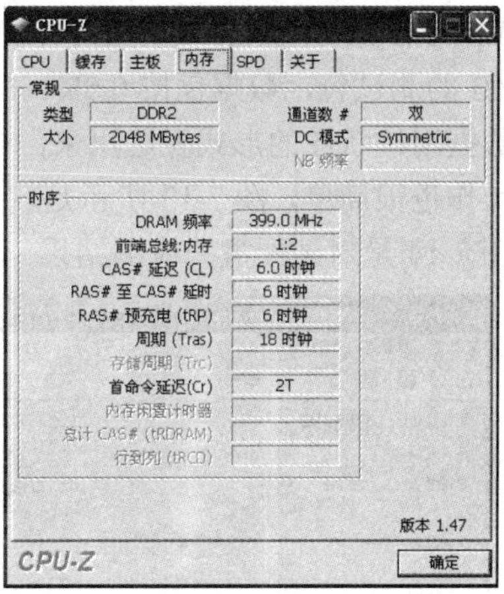

图 7-10　查看内存信息

2．使用 CrystalCPUID 对 CPU 进行单项测试

CrystalCPUID 支持几乎所有类型的处理器检测，最特别的是，CrystalCPUID 除具备完整的处理器及系统资讯侦测功能外，还可调节 K7/K8 处理器及 Cyrix III / C3 处理器倍频。CrystalCPUID 支持的处理器类型包括：Intel 全系列处理器；AMD 全系列处理器；Transmeta 系列处理器；VIA/IDT/Cryix 系列处理器。CrystalCPUID 的操作也比较简单，图 7-11 所示为使用 CrystalCPUID 查看 CPU 信息，并调节 CPU 的倍频。

3．使用 MemTest 对内存进行单项检测

MemTest 是少数可以在 Windows 操作系统中运行的内存检测软件之一。它不但可以彻底地检测出内存的稳定度，还可同时测试内存储存与检索资料的能力，该软件使用非常简单，打开程序后单击“Start Testing”即可，如果内存存在问题，会生成报告，以供参考，如图 7-12 所示。

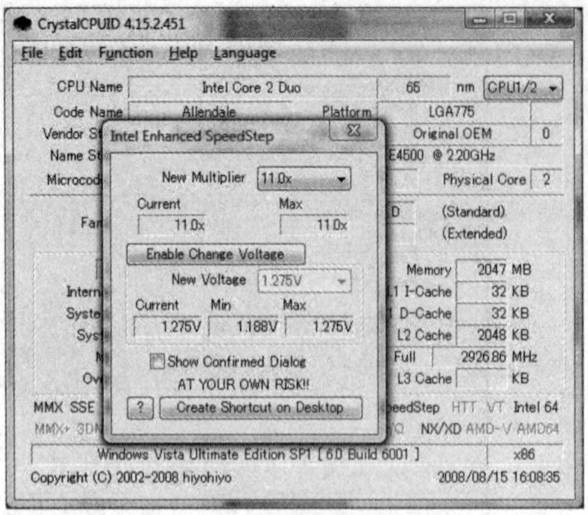

图 7-11 使用 CrystalCPUID 对 CPU 进行单项测试

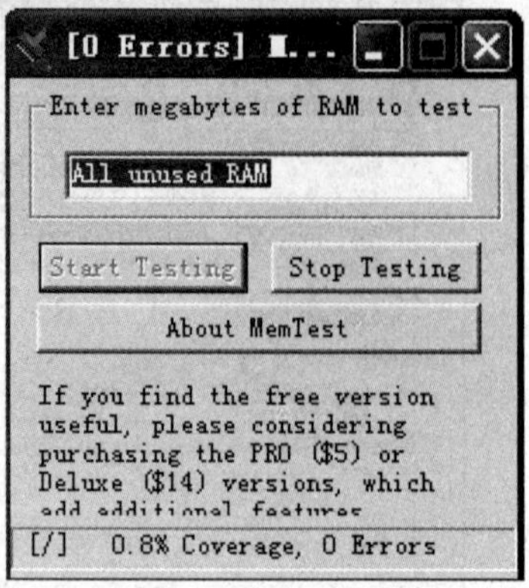

图 7-12 使用 MemTest 对内存进行单项检测

4．使用 ATTO Disk Benchmark 对硬盘进行单项检测

ATTO Disk Benchmark 是由 ATTO 公司出品的一款磁盘/网络性能测试工具，该软件使用了 4MB 的测试包，数据包按 0.5K、1.0K、2.0K 直到 1024KB 分别进行读写测试，测试完成后将数据用柱状图的形式表达出来，很好地说明了文件大小比例不同对磁盘速度的影响。软件的操作也很简单，图 7-13 所示是软件的主界面，单击“开始”按钮，就开始对硬盘进行检查，图 7-14 是对某硬盘的检测结果。写入与读取的速度均为 100MB/s 左右。

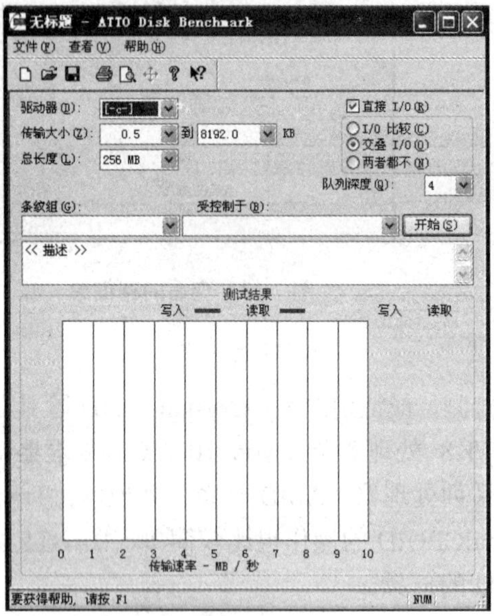

图 7-13 软件的主界面

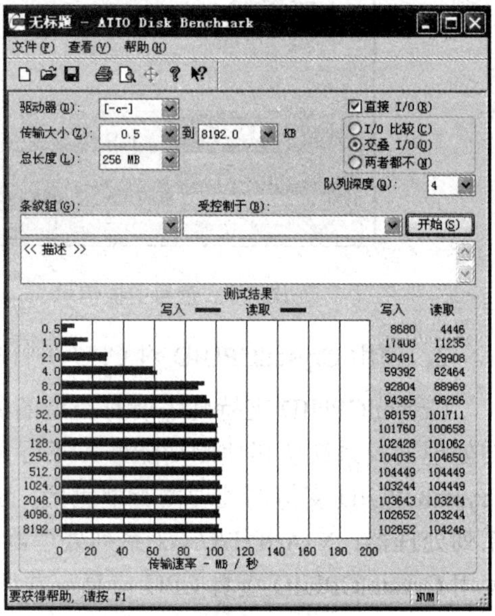

	写入	读取
0.5	8680	4446
1.0	17408	11235
2.0	30491	29908
4.0	59392	62464
8.0	92804	88969
16.0	94365	96266
32.0	98159	101711
64.0	101760	100658
128.0	102428	101062
256.0	104035	104650
512.0	104449	104449
1024.0	103244	104449
2048.0	103643	103244
4096.0	102652	103244
8192.0	102652	104246

图 7-14 对某硬盘的检测结果

5．使用 GPU-Z 进行显卡的单项测试

GPU-Z 是一款专业的显卡检测软件，它能准确检测显卡各项指标，使显卡各项参数一目了然。它的界面同 CPU-Z 很相像，直接运行主程序，就可以看到它的主界面，其中显示了显卡的相关参数，如图 7-15 所示。

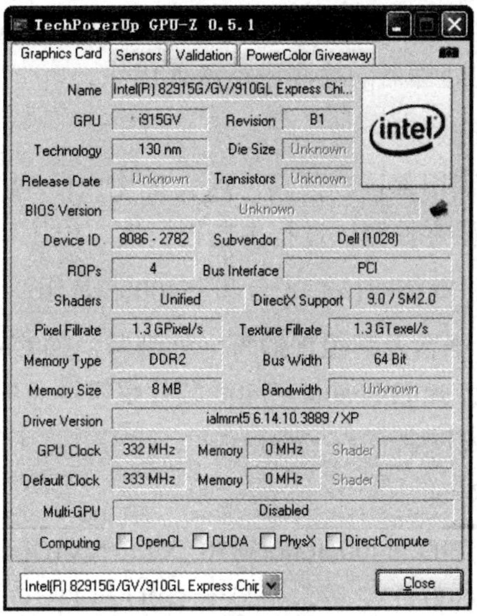

图 7-15　GPU-Z 主界面

任务 2　进行硬件综合性能测试

【任务引入】

上一个任务中对各配件进行了单项测试，但单项测试软件一般都只针对某一个硬件，所以一些测试性能指标在单项测试中没有体现，如 CPU 的多媒体处理能力、显示卡的 Direct 性能、OpenGL 性能等。这些指标可以通过硬件综合项目测试软件得到。本任务将介绍如何使用硬件综合项目测试软件对计算机的整体性能进行测试。

【任务分析】

EVEREST Ultimate 和 3DMark 是两款比较有名的硬件测试软件，本任务将用它们进行硬件综合项目测试。

【相关知识】

一、EVEREST

EVEREST（原名 AIDA32）是测试软硬件系统信息的权威工具，它可以详细地显示出计算机每一个方面的信息。它支持上千种主板，支持上百种显卡，支持对并口/串口/USB 这些 PNP 设备的检测，支持对各式各样的处理器的侦测，新版增加查看远程系统信息和管理，结果导出的文件格式为 HTML、XML。其功能特点如下。

1．升级 CPU、FPU 基准测试

增强 CPU PhotoWorxx、FPU Julia、FPU Mandel、FPU SinJulia 基准测试模块，支持三核

心 AMD Phenom、六核心 Intel DunningtonXeon 处理器；对 AMD Phenom、AMD Barcelona Opteron、Intel Penryn 系列处理器的检测进行深入优化。

2．改善系统稳定性测试模块

将处理器每个核心的利用率提到最高，加大对 CPU、FPU、缓存、内存和硬盘的压力；增强硬件监控能力，可在稳定性测试过程中监视温度、电压和风扇转速。

3．支持 Intel Skulltrail 双路四核心平台和 i5400 芯片组

可显示 Intel Skulltrail 平台及其组件的每一处细节，如 Core 2 Extreme QX9775 处理器、Intel D5400XS 芯片组主板、Intel Seaburg 5400 芯片组等；可在 Intel 5000/5400/7300 芯片组系统上检测 FB-DIMM 内存温度。

4．支持最新显卡技术

可检测 ATI Radeon HD 3400/3600/3870 X2、NVIDIA GeForce 8800 GS/8800 GTS 512/9300/9400/9500/9600/9800 GX2 等最新显卡 GPU 核心、OpenGL 和 DirectX 信息；可监控华硕 EN8800GS/EN8800GT 特殊版显卡的温度；初步支持 NVIDIA GeForce 9800 GTX。

5．支持 DDR3 XMP、EPP 2.0 技术

可详细显示 Intel Extreme Memory Profile（XMP）、NVIDIA Enhanced Performance Profiles 2.0（EPP 2.0）技术内存的 SPD 信息，如时钟频率、延迟设定、电压要求等；DDR3 内存频率最高支持 2133MHz

二、3DMark

3Dmark 也是业界很具权威性的硬件综合测试软件。3DMark 是 Futuremark 公司的一款专为测量显卡性能的软件，但现在已渐渐发展成为一款衡量整机性能的权威软件。通过了八代产品的更新，3DMark 系列已成为了一个显卡性能测试标杆的形象。3DMark 成为测试标杆的原因如下：

（1）对前沿技术的不断探索和跟进，图形技术在最近几年的发展速度非常快，FutureMark 总是能在测试中体现出最新的图形技术并且展望到未来一两年的发展趋势，这样在最新一代 3DMark 推出之前，老版本的软件仍然有非常大的权威；

（2）丰富的测试项目，除了常规的游戏测试，还包括像素填充率、到最近几年加入的顶点处理测试等等；

（3）简单的测试流程和结果，3DMark 系列历来以简单的测试流程而著称，你只要选中测试项目并点击开始即可，最后的成绩会以一个直观的分数表现。而就是这个分数，成为用户购买显卡的最简单理由，我们常常可以听到消费者对商家的提问便是“这块显卡的 3DMark 跑多少分”，从这个侧面也能反映出 3DMark 的流行和广泛性；

（4）权威的公正性，对于一款测试软件，如果失去了公正性，也就失去了公信力，FutureMark 对此做得非常好，它不会对任何一款芯片进行相应的优化，FutureMark 不会根据显卡厂商的技术发展趋势而定制测试的项目，只会根据微软的 DirectX 发展方向以及未来游戏可能使用的技术来定制测试软件。

【任务实施】

一、使用 EVEREST Ultimate Edition 进行硬件综合项目测试

EVEREST Ultimate Edition 无需安装，运行软件后即显示主界面，如图 7-16 所示。单击菜单框内各选项，可以看到硬件的详细信息，如依次单击“显示设备”→“图形处理器”，则可以看到如图 7-17 所示的显卡的详细信息。

图 7-16　EVEREST Ultimate Edition 主界面

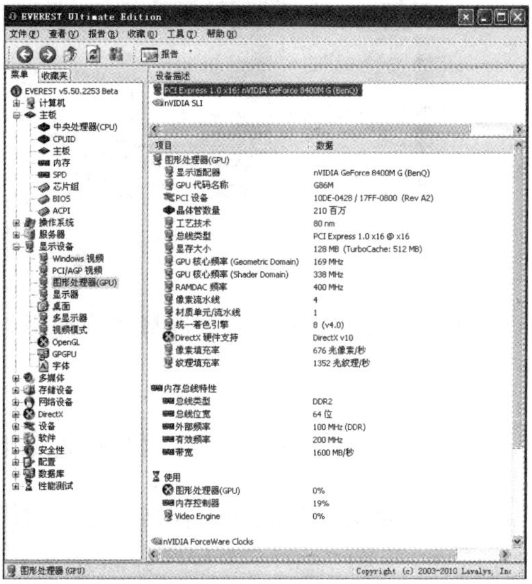

图 7-17　显示显卡详细信息

在所要检测的大项目或者小项目上单击右键，选择报告导出格式（见图 7-18），EVEREST 即可自动检测该硬件，并生成测试报告。

图 7-18　选择报告导出格式

EVEREST 可以针对某个硬件进行性能测试。图 7-19 所示为内存读取测试，红色框区域为本机测试结果，其他的数据为参考数据。对比参考数据，可以知道该硬件的档次。

这里需要注意的是：EVEREST 的测试结果是基于整机环境的，不同的硬件环境中，测试同一个硬件，得出的测试结果是不同的。这也是硬件综合测试与单项硬件测试的区别所在。

图 7-19　内存性能测试

右键单击“性能测试”，选择“快速报告”，并生成整体性能测试报告，即可一次性测试所有硬件性能。

二、使用 3DMark 进行综合性能测试

3DMark 是需要安装的，安装过程非常简单，只需轻松单击下一步。安装完成以后即可打开主界面（见图 7-20）。主程序界面分成 4 个区域，从左到右第一个区域是检测项目列表，可以通过“Select”来增加或减少测试项目。第二个区域是计算机的设置，不同的计算机设置也将影响测试结果，可以通过“Change”来修改计算机设置。第三个区域是系统的基本信息，可以通过“Details”来浏览更多的系统信息。第四个区域为测试结果。

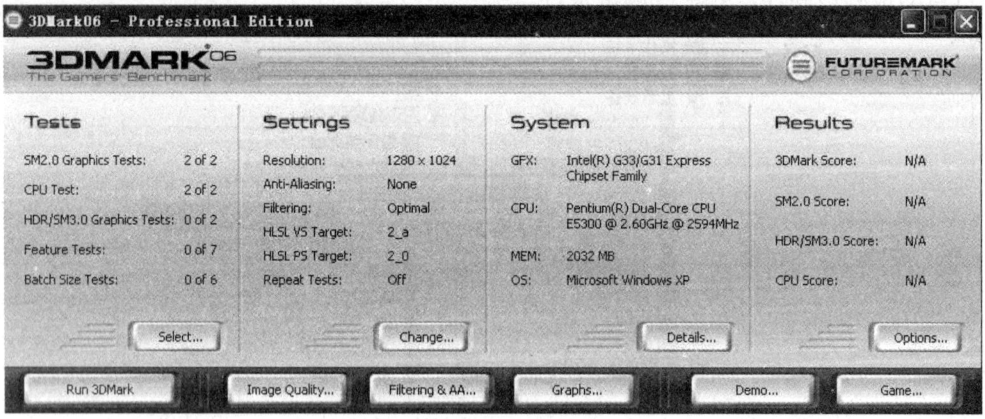

图 7-20　3Dmark 主界面

单击“Select”，会弹出如图 7-21 所示对话框，选择需要测试的项目，软件会自动计算出所选择的测试项目需要的时间，单击“OK”按钮即可回到主界面。

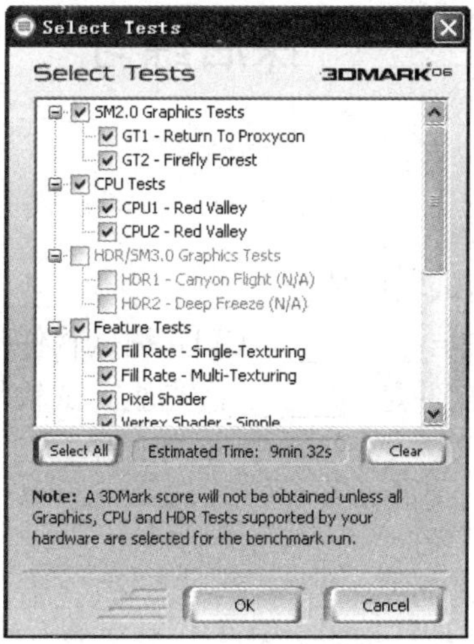

图 7-21　选择需要测试的项目

单击“Run 3Dmark”按钮，即可开始综合性能检测，数分钟后即能得到（见图 7-22）。值得一提的是，3Dmark 检测完成后会有一个得分，得分的高低可以衡量硬件系统性能的优劣。3Dmark 在业界拥有权威，3Dmark 的得分也是相对可信的。

测试结果综合得分是 5500 分，相对来说还是比较高的。除此之外，还能看到如 CPU、内存等的测试结果。单击“Details”可以看到详细检测结果（见图 7-23）

图 7-22　检测结果

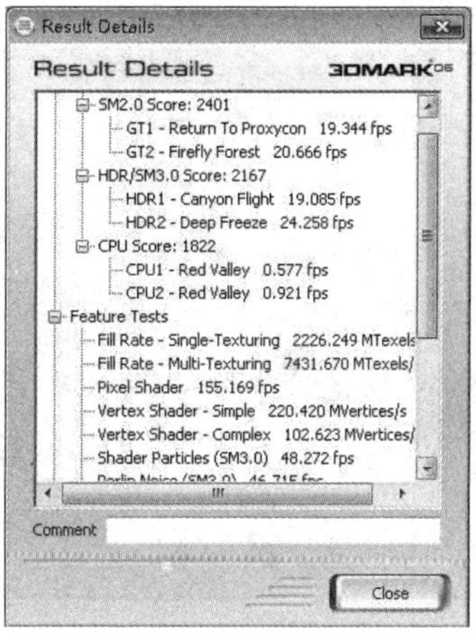

图 7-23　详细检测结果

课题小结

本课题主要讲述了如何对计算机硬件性能进行测试，包括硬件单项测试和硬件综合性能测试。通过本课题的学习，读者应该掌握计算机硬件的常见性能指标、使用硬件测试软件对各配件的性能进行测试的方法；掌握计算机各硬件测试的方法，并了解硬件综合性能测试的评判标准。

课后练习

一、填空题

1．最常用的整机性能测试软件是________、________等。

2．常用的显卡测试软件是________，CPU 测试软件是________和________，内存测试软件是________，硬盘测试软件是________，光驱测试软件是________，显示器测试软件是________。

二、简答题

1．请分别简述 CPU、主板、内存、显卡、显示器、硬盘、光驱等的主要性能指标。

2．如何测试整机性能？

3．如何测试显卡性能？

4．如何测试内存性能？

三、操作题

1．根据图 7-24 所示的内容，描述该 CPU 的基本性能指标。

2．根据图 7-25 所示的内容，描述该内存的基本性能指标。

图 7-24　CPU 编号

图 7-25　内存标签

3．使用本任务介绍的单项测试软件对你的计算机进行测试。

4．使用综合测试软件对你的计算机进行综合性能测试。

课题 8　计算机日常维护与故障排除

【课题概览】

电脑在使用一段时间后，肯定会有各种各样的问题出现，如运行速度减慢，不能使用或者打开某些软件，甚至会自动重启系统。另外，电脑存在故障也是一个无法避免的事实，不过也不用担心，绝大多数的电脑故障都可以排除。

【课题重点】

- 如何对计算机的使用环境进行检测
- 如何进行计算机硬件的日常维护与保养
- 如何进行系统的备份与恢复
- 如何防治计算机病毒
- 排除常见计算机故障

【课题目标】

- 了解计算机使用环境要求，并能够判断计算机使用环境是否良好
- 掌握计算机各部件日常维护与保养的基本方法
- 了解系统备份与恢复的意义，并掌握常用系统备份与恢复方法
- 了解计算机病毒的概念及分类，并掌握计算机病毒防治的基本方法
- 掌握计算机故障分析基本原则
- 掌握计算机维修的基本步骤和方法

任务 1　计算机使用环境的检测

【任务引入】

计算机的稳定工作需要一定的工作环境，对于企业服务器尤其是银行等重要部门的服务器更是如此。如果环境不适合，将导致计算机无法正常运行或者缩短计算机的使用寿命。

1. 计算机对使用环境都有哪些要求呢？
2. 可以采取哪些方法对计算机的使用环境进行检测呢？

【任务分析】

计算机对使用环境的要求包含很多方面的内容，总体来说主要包括场地、温度、湿度、供电等。

【相关知识】

一、计算机的安全隐患

分析导致计算机系统不安全的原因，我们就可以排除隐患，努力避免错误，从而有效防止计算机系统遭到破坏。导致计算机系统不安全的原因可以分为客观因素和主观因素。

1．客观因素

计算机不安全的客观因素是指计算机的使用环境等不具备安全条件，包括计算机硬件的失效、掉电、水灾与火灾等自然灾害的袭击，以及计算机使用环境不合乎要求等。

2．主观因素

计算机不安全的主观因素是指由于人的主观行为而造成的破坏，包括不经意的错误操作、故意的犯罪行为等。

二、计算机的工作环境

计算机对使用环境的要求包括很多方面的内容，总体来说包括场地、温度、湿度、供电等。

1．场地

（1）远离具有腐蚀性气体的存放场所，避免设备的腐蚀。

（2）远离高压线、雷达站、无线电发射台等强电场发射源，避免外界信号干扰。

（3）远离强震动源。

2．采光

机房的采光和照明要达到一定的要求，因为良好的采光可以保证操作的正确性，提高工作效率，减少视觉疲劳。

3．温度

环境温度应尽量保持在 18℃～25℃之间，这是因为以下几个原因。

（1）环境温度过高，微机在工作中产生的热量不容易散发；由于散热不良会使器件和芯片本身的温度升高，导致计算机性能变差、运行不稳定，还有可能损坏器件，甚至烧毁芯片。

（2）环境温度过低，会使磁盘驱动器转动或滑动轴上的润滑油黏性增大，驱动器无法正常工作。另外，由于低温潮湿会产生结露现象，使设备的金属部分生锈腐蚀，增加电路的触点电阻，造成接触不良的故障。

4．湿度

机房的相对湿度不应过高或过低，相对湿度应保持在 30%～70%之间，因为如下原因。

（1）湿度过高，会由于潮湿和结露现象，引起电路引脚的氧化和腐蚀反应，造成触点电阻增加或者降低相邻线路间的阻抗并可能引起击穿。

（2）湿度过低极易产生电荷积累，静电感应直接影响计算机的正常运行，在有些操作不当的情况下，静电放电甚至有可能击穿芯片，产生某些不明原因的故障。

5．防尘

计算机洁净度是影响计算机可靠性的一个重要因素。所谓洁净度是指空气中灰尘的含量。

除净化空气外，关机后应用防尘（防水）罩将介绍盖上。计算机使用一段时间（一般为一年左右）以后，应进行必要的除尘处理。

6．防震

微机防震对工作台的要求很高，工作台的晃动、关拉抽屉或碰撞都会损坏硬盘，使磁盘数据丢失。另外，由于打印机的打印头左右移动，容易使工作台也随之晃动，所以打印机和工作台必须摆放平稳。

7．防静电

静电对计算机的影响主要体现在插拔线路板和维修计算机的时候，如果周围环境易产生静电，操作人员在接触计算机器件时，会因放电而击毁器件。为此，应注意以下事宜。

（1）保持一定湿度，尽量减少静电积累。

（2）采用抗静电的地面，地面不宜使用地毯，工作人员不应穿容易产生静电的服装。

（3）尽量将计算机和其他外设的外壳与地线保持良好的接触。

（4）当需要接触计算机的金属插件和电路板时，应先释放掉人体内的静电电荷。释放方法是触摸大件金属物品或接地的金属构件壁等，最好是用清水洗手。

8．防磁场

计算机周围应避免具有电磁场辐射源，如音箱、手提电话等。电磁场会影响显示器显示效果，使磁盘信息丢失。另外，在电磁场信号干扰下，系统内部信息会发生紊乱，造成系统崩溃。金属机箱的屏蔽作用在这方面可充分体现出来。

9．稳定的电压以及良好的接地

电网电压的稳定是微机正常工作的前提，虽然计算机内部的开关电源已具备了良好的适应性，但电网电压太低或过高都会增加开关电源的压力，因此有许多值得注意的地方。

供电电源对微机的影响主要有瞬变电压、停电、电压过高或过低，这些情况均可能使系统设备的元器件处于恶劣的工作状态，甚至导致元器件的损坏。为避免上述情况发生，应根据条件采取一些措施。

（1）在不具备应有条件的办公室或家庭中，应避免在上述情况下使用计算机。

（2）在有条件并且不经常停电的地方，应配备稳压设备，以确保工作电压正常、稳定。

10．良好的接地

良好的接地系统是计算机环境中必要的条件。接地系统（俗称地线）能使电源电压有一个稳定的零电位，以作为所有电压的参考单位。另外，当遇到雷电、强功率干扰及电火花干扰时，可以起到保护计算机的作用。机房的接地系统一般分为防雷电接地、交流电接地、微机专用接地和直流电接地四种方式。

【任务实施】

一、检查计算机机房的使用环境是否良好

检查计算机机房内是否存在腐蚀性气体，主要关注附近是否有化工厂或者物理、化学实验室；观察附近是否存在强电磁干扰，并记录检查结果。

二、检查计算机运行的环境温度及湿度

使用温度、湿度计来检查计算机运行环境的温度以及湿度。将测量结果记录下来。并指出这样的环境是否符合要求。

三、使用电笔检测计算机机箱上的静电

使用普通的电工电笔或数字电笔（推荐使用数字电笔）检测计算机机箱上的电压。如果此时电笔发红，或者数字电笔示数超过36V，则必须采用防静电措施。可以直接从机壳上接一条电线，把电线的另一端接在金属水管上。在连接时需要把自来水管上的防锈层刮去，还要多绕几圈拧紧。只要把地线接好了，再用电笔测试主机的机壳就不会变红了。这种接法是临时应急使用，一定要请专业的电工正确安装地线，防止因为其他家用电器“正式漏电”时造成自来水管带电，而出现伤害事故。

四、使用万用表检测计算机供电环境

使用数字万用表或指针万用表的交流挡，将红黑表笔分别插入计算机供电插座的火线与零线，仔细读数并观察电压变化，查看电压是否稳定。

如果供电电压低于220V或观察到电压不稳定时，应采用稳压器或不间断电源（UPS）。

任务2　计算机硬件的日常维护与保养

【任务引入】

为了最大限度地延长计算机的使用寿命，降低硬件的故障率，需要在日常使用中做好计算机硬件的维护和保养工作，尤其是要定期清洁计算机的主机箱，因为它容易吸附灰尘，造成散热系统效率降低、噪声变大、系统不稳定等。

1. 各配件应如何进行维护和保养？
2. 清洁主机箱前需要做哪些准备工作？操作时需要注意哪些问题？

【任务分析】

一般来说，计算机硬件的日常保养与维护主要包括日常使用时让各配件工作在规定的工况下，以及定期清洁硬件。本任务主要介绍对主机箱的清洁工作。

【相关知识】

一、主机的维护与保养

主机作为各种设备的集中场所，在使用中应注意以下几点。

（1）机箱应放在具有良好通风条件的地方。

（2）机箱内部极易吸附灰尘，平均一年左右应对机箱进行一次彻底的除尘工作。

（3）当发现金属物掉进机箱时，应立即关机，开箱取出，以免出现短路。

（4）计算机使用几年以后，给 CMOS 供电的电池能量即将耗尽，这时应该及时更换新电池。

（5）由于潮湿、腐蚀等原因，电路板引线之间的插口触点会生锈，增加电阻，影响信号传输，轻则降低速度，重则不认设备或给出某设备出错信息。所以，当发生这些现象时应拔下有关插线，检查是否有生锈点，并将其除净。

（6）由于各插槽、插口都是利用铜片的弹性接触插件的，使用一段时间后，有些会失去弹性，使插件接触不良，也可能使插件松散，触点偏离，影响信号传输。这时应改换插槽或设法恢复触点的弹性。

（7）在潮湿季节，即使长时间不使用计算机也要经常开机，靠计算机自身的发热，将内部的水汽蒸发掉。

二、硬盘的维护与保养

在使用硬盘时，应注意以下几点。

（1）不要随意拆卸硬盘。

（2）尽量避免震动或挤压。

（3）在硬盘进行读写操作时，绝对禁止移动或碰撞工作台，否则也会使磁头损坏盘片，造成盘片上的信息读写错误。

（4）在硬盘进行读写操作时，绝对禁止断电、关机。运行各种软件时，如是在 DOS 环境下运行，一定要返回 DOS 命令等待状态后方可关机；如在其他环境下运行，则一定要按要求正常退出后再关机。这样做的目的是为了防止数据的丢失，防止产生临时文件或产生丢失的簇链，造成磁盘空间浪费。

（5）不要放在强磁场（如电视、喇叭等）附近和潮湿、高热处。

（6）安装硬盘时要固定牢靠，以防脱落、震动。

（7）对以前的老式硬盘或没有自动检测硬盘参数功能的主板，应记住其各项参数，如磁头数、柱面数、扇区数等，以便在需要时恢复。

（8）硬盘驱动器的主轴电动机、步进电动机及其驱动电路在使用过程中都会产生热量，因此硬盘驱动器周围的环境温度不可过高。

（9）硬盘上的信息要常做备份，常做病毒查杀工作。

三、光驱、光盘的维护与保养

1．光驱在使用中的注意事项

（1）在 DOS/Windows 95 环境下，要安装光驱的驱动程序，没有驱动程序，光盘驱动器是不能使用的。

（2）当光盘刚放入驱动器时，需一定的时间进行盘体转轴固定和寻道定位，一般为四、五秒钟。这段时间内驱动器灯一直亮着，如果在这段时间内进行涉及光盘的操作命令，会给显示光盘出错信息，所以应等光驱灯灭后再进行操作。

（3）长期使用后，负责读入数据的光电管镜头会因为吸附尘埃而降低灵敏度，使数据无法读出，这时需将光驱拆开，用清洁剂和柔软物进行彻底擦拭。

2．光盘的维护与保养

光盘是现今不可缺少的信息载体，由于信息存储量大，备受微机用户的欢迎。光盘的使用和维护十分方便，只要在使用中防止划伤即可。当沾染灰尘后，需用专用清洗剂和柔软物，沿着圆心向外的方向进行轻轻擦拭，切不可使用硬物和对盘体有腐蚀性的溶剂擦拭。

四、显示器的维护与保养

1．显示器寿命的影响因素

（1）湿度因素。经测试表明，当室内湿度保持在30%～80%时显示器都能正常工作。当室内湿度高于80%，显示器内部就会产生结露现象；当室内湿度小于30%，会使显示器产生静电干扰。

（2）光照因素。实践证明，显示器受阳光或强光照射时间长了以后，容易加速显像管荧光粉的老化，降低发光效率，而且工作人员的眼睛也极易受到伤害。

（3）灰尘因素。显示器是高压静电设备，其电子枪的加速电压高达10～20 kV，如此高的电压极易吸引空气中的尘埃粒子，使用一段时间后，内部会积蓄大量灰尘和污垢，必须及时加以清除。

- 应将显示器放置在干净清洁的环境中，还应给显示器加一个专用的防尘罩，每次显示器用完后及时用防尘罩罩上。
- 平时清除显示器屏幕上的灰尘时，切记先关闭显示器电源，拔下显示器电源线和信号电缆线。

（4）磁场因素。电磁场干扰是指电路或环境中出现了不该出现的电压电流。显示器受电磁干扰时间久了以后会使显示效果变得模糊。

长期暴露在磁场中可能会磁化或损坏显示器，故应把显示器放在离电磁场较远的地方。平时如有条件的话，可以经常使用显示器上的消磁按钮进行消磁，但要注意不要反复地使用，也不能用力过猛，否则也会损坏显示器。

（5）温度因素。显像管作为显示器的一大热源，在过高的环境温度下它的工作性能和使用寿命将会大大下降。通常要在显示器摆放的周围留下足够的空间，以便于空气流通。在炎热的夏季，如条件允许，最好把显示器放置在有空调的房间中，或用电风扇吹风进行降温。

2．显示器使用中的注意事项

正因为上述因素对显示器的影响，所以在使用中应注意以下事项。

（1）不要在显示器上堆放杂物。

（2）搬动显示器时，不要忘记将电源线和信号缆线拔掉（注意：插拔电源线和信号电缆线时应先关机）。

（3）在调节显示器面板上的功能按钮时，要缓慢稳妥，不可猛转硬转，以防止损坏按钮。

（4）插拔显示器电源线和信号电缆线时一定要小心，不要因用力过猛而损坏插脚、引脚。

（5）在微机操作中，如果显示屏上的显示内容长时间不变，就要启用屏幕保护程序以防止荧光粉的老化。

（6）如屏幕图像晃动，最大的原因可能是外界磁场的干扰，如变压器产生的磁场等。

（7）虽然显示器的工作电压适应范围比较大，但也可能由于受到瞬时高压冲击而造成元件损坏，所以还是应使用带保险丝的插座。

（8）在使用中适当降低显示亮度，可以减缓显像管的灯丝和荧光粉老化的速度。

五、键盘鼠标的维护与保养

1．键盘

在做好键盘的维护工作过程中，应注意以下几点：

（1）插换键盘时必须先断电，后插拔。

（2）按键力度要适中。

（3）如果不慎将液体流入键盘缝隙内，应关机并拔下插头，然后打开键盘的前后盖，轻轻拔下键帽，清除污迹，待晾干后将其复原。

（4）保持键盘清洁，键盘在不使用时应用键盘罩罩上，防止灰尘落入缝隙。

2．鼠标

在使用鼠标的过程中，应注意以下几点：

（1）一些仍然在 DOS 环境下的用户，需 DOS 提供的鼠标驱动程序 MOUSE 的支持，使用前必须先运行此程序。

（2）旧式鼠标具有两键和三键之分，有的鼠标做成三键，下面有一个拨动开关，可将鼠标置于两键或三键状态。

（3）注意使用鼠标的桌面要平整、清洁，使用久了，鼠标球、传动杆会因脏而旋转不灵，影响灵敏度。这时要取下旋转球，用酒精棉球将鼠标球和传动杆清洗干净，擦干后重新装好使用。

六、打印机的维护与保养

1．激光打印机的维护

激光打印机属高精密仪器，内部原理基本与复印机相同，不同之处是信号来自主机而不是通过扫描部分获得。因此，激光打印机省去了光电扫描部分，价格大大低于复印机。激光打印机的印刷质量非常精美，在目前的各种输出设备中是质量最高的，它的使用与维护要求更加严格。

（1）打印纸要求：建议用标准的 A4 打印纸（70～100 g/m^2）。

（2）墨粉要求：建议使用原厂墨粉，以保障打印机的寿命和打印质量。

（3）在打印过程中，也就是正在走纸过程中，千万不要断电，或重新启动计算机，否则打印纸会卡在机内。

（4）由于某种原因不得不取出磁鼓时，一定要小心放置，切不可碰、划磁鼓表面。

（5）同任何打印机一样，激光打印机也需要与其配套的打印驱动程序，这些程序一般都随使用激光打印机一起提供，在使用前必须运行它们。

（6）与其他设备一样，在插拔线路时不可带电进行。

2．喷墨打印机的维护

喷墨打印机是目前较流行的高质量、高品位的打印机，其价格低于激光打印机，而打印质量却可与其媲美。最重要的是，彩色喷墨打印机为用户提供了广阔的使用前景。

喷墨打印机的基本原理是，利用电阻加热喷墨打印机的喷头，使墨水汽化而产生气泡，气泡膨胀将墨水喷出喷嘴，印在纸上形成点阵。它的使用和维护如下需要注意之处：

（1）使用时必须确保打印机有一个稳固的平台，在打印时必须关闭其前盖。

（2）禁止带电插拔打印机电缆。

（3）确保打印机周围环境的清洁。

（4）正确操作喷墨打印机。

（5）墨水要求。喷墨打印机对墨水的要求极高，一定要使用高质量并且是为本机专门生产的墨水。

（6）纸张要求。

（7）喷墨打印机最易出故障、最难维护的是喷头，它是采用半导体薄膜工艺技术制成的，用户绝不可以触动喷头，更不能像对针式打印机那样清洗喷头。

（8）喷墨打印机都有自动清洗功能，按动对应的键，相应的单元就会工作，除去堵塞物。

（9）为防止喷头墨水干燥产生堵塞，喷墨打印机一般都有自动覆盖喷头的机构，当正常关机或处在 OFFLine 状态时，打印机会自动执行盖帽操作。

（10）同样，喷墨打印机也需有与其配套的打印驱动程序，使用时必须有这些软件的支持。

七、扫描仪的维护与保养

1．保护好光学部件

工作的过程中，不要随便改动这些光学装置的位置，同时要尽量避免对扫描仪的震动或者倾斜。遇到扫描仪出现故障时，不要擅自拆修，一定要送到厂家或者指定的维修站；另外大部分扫描仪都带有安全锁，在运送扫描仪时，一定要把扫描仪背面的安全锁锁上，以避免改变光学配件的位置。

2．定期做好保洁工作

一定要在无尘或者灰尘尽量少的环境下使用扫描仪，用完以后，一定要用防尘罩把扫描仪遮盖起来，以防止更多的灰尘侵袭。当长时间不使用时，还要定期进行清洁。

清洗时，首先要拿一块软布把扫描仪的外壳（不包括玻璃平板）擦拭一遍。接着用一块湿布把外壳仔细擦一遍。在一些积垢很厚的地方，可以在湿布上沾一些洗衣粉，然后用力擦几下就可以了，最后别忘了再用干净的湿布把有洗衣粉的地方再擦一遍。接下来打开扫描仪，在这之前最好把它背后的安全锁锁上。如果发现里面的灰尘比较厚的话，可以用吹气球吹一下，在这期间把扫描仪罩起来。在扫描仪的光学组件中找到它的发光管、反光镜，把脱脂棉用蒸馏水沾湿，干湿程度以用劲挤压后不出水为好。然后小心地在发光管和反光镜上擦拭。

3．扫描仪使用中的注意事项

（1）如果发现扫描仪在使用过程中有些噪音，那可能是滑动杆缺油或是上面积垢了，可以找一些润滑油在滑动杆上擦一些，增加它的润滑程度，噪声问题就可以基本解决。

（2）当打开扫描仪电源后，若发现 Ready（准备）灯不亮，先检查扫描仪内部灯管。若发现内部灯管是亮的，可能与室温有关。解决的办法是让扫描仪通电半小时后关闭扫描仪，一分钟后再打开它，问题即可迎刃而解。若此时扫描仪仍然不能工作，则先关闭扫描仪，断开扫描仪与微机之间的连线，将 SCSIID 的值设置成 7，大约一分钟后再把扫描仪打开。在冬季气温较低时，最好在使用前先预热几分钟，这样就可避免开机后 Ready 灯不亮的现象。

（3）如果扫描仪上的平板玻璃脏了，要用干净的布或纸擦干净，注意不要用酒精之类的液体来擦，那样会使扫描出来的图像呈现彩虹色。

（4）打开扫描仪开关时，扫描仪发出异常响声。这是因为有些型号的扫描仪有锁，其目的是为了锁紧镜组，防止运输中震动，因此在打开扫描仪电源开关前应先将锁打开。

（5）扫描仪接电后没有任何反应。这是因为有些型号的扫描仪是节能型的，只有在进入扫描界面后灯管才会亮，一旦退出后会自动熄灭。

（6）若扫描时显示“没有找到扫描仪”信息，有可能是由于先开主机，后开扫描仪所导致，对此只需重新启动微机或在设备管理中刷新即可。

（7）当扫描仪在扫描时出现“硬盘空间不够或内存不足”的提示时，首先应确认硬盘及内存是否足够，若空间很大，请检查设定的扫描分辨率是否太大从而造成文件数据量过大。

（8）若扫描时噪音奇大，则请拆开扫描仪盖子，找一些缝纫机油滴在卫生纸上将镜组两条轨道上的油垢擦净，再将缝纫机油滴在传动齿轮组及皮带两端的轴承上（注意油量适中），最后适当调整皮带的松紧。

（9）扫描时间过长：检查硬盘剩余容量，将硬盘空间最佳化，先删除无用的 TMP 文档，做 Scandisk，再做 Defrag 或 SpeedDisk。请注意：如果最终实际扫描分辨率的设定，高于扫描仪的光学分辨率，则扫描速度会变慢，这是正常现象。

八、电源的维护与保养

计算机中的电源是最易发生故障的部件，对计算机的正常使用起着关键作用，在使用过程中应注意以下几方面问题。

（1）确保计算机用电为市电电压 220V，不能使用 380V 电源。

（2）不要频繁开关电源，否则影响使用寿命。

（3）为保护微机系统，最好使用 UPS 供电，以确保无损。

（4）当电源风扇声音较大时，可卸下电源，拆开电源外壳，卸下风扇，给轴承加少许润滑油即可消除噪声。

（5）当风扇停转但仍能正常供电时，不要继续使用计算机，以免热量积累烧毁设备。

（6）当计算机升级增加设备时很有可能因电源功率不够，造成某些设备不能使用。这时只能更换大功率电源。

（7）主机与外界的电源插座必须使用三芯插头，并使接地芯确实接地，以预防交流、静电感应影响计算机的性能稳定。

【任务实施】

一、清洁前的准备工作

主机箱清理需要准备螺丝刀（拆装部件用）、橡皮（清理金手指、金属触点）、刷子（清理板卡上的灰尘）、吹气球（清除夹缝以及细小部位的灰尘）以及吸尘器（清理机箱灰尘等杂物）等，如图 8-1 所示。

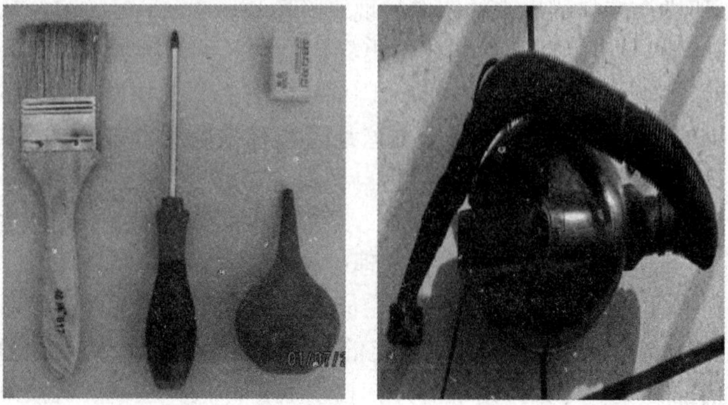

图 8-1　清洁工具

在进行操作前，一定要先洗手，并接触接地的金属物以释放身上的静电，最好能使用防静电手套。对于质保期内的品牌机，建议不要自行打开机箱进行清洁，而是拿到维修点请专业人员进行内部清洁。

二、清洁主机

清洁主机的步骤如下。

步骤一：使用螺丝刀打开机箱侧面板，观察机箱内部情况，如图 8-2 所示。

图 8-2　观察机箱内部情况

步骤二：使用螺丝刀拆卸 PCI 设备，如图 8-3 所示。

步骤三：拔掉机箱内所有的连线，如图 8-4 所示。

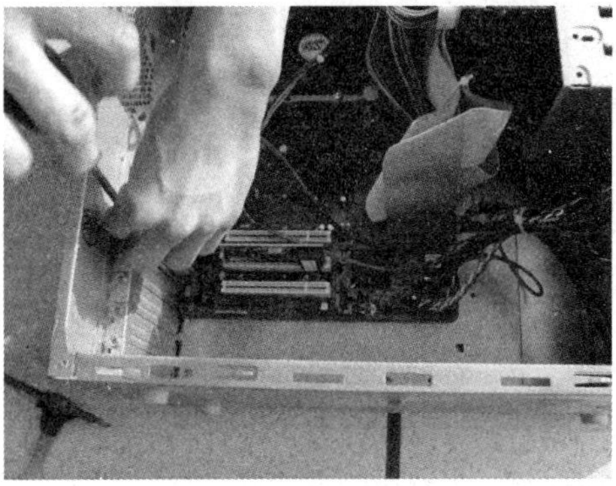

图 8-3 拆下 PCI 设备

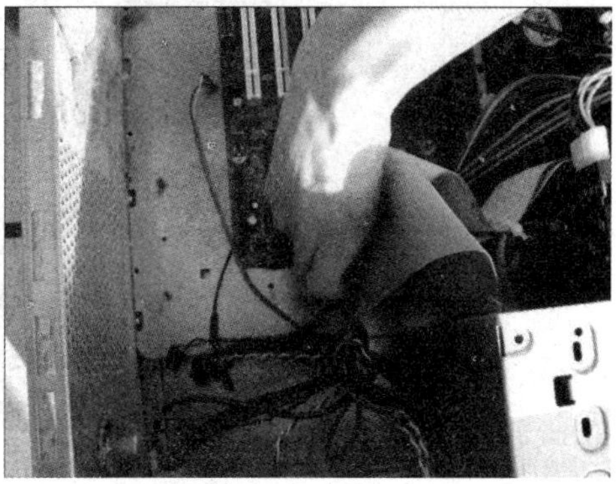

图 8-4 拔掉所有连线

步骤四：拆卸其他设备，例如硬盘、光驱、电源等，如图 8-5 所示。

步骤五：使用螺丝刀拆下计算机主板，如图 8-6 所示。

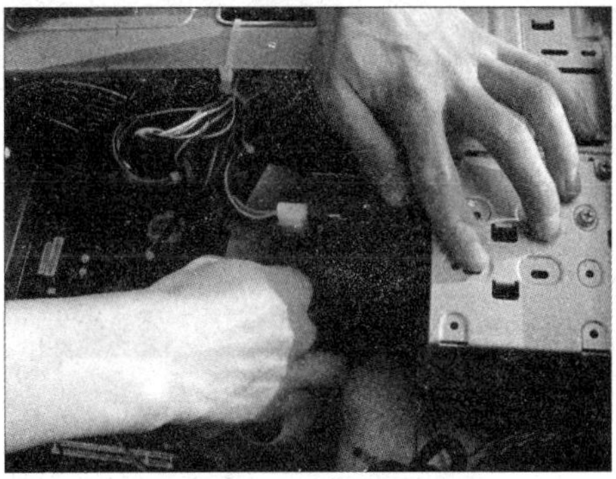

图 8-5 拆卸其他设备

图 8-6 拆下来的计算机主板

步骤六：使用毛刷清理主板上的灰尘，如图 8-7 所示。

步骤七：对于主板上夹缝或者电子元件比较多的地方（如北桥散热器、PCI 接口、AGP 接口附近等）就需要使用“吹气球”清理灰尘，如图 8-8 所示。

图 8-7 使用毛刷清理主板上的灰尘

图 8-8 用“吹气球”清理灰尘

步骤八：拆下 CPU 进行清理，主要是要将 CPU 上残留的硅胶清理干净，但是千万要记住，在装机的时候还需要给 CPU 上均匀地涂抹上硅胶，如图 8-9 所示。

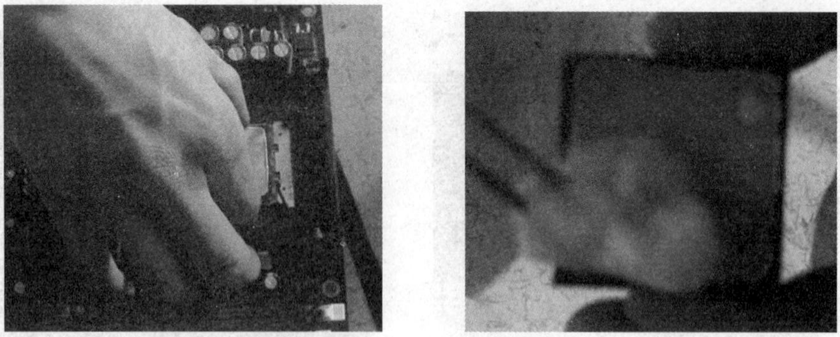

图 8-9　清洁 CPU

步骤九：继续清理其他部件，如图 8-10 所示，值得注意的是，一些部件的金手指部分最好是用橡皮进行彻底清理，擦除附着在表面的铜氧化层，如图 8-11 所示。

a）清洁光驱

b）清洁板卡

c）清洁硬盘

d）清洁内存条表面

e）清洁电源

f）清洁 CPU 风扇

图 8-10　清洁其他配件

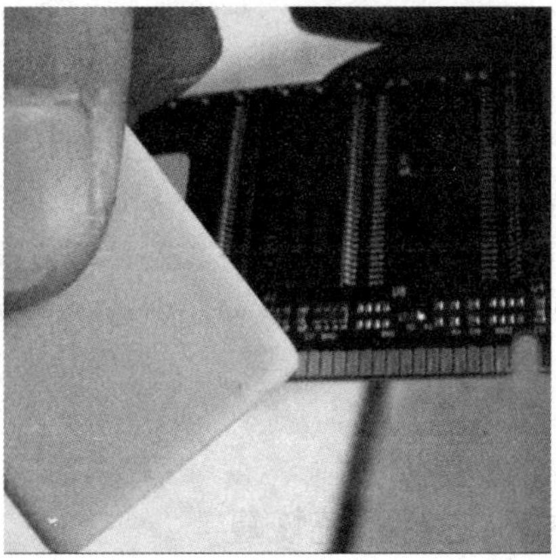

图 8-11　用橡皮擦除铜氧化层

步骤十：使用吸尘器清理主机箱，如图 8-12 所示。

到这里，我们主机箱的大扫除任务完成了，接下来把清理完的部件再安装回去，如图 8-13 所示。这样定期地对主机箱进行清洁维护，不仅能延长计算机的使用寿命，而且还可以提高计算机的运行效率。

图 8-12　使用吸尘器清理主机箱

图 8-13　重新安装主机

任务 3　系统的备份与恢复

【任务引入】

随着计算机和网络的不断普及，人们更多地通过网络来传递大量信息。在网络环境下，有各种各样的病毒木马，使得计算机系统的安全无法保障。另外，各种人为或者自然因素也可能造成系统崩溃，例如突然断电造成系统文件丢失，系统无法启动等。因此，系统备份和恢复就成为计算机日常维护的一个重要工作。本任务将介绍如何使用各种工具对操作系统进行备份与恢复。

【任务分析】

Windows XP 提供了许多系统备份和恢复的方法，包括系统还原法、使用安全模式恢复、使用紧急恢复盘恢复等。另外，各种软、硬件系统备份产品的不断推出，也使得系统备份具有了速度快、可靠性高、自动化强等特点。最常用的第三方系统备份工具是 Norton Ghost 软件。本任务将使用上述几种工具对系统进行备份和恢复。

【相关知识】

一、使用“安全模式”进行系统恢复

如果计算机不能正常启动，可以使用“安全模式”或者其他启动选项来启动计算机，成功后就可以更改一些配置来排除系统故障，如可以使用“系统还原”、“返回驱动程序”及使用备份文件来恢复系统。

要使用“安全模式”或者其他启动选项启动计算机，在启动菜单出现时按一下 F8 键，然后使用方向键选择要启动的选项后按【Enter】键即可，如图 8-14 所示。

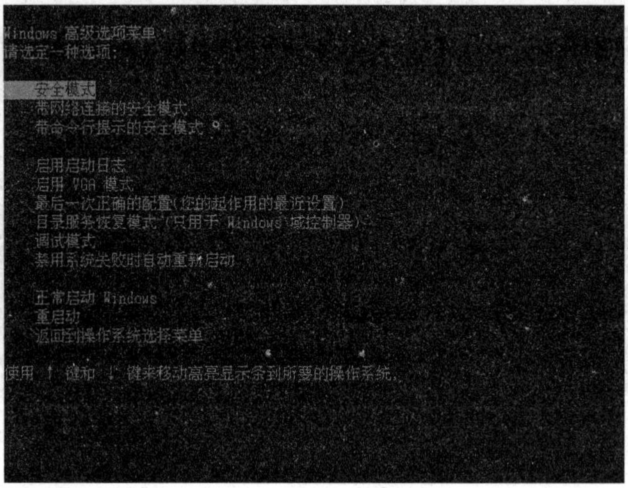

图 8-14　Windows XP 的高级启动选项

下面列出了 Windows XP 的高级启动选项的说明：

- **安全模式：**仅使用最基本的系统模块和驱动程序启动 Windows XP，不加载网络支持，加载的驱动程序和模块用于鼠标、监视器、键盘、存储器、基本的视频和默认的系统服务，在安全模式下也可以启用启动日志。
- **带网络连接的安全模式：**仅使用基本的系统模块和驱动程序启动 Windows XP，并且加载了网络支持，但不支持 PCMCIA 网络，带网络连接的安全模式也可以启用启动日志。
- **启用启动日志模式：**生成正在加载的驱动程序和服务的启动日志文件，该日志文件命名为 Ntbtlog.txt，被保存在系统的根目录下。
- **启用 VGA 模式：**使用基本的 VGA（视频）驱动程序启动 Windows XP，如果导致

Windows XP 不能正常启动的原因是安装了新的视频卡驱动程序，那么使用该模式非常有用，其他的安全模式也只使用基本的视频驱动程序。

- **最后一次正确的配置：**使用 Windows XP 在最后一次关机时保存的设置（注册信息）来启动 Windows XP，仅在配置错误时使用，不能解决由于驱动程序或文件破坏或丢失而引起的问题，当用户选择"最后一次正确的配置"选项后，则在最后一次正确的配置之后所做的修改和系统配置将丢失。
- **目录服务恢复模式：**恢复域控制器的活动目录信息，该选项只用于 Windows XP 域控制器，不能用于 Windows XP Professional 或者成员服务器。
- **调试模式：**启动 Windows XP 时，通过串行电缆将调试信息发送到另一台计算机上，以便用户解决问题。

二、使用紧急恢复盘修复系统

如果"安全模式"和其他启动选项都不能成功启动 Windows XP，可以考虑使用故障恢复控制台。使用操作系统的安装光盘重新启动计算机。当在文本模式设置过程中出现提示时，按 R 启动恢复控制台，按 C 键选择"恢复控制台"选项，如果系统安装了多操作系统，选择要恢复的那个系统，然后根据提示，输入管理员密码，并在系统提示符后输入系统所支持的操作命令，从恢复控制台中，可以访问计算机上的驱动程序，然后可以进行以下更改：启用或禁用设备驱动程序或服务；从操作系统的安装 CD 中复制文件，或从其他可移动媒体中复制文件，例如可以复制已经删除的重要文件；创建新的引导扇区和新的主引导记录（MBR）。

三、Norton Ghost 软件介绍

Norton Ghost 是一个极为出色的硬盘"克隆"（Clone）工具，它可以在最短的时间内给予硬盘数据以最强大的保护，它原先为 Binary 公司所出品，后因该公司被著名的 Symantec 公司购并，因此该软件的后续版本就称之为 Norton Ghost。

Norton Ghost 软件不但可以把一个硬盘中全部内容完全相同地复制到另一个硬盘中，还可以将一个磁盘中的全部内容复制为一个磁盘映像文件备份至另一个磁盘中，这样以后就能用镜像文件还原系统或数据，最大限度地减少安装操作系统和恢复数据的时间。

除此之处，Norton Ghost 支持 Windows 9×/NT 的长件名，支持 FAT16/32、NTFS、OS/2 等多种分区，这使得它能够在 Windows 9×、Windows NT、Windows XP，UNIX 等操作系统下进行硬盘备份，并且备份工作还可以在不同的存储系统之间进行。

现在市场上还有一种一键自动备份/恢复系统的软件，按一个键就可以完成系统的备份或还原。它就是利用 GHOST 软件的分区备份到镜像文件和从镜像文件还原至分区的功能集成起来的，只不过操作更加简便。

【任务实施】

一、系统还原法

当系统出现问题时可以使用系统还原将系统还原到以前没有问题时的状态，操作步骤是：打开"开始"菜单，选择"程序"→"附件"→"系统工具"→"系统还原"命令，打开系

统还原向导，然后选择“恢复我的计算机到一个较早的时间”，单击“下一步”按钮，如图 8-15 所示。

如需创建还原点，则可以选择“创建一个还原点”单选框，进行创建一个还原点的操作。创建了还原点，今后一旦需要恢复到系统当前状态，就可以使用此还原点来进行恢复。

选择好系统还原点，单击“下一步”即可进行系统还原，如图 8-16 所示。

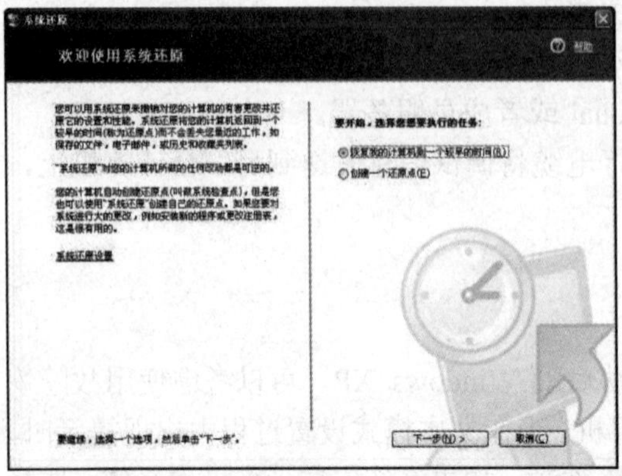

图 8-15　系统还原向导

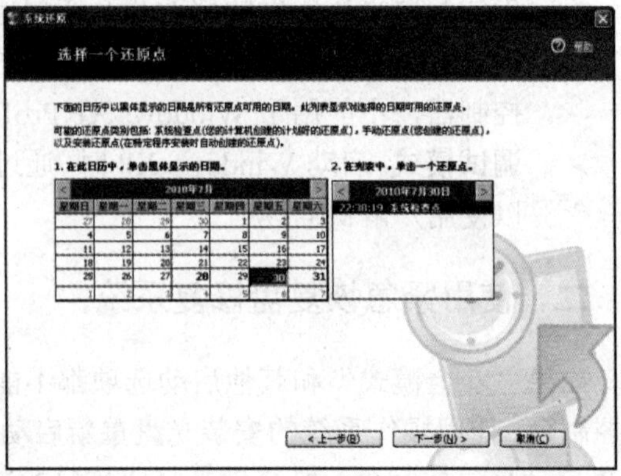

图 8-16　选择还原点

虽然系统还原支持在“安全模式”下使用，但是计算机运行在安全模式下时，“系统还原”不创建任何还原点。因此，当计算机运行在安全模式下时，无法撤销所执行的还原操作。

二、还原驱动程序

如果在安装或者更新了驱动程序后，发现硬件不能正常工作了，可以使用驱动程序的还原功能，其操作步骤是：在设备管理器中，选择要恢复驱动程序的硬件，双击它打开“属性”窗口，选择“驱动程序”标签，然后单击“返回驱动程序”按钮即可，如图 8-17 所示。

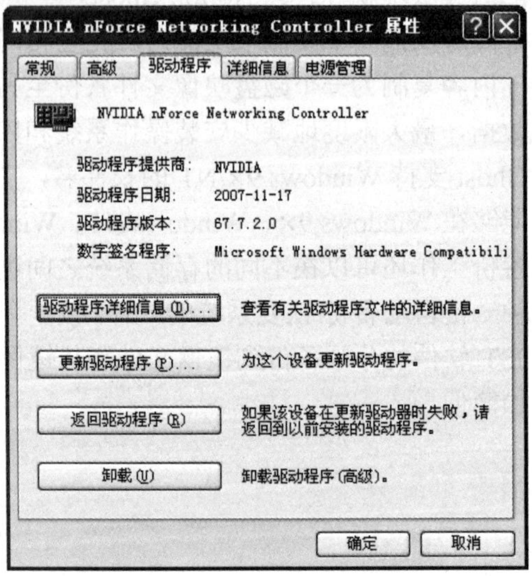

图 8-17　“驱动程序”选项卡

三、用 MS Backup 备份与还原

Windows XP Professional 内置了一个 Backup 实用工具。该工具使得用户可以轻松保存计算机上的任何数据，甚至可以让该工具按照指定的日程备份特定的文件。

1．备份计算机文件

（1）打开“开始”菜单，选择“程序”→“附件”→“系统工具”→“备份”命令，打开备份或还原向导，如图 8-18 所示，单击“下一步”按钮。

（2）选择“备份文件和设置”，如图 8-19 所示，单击“下一步”按钮。

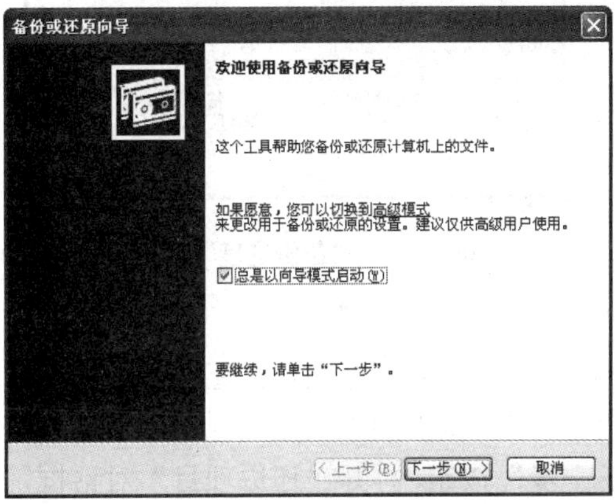

图 8-18　备份还原向导

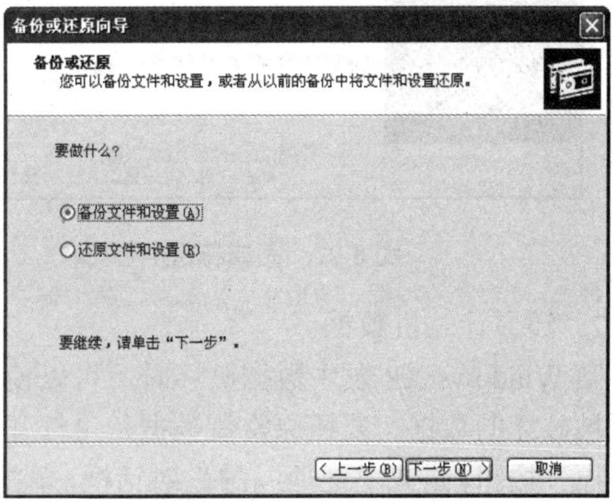

图 8-19　选择操作类型

（3）选择需要备份的内容，这里以手动选择备份内容为例，选择“让我选择要备份的内容”，单击“下一步”按钮。

（4）双击左边项目展开内容，勾选需要备份的驱动器、文件夹或文件旁边的复选框，如图 8-20 所示，单击“下一步”按钮。

（5）选择备份文件的保存位置，如需更改位置，单机“浏览”选择自己想要存放备份文件的位置，单击“下一步“按钮，如图 8-21 所示。

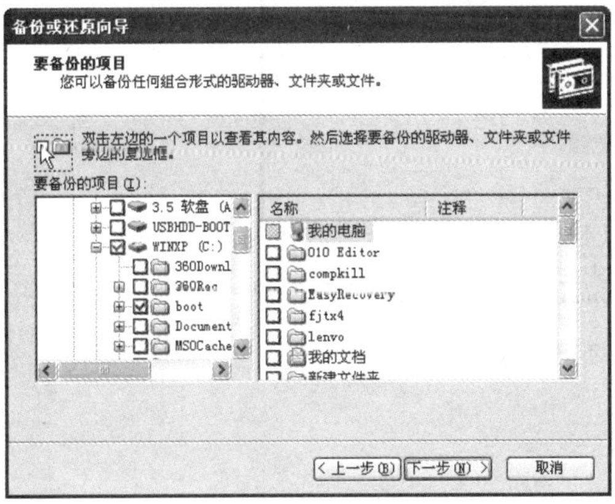

图 8-20　选择备份内容

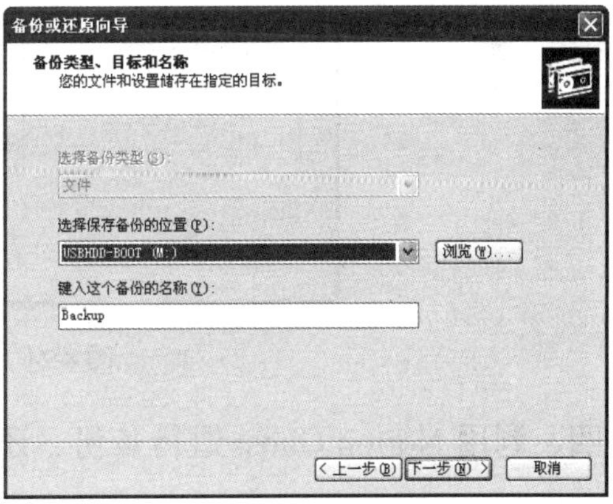

图 8-21　选择备份类型、目标与名称

（6）在接下来弹出的对话框中，如需设置额外的备份选项，则单击“高级”按钮，如不需要设置额外的备份选项，则直接单击“完成”按钮，如图 8-22 所示。

（7）计算机自动执行刚才设置的备份命令，同时弹出“备份进度”对话框，当备份完成后，单击“关闭”按钮结束本次备份，如图 8-23 所示。

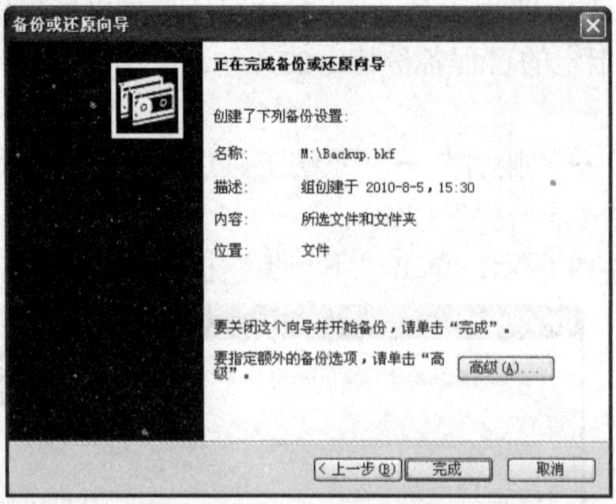

图 8-22　完成备份向导

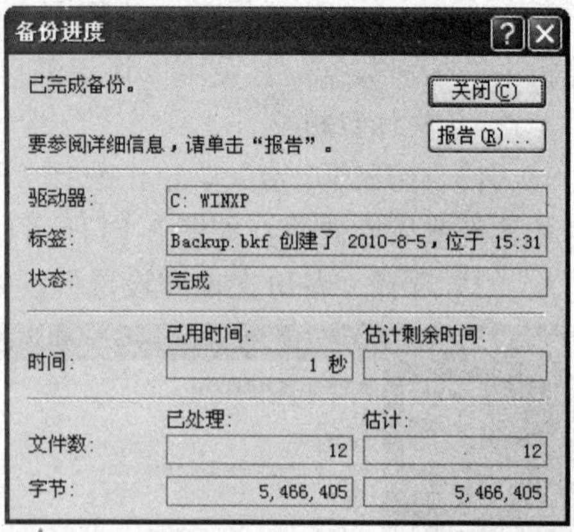

图 8-23　“备份进度”对话框

2．还原计算机数据

当 Windows XP 发生数据破坏时，可以使用“备份”工具的还原向导，还原整个系统或还原被破坏的数据。要还原常规数据，可打开“备份”工具窗口的“欢迎”标签，然后单击“还原”按钮，进入“还原向导”对话框，单击“下一步”按钮，打开“还原项目”对话框，选择还原文件或还原设备之后，单击“下一步”按钮继续阿布向导引导操作即可，如图 8-24 所示。整个还原过程基本类似于备份过程，在此不再做详细的介绍。

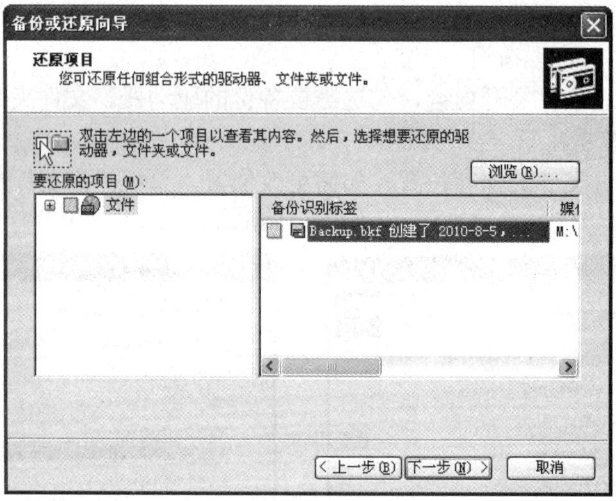

图 8-24　还原项目选择

四、利用 Norton Ghost 进行备份、还原

Ghost 的安装非常简单，只要将 Ghost.exe 复制到硬盘或软盘即可执行，由于操作需要鼠标，所以最好将鼠标驱动程序复制到 Ghost.exe 所在的同一个目录下，这样方便使用。

1．启动 Ghost

在纯 DOS 下先运行鼠标驱动程序 mouse.exe，再运行 Ghost.exe，运行后的主界面如图

8-25 所示。Ghost 的备份和还原功能可分为硬盘（Disk）备份和还原、磁盘分区（Partition）备份和还原两类。

2．硬盘备份与还原

硬盘备份和还原菜单（见图 8-26）有三个选项：“Disk”→“To Disk”（硬盘复制）、“Disk”→“To Image”（硬盘备份）、“Disk” →“From Image”（备份还原）。

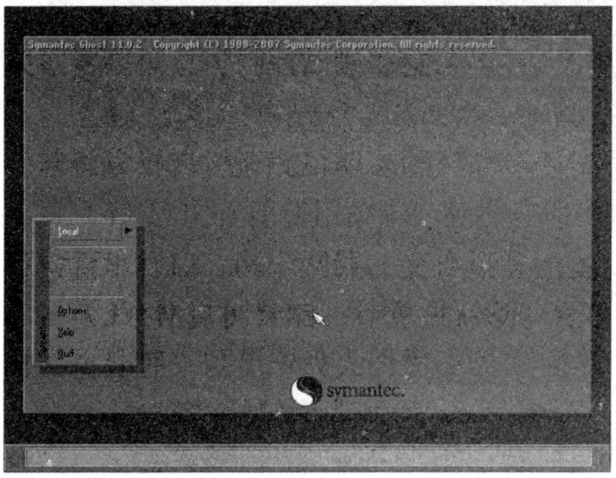

图 8-25　Ghost 主界面

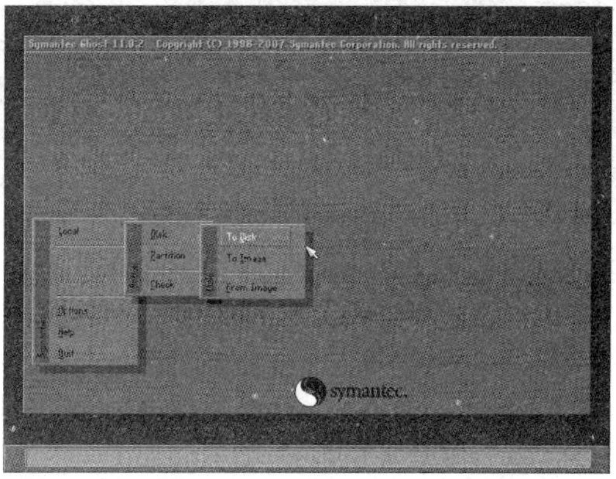

图 8-26　硬盘操作菜单

若要使用硬盘备份和还原功能，必须有两个以上硬盘。所有被还原的硬盘中原有资料将完全丢失。

（1）硬盘复制的步骤

➢ 先选择来源硬盘 source drive 的位置，如图 8-27 所示。
➢ 选择目的硬盘 destination drive 的位置，如图 8-28 所示。

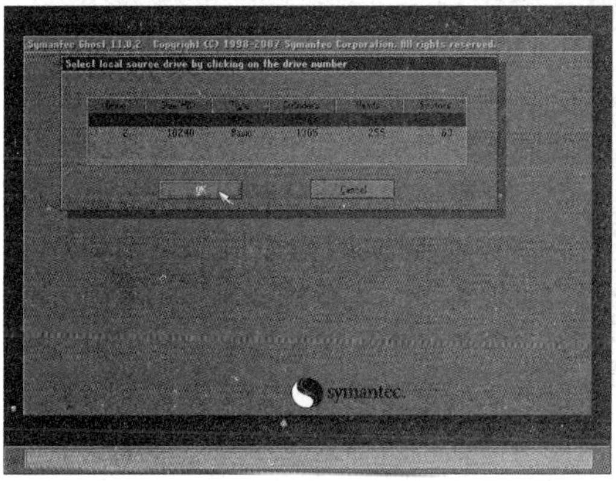

图 8-27　选择来源硬盘

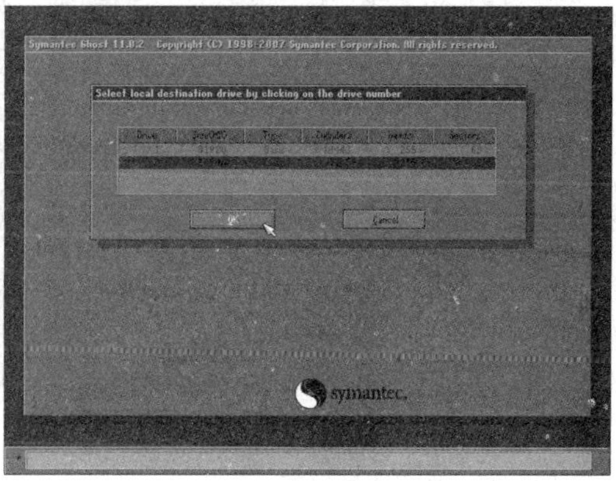

图 8-28　选择目的硬盘

➢ 可依据使用要求设定分区大小，如图 8-29 所示。
➢ 选定后单击“OK”，然后单击“Yes”即开使执行复制。

（2）硬盘备份的步骤

➢ 选择来源硬盘 Source drive 的位置，如图 8-26 所示。
➢ 选择备份档案储存的位置和文件名称，如图 8-30 所示。
➢ 单击“OK”后，然后单击“YES”即开使执行备份。

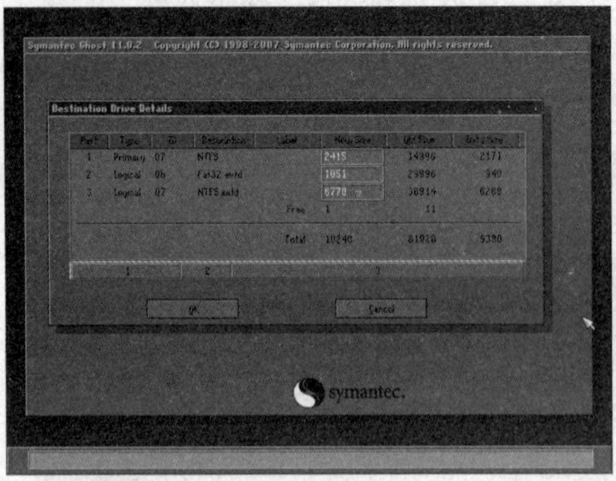

图 8-29　设定分区大小

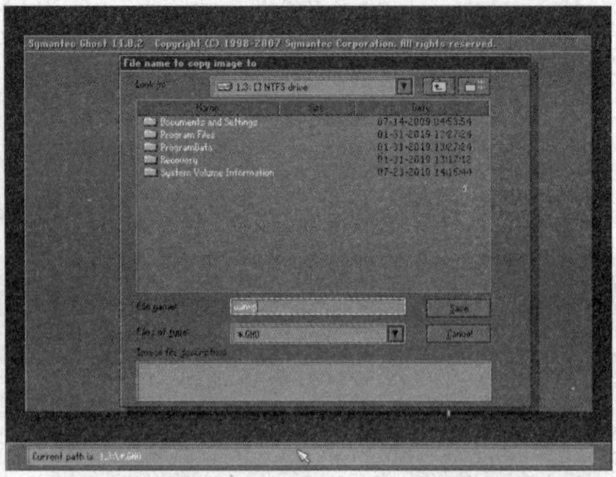

图 8-30　选择备份档案储存的位置和文件名称

（3）备份还原的步骤

➢　选择还原档案，如图 8-31 所示。

➢　选择要还原的硬盘 Destination drive，如图 8-27 所示。

➢　可依据使用要求设定分区大小，如图 8-32 所示。

➢　按“OK”后，然后单击“Yes”即开使执行还原。

3．分区备份与还原

分区备份和还原菜单（见图 8-32）有三个选项：“Partition”→“To Partitiont”（复制分区）、“Partition” →“To Image”（备份分区）、“Partition” →“From image”（还原分区）。

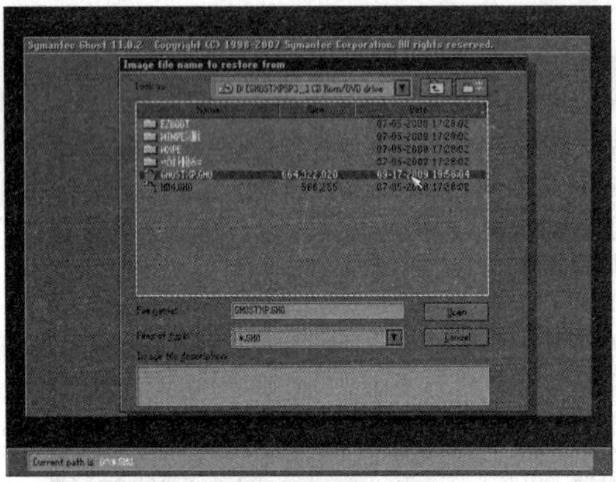

图 8-31　选择还原档案

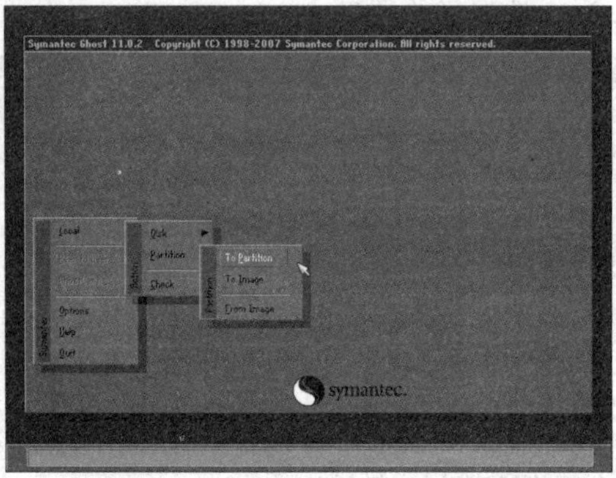

图 8-32　分区操作菜单

（1）复制分区。复制分区的用法很简单，首先选择来源区，再选择目的区，确定就可以了，与磁盘之间的复制方法基本一样，这里就不多做说明了。

（2）备份分区

➢　选择要备份的硬盘。

➢　选择要备份的硬盘分区，如 C 盘，这通常存放操作系统与应用程序，如图 8-33 所示。

➢　选择备份档案存放的路径与文件名（创建）。不能放在选择备份的分区，如图 8-34

所示。

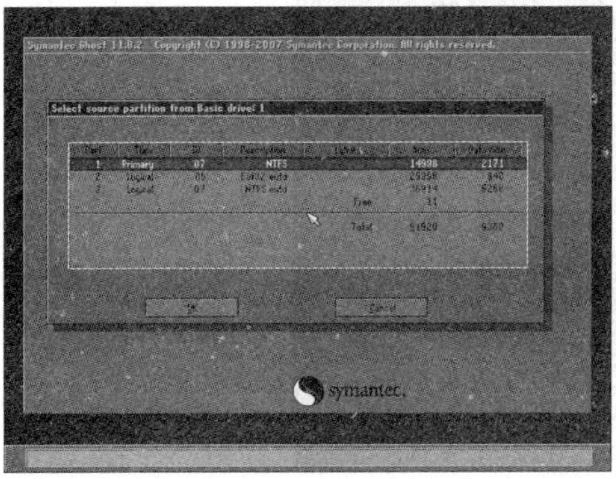

图 8-33 选择要备份的硬盘分区

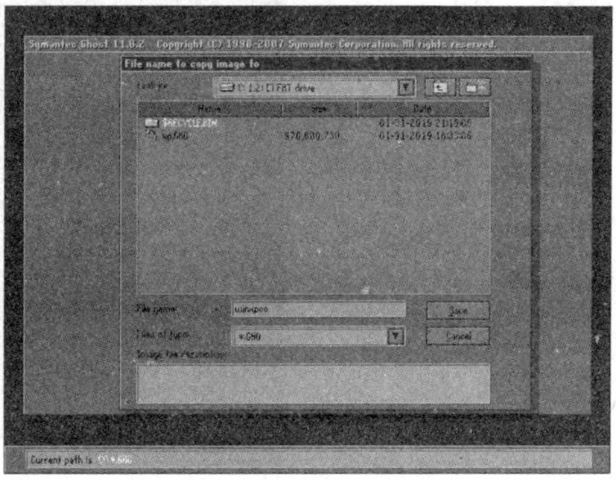

图 8-34 选择备份档案存放的路径与文件名

- 按【Enter】键确定后，出现以下提示框，有三种选择：如图 8-35 所示。备份时，不压缩资料（速度快，但占用空间较大）；Fast：少量压缩；Hight：最高比例压缩（可压缩至最小，但备份/还原时间较长）；如为了节省硬盘空间，选择了“High”来高比例压缩，这样花费的时间就比较长。其实现在硬盘的容量应该是不成问题，还是选择“Fast“为好，毕竟这样克隆的数据更不易出现错误。
- 确认，单击“YES”执行，如图 8-36 所示。

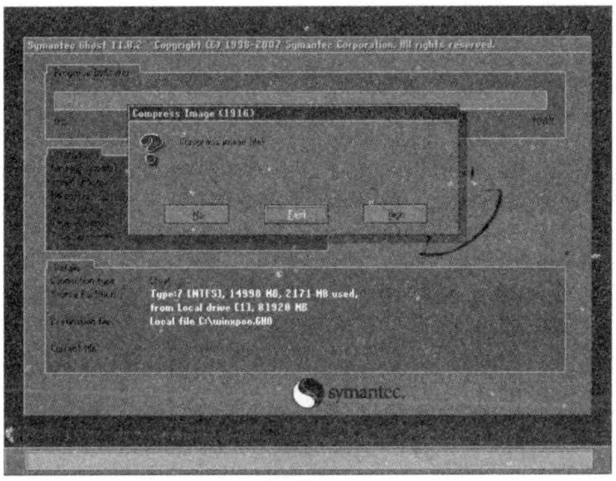

图 8-35 选择备份方式

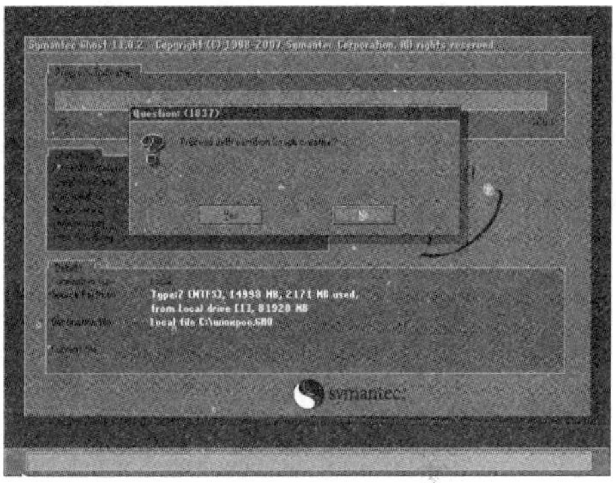

图 8-36 确认执行备份命令

若要使用备份分区功能，（如要备份 C 盘）必须有两个分区以上，而且 C 盘必须小于 D 盘的容量，并保证 D 盘上有足够的空间储存档案备份。而如果映像文件比较大，则无论是更新还是恢复需要的时间都较长。因此只需尽量做到少往主分区上安装软件，这样制作的映像文件就不会太大了。

（3）还原分区

- 选择要还原的备份档案。
- 选择要还原的目的硬盘。
- 选择要还原的目的硬盘分区，如图 8-37 所示。
- 选择“Yes”执行。

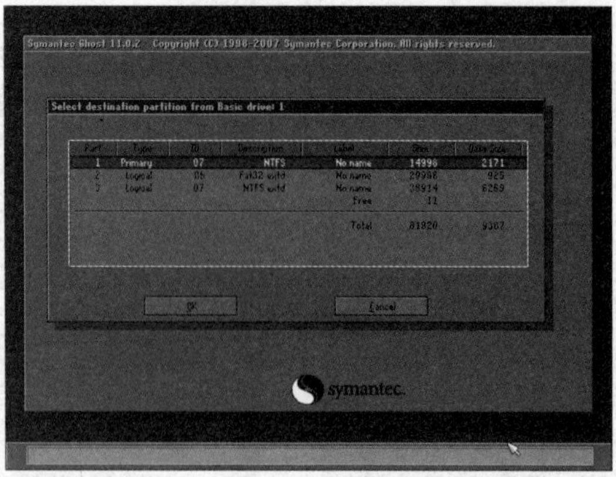

图 8-37 选择要还原的硬盘分区

使用 Ghost 进行数据的备份，必须在克隆之前对硬盘或分区进行彻底的清理和优化，最好用一些工具软件好好清理系统中的垃圾文件和垃圾信息，再对硬盘进行一番整理，这样克隆的系统才是最好的。

任务 4 计算机病毒的防治

【任务引入】

随着网络的普及，计算机病毒的威胁在计算机的日常使用中几乎不可避免。本任务将介绍如何使用杀毒软件对计算机病毒进行防治。

1. 如何防止病毒侵扰计算机?
2. 如果计算机中了病毒，应该如何处理?

【任务分析】

要防范计算机病毒，首先必须了解计算机病毒的概念、分类、病毒的传播途径以及防范方法等。对于计算机病毒，原则上采取“主动预防为主，被动处理相结合”的策略。对于家庭和普通办公环境来说，所谓的主动预防通常是指启动杀毒软件的防火墙以及养成良好的计算机使用习惯；所谓的被动处理通常是指发现病毒后，使用杀毒软件进行病毒清除。

【相关知识】

一、计算机病毒概念

计算机病毒是人为设计的，能够利用计算机资源进行自我复制，对计算机系统构成危害的一种程序。在《中华人民共和国计算机信息系统安全保护条例》中对计算机病毒明确定义为：“计算机病毒是指编制或者在计算机程序中插入的破坏计算机功能或者破坏数据，影响计算机使用并且能够自我复制的计算机指令或者代码。”

二、计算机病毒的破坏方式

不同的计算机病毒，实施不同的破坏。其主要破坏方式有以下几种。

1．破坏操作系统

这类病毒直接破坏计算机的操作系统的磁盘引导区、文件分配表、注册表等，强行使计算机无法启动，导致计算机系统的瘫痪。

2．破坏文件

病毒发起攻击后会改写磁盘文件甚至删除文件，造成数据永久性的丢失。如，宏病毒附加在 Word 文档中的自动宏或命令宏中，受到感染的 Word 文档一旦被打开，宏病毒就开始执行，在其他文档文件中复制自己，删除文件，或用垃圾增加所攻击的文件的长度，使所有感染病毒的文件长度无限地增长，最后耗尽磁盘空间。

3．占用系统资源

病毒占用系统资源，使计算机运行异常缓慢，或使系统因资源耗尽而停止运行。如振荡波病毒，如果攻击成功，则会占用大量资源，使 CPU 占用率达到 100%。

4．破坏网络

如果网络内的计算机感染了蠕虫病毒，蠕虫病毒会使该计算机向网络中发送大量的广播包，从而占用大量的网络带宽，使网络堵塞。另外，收到蠕虫病毒广播的计算机需要阅读报文，因而也降低了计算机的处理性能，导致速度缓慢。

5．发布广告，传输垃圾信息

Windows 内置有消息传输功能，用于传输系统管理员所发送的信息。Win32 QLExp 这样的病毒会利用这个服务，使网络中的各台计算机频繁弹出一个名为“信息服务”的窗口，广播各种各样的信息。

6．泄露计算机内的信息

有些木马程序，专门将所驻留计算机的信息泄露到网络中。感染这种木马病毒的计算机，在每个文件夹中都会找到两个用隐藏方式存放的奇怪文件。有的木马病毒会向指定的计算机传送屏幕显示情况或特定的数据文件（如所搜索到的口令）。

7．扫描网络中的其他计算机，开启后门

感染“口令蠕虫”病毒的计算机会扫描网络中其他 Windows 计算机，进行共享会话，猜测别人计算机的管理员口令。如果猜测成功，就将蠕虫病毒传送到那台计算机上，开启 VNC 后门，对该计算机进行远程控制。被传染的计算机上的蠕虫病毒又会开启扫描程序，扫描、感染其他计算机。

三、计算机病毒的一般症状

病毒侵入计算机后，如能及时发现是非常有益的，在病毒广泛传播前发现，系统修复较容易。要想早期发现病毒，就要通过病毒发作时的一些症状来推断。下面列出病毒的一般症状。

（1）屏幕上出现不正常的小球、雪花、提示语句等。

（2）程序载入时间比平时长，对磁盘访问时间比平时长，执行程序的时间比平时长。

（3）有规律地出现异常信息。

（4）磁盘的卷标名、文件的建立时间、日期及长度发生了变化。

（5）出现莫名其妙的隐式文件，或磁盘空间突然变小，或出现坏簇。

（6）内存空间变小、磁盘空间变小、程序运行不正常、系统不认磁盘，或硬盘不能引导系统。

（7）打印机或通信端口异常。

（8）死机现象增多，或突然死机。

四、计算机病毒的预防

计算机病毒防治工作的基本任务是：在计算机的使用过程中，利用各种杀毒软件和技术手段，防止计算机病毒的侵入、存留、蔓延。具体来说，计算机病毒的预防工作应从以下几方面进行。

1．系统引导固定

使用相对固定的系统引导方式，最好从硬盘启动，也可用固定的、无毒的，并带有写保护的系统盘引导。防止用不可靠的其他软盘引导系统；系统引导盘不要轻易借给他人使用，防止计算机病毒的侵入。

2．保存重要参数区、经常建立数据备份

硬盘主引导记录、文件分配表（FAT）和根目录区（BOOT），是硬盘的重要参数区，也是某些恶性病毒的攻击目标，这些区域一旦受感染，损失就比较严重。应采取一定的保护措施，如用某些工具软件将其保护起来，以便受到破坏时迅速恢复系统；定期备份数据，是系统管理的最基本要求。备份时，应确保计算机和被备份文件未被病毒感染。

3．专机专用、专盘专用

对执行重要工作的计算机要专机专用、专盘专用；对于外来的计算机、移动盘或软件，要进行病毒检测，确认无毒后再使用。

4．软件来源要可靠

慎用来历不明的程序，慎用公共软件和共享软件，不用盗版软件，严禁在计算机上玩来历不明的游戏，杀毒软件要经常更新。

5．安装操作系统的补丁程序

计算机操作系统是一个庞大的软件程序集合，Windows 2000 的程序代码达到近几千万条。由于操作系统开发人员必然存在的认识局限，因此操作系统发布后仍然存在弱点和缺陷是无法避免的。这样的弱点和缺陷形成的漏洞为病毒特别是蠕虫病毒的传播提供了可乘之机，成为系统的安全隐患。

6．操作系统安全设置最小化原则

安全设置是指计算机操作系统中一些与安全相关的设置，如用户权限、共享设置、安全属性设置等。使用 Windows 提供的管理工具，将因特网安全级别调整到不同的等级。

Windows 在默认状态下有许多潜在的安全问题，必须重视在新安装完 Windows 操作系统后的重新设置，关注安全的各个方面，把安全风险降低到最低。

五、计算机病毒的清除

由于计算机病毒不仅干扰受感染计算机的正常工作，更严重的是继续传播病毒、泄密和干扰网络的正常运行。因此，当计算机感染了病毒后，需要立即采取措施予以清除。

1．使用杀毒软件

使用杀毒软件防治计算机病毒，主要从防毒、查毒、杀毒三方面进行，可以针对病毒的传播途径、方式，提供全方位的防护。目前常用的杀病毒软件有 360、瑞星杀毒软件、金山毒霸等。这些杀病毒软件都具有实时监控、防止压缩文件病毒、查杀病毒以及灾难恢复等功能。能监控所有打开的磁盘文件、从网络上下载的文件以及收发的邮件等，一旦检测到计算机病毒，就能立即给出警报。

2．使用专杀工具

现在一些反病毒公司的网站上提供了许多病毒专杀工具，用户可以免费下载这些杀毒工具，对某个特定病毒进行清除，如瑞星公司提供的流行病毒专杀工具。

3．手动清除病毒

手动清除病毒是指通过一些软件工具，如 DEBUG.COM、PCTOOLS.EXE、NU.COM 等提供的功能进行病毒的检测与清除。这种清除病毒方法要求对计算机的操作相当熟练，具有一定的计算机专业知识，熟悉机器指令和操作系统，利用工具软件找到感染病毒的文件，手动清除病毒代码。此方法由于对专业知识要求较高，因此不适合一般用户使用。

【任务实施】

一、杀毒软件的安装与卸载

杀毒软件的安装和卸载都比较简单，双击运行安装（或卸载）程序后，只需按照提示进行即可。这里不作详细介绍。本任务以 360 杀毒软件为例进行介绍。360 杀毒是免费软件，可以通过其官方网站下载最新版本

二、使用杀毒软件查杀病毒

1．使用实时防护功能

360 杀毒软件安装后，是默认开启实时防护功能的，它会在文件被访问时对文件进行扫描，及时拦截活动的病毒。在发现病毒时会通过提示窗口警告，如图 8-38 所示。

2．手动扫描系统

360 杀毒提供了四种手动病毒扫描方式：快速扫描、全盘扫描、指定位置扫描及右键扫描。

- **快速扫描方式：**是指扫描 Windows 系统目录及 Program Files 目录。
- **全盘扫描方式：**是指扫描所有磁盘。
- **指定位置扫描方式：**是指扫描用户指定的目录。
- **右键扫描方式：**是指将扫描命令集成到右键菜单中，当在文件或文件夹上单击鼠标右键时，可以选择“使用 360 杀毒扫描”命令对选中文件或文件夹进行扫描。

其中，前三种扫描都已经在 360 杀毒主界面中作为快捷任务列出（见图 8-39），只需单击相关任务就可以开始扫描。

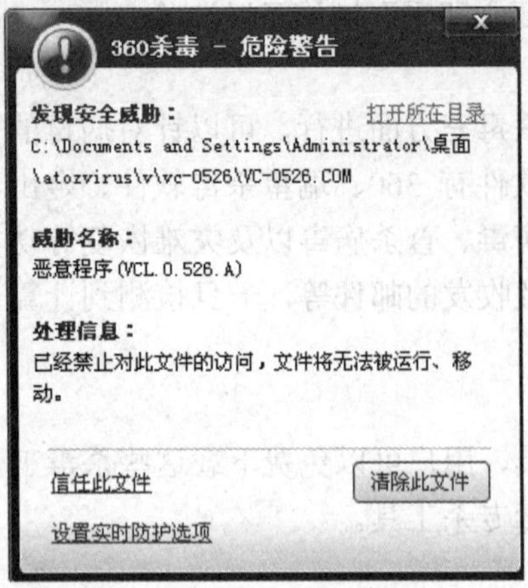

图 8-38　病毒警告窗口

图 8-39　手动扫描系统

启动扫描之后，会显示扫描进度窗口（见图 8-40），从中可以看到正在扫描的文件、总体进度以及发现问题的文件。

图 8-40　扫描进度窗口

3．处理病毒

360 杀毒扫描到病毒后，会首先尝试清除文件所感染的病毒，如果无法清除，则会提示删除感染病毒的文件。木马和间谍软件由于并不采用感染其他文件的形式，而是其自身即为恶意软件，因此会被直接删除。

三、升级杀毒软件

360 杀毒具有自动升级功能，如果开启了自动升级功能，360 杀毒会在有升级文件时自动下载并安装升级文件。自动升级完成后会通过气泡窗口提示。如果想手动进行升级，在 360 杀毒主界面单击“升级”标签，进入升级界面，并单击“检查更新”按钮。 升级程序会连接服务器检查是否有可用更新，如果有的话就会下载并安装升级文件。360 升级操作界面如图 8-41 所示。

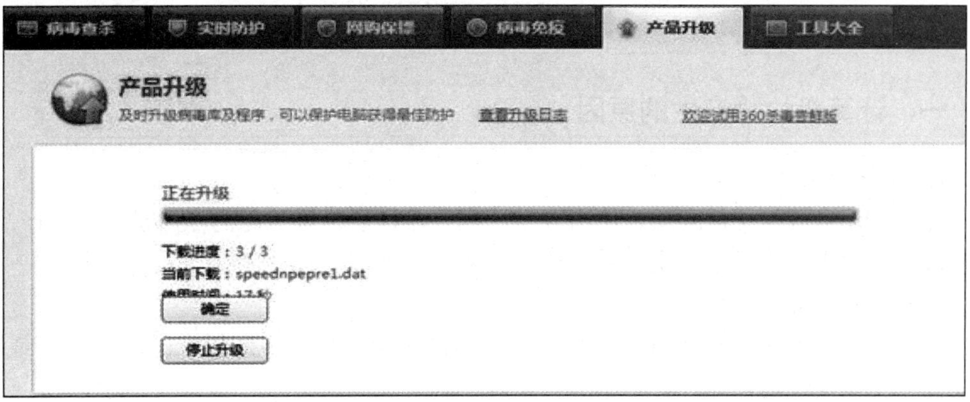

图 8-41　“360 杀毒”升级界面

任务 5　排除常见计算机故障

【任务引入】

故障现象 1：一批某品牌计算机，安装某财务管理软件。在使用过程中，当使用五笔字形汉字输入时死机。而该软件安装在兼容机上使用正常。

故障现象 2：一台新组装的计算机，开机后反复重启。

故障现象 3：计算机安装 Windows XP Professional 操作系统，每次启动均蓝屏，报 Memory Error。

故障现象 4：用户在市场上购买了一个 DVD 光驱，购买光驱时在店家的测试机上进行过测试，光驱没有任何问题，测试的数据盘和 VCD 等光盘都可以正常读出，但是回到家加装光驱后，开机进入系统，所有放入光驱中的碟片在驱动器的盘符上都只显示 CD 样的标记。用户回到购买处将光驱安装到测试机器上，问题复现。

故障现象 5：开机经常的无显示（黑屏），有时能显示且进入系统，但使用 1～2 小时会出现死机。重启又无显示，只有等待很长时间再开机，才可以显示。

故障现象 6：一台计算机使用过程中死机，而且不能重装系统，每次重装都死机，使用时间越长死机越频繁。

针对上述故障，应该怎样排除呢？

【任务分析】

计算机故障产生的原因很多，故障现象也五花八门 。要排除这些故障就需要依据计算机维修的基本原则，按照计算机维修的基本步骤，采取一些常用的方法，准确定位故障部件和故障原因，从而采取有针对性的措施排除故障。

【相关知识】

一、计算机故障产生的原因

1．正常使用故障

主要由于机械的正常磨损、使用寿命已到、器件老化等引起的。由于计算机产品更新速度非常快，此类故障已不多见。

2．人为引起的故障

由于使用者不遵守操作规程，如硬件系统的带电插拔、拆卸板卡时动作过大或粗暴等，造成板卡及元器件的损坏。

3．硬件故障

出现硬件故障的主要原因有：制造工艺或材料质量问题，板卡、接插件间的接触不良，板卡焊点虚焊、脱焊，连接导线的断线等。这些硬件在最初使用时也许是正常的，但随着外界环境影响，如受潮、灰尘、发霉、振动等，就会引发故障。

4．软件故障

（1）系统故障。由于 CMOS 设置不当，硬件设备安装设置不当，硬件设备不为系统所识别和使用，出现设备资源冲突，造成系统不能正常运行甚至死机。

（2）应用程序故障。一般是由系统和应用软件本身的缺陷造成的。

（3）病毒。病毒对计算机系统有极大的危害，常造成数据丢失、系统不能启动或正常运行。应及时更新杀毒软件并全面查杀病毒。

5．使用环境的影响

主要包括供电电源、温度、灰尘、电磁幅射等因素的影响。不稳定的交流电压，都将对计算机系统造成很大危害。配备合格的计算机电源和性能稳定的 UPS 是计算机稳定运行的基础。计算机的工作环境温度过高，对电路中的元器件影响最大，不但会加速其老化损坏，还会因过热使芯片插脚焊点脱焊。

另外，灰尘是计算机的隐形杀手，堆积的灰尘妨碍了散热，从而导致元器件因散热不良，易于损坏，潮湿天气还会造成电路短路现象。灰尘对计算机的机械部分也有极大影响，造成运转不良，不能正常工作。电磁幅射也会造成计算机系统的故障，所以计算机应该远离冰箱、空调等电气设备，并且不要与这些设备共用一个插座。

二、计算机维修的基本原则

1．先软后硬

当计算机发生故障时，应先从软件上、操作系统上来分析原因，充分利用软件来为硬件服务，而不要急于去打开机箱。先用手中的检测软件和工具软件，如 360 或其他工具进行检测，通过检测确定故障点或找到解决方法。如软驱不识别软盘了，则先应检查 CMOS 的设置是否正确，然后再分析具体是软盘的问题还是软驱的问题。即发生任何故障都应首先排除由软件引起的故障，然后再从硬件上逐步分析故障原因，动手检修硬件。

2．先外设后主机

当计算机发生故障时，应采取先外设后主机、由大到小、逐步压缩、直到找到故障点的原则，仔细观察屏幕给出的错误信息及故障现象。首先应设法判断发生故障的系统部件，如键盘、显示器、鼠标、打印机等，先检查一下电源插好没有、信号线接好没有，端口接得是否正确等外界容易发生故障的地方。因为有些故障是由连接电缆外接插头引起的，可先解决这些外部设备问题，再排除其他设备故障，最后排除主机故障。其次，设法将故障范围压缩到板卡级，更换插件板即可排除故障。

3．先电源后负载

由于电源故障是全局性故障，因此，检修过程中应先检查电源部分，看看保险丝是否正常，直流电压输出（±5V，±12V）等是否正常，然后再检查各负载部件。

4．先一般后特殊

故障分析过程中，应先考虑最可能、最常见的原因。如打印机突然不打印了，应先考虑可能是电源插头松动，或打印线缆有问题，尝试更换一条打印线缆；如不认光驱，则检查是否光驱驱动程序加载得不正确，也许很轻而易举地就解决了问题。若还不行，再分析特殊的原因。

5．先公用后专用

公用性配件故障总是往往影响一大片，而专用性问题只影响局部。如总线部分发生故障应先解决，然后设法排除某一局部问题。

6．先简单后复杂

先解决简单容易的故障，再解决难度较大的问题。尤其遇到一台故障较多的计算机时，应先易后难地排除故障。在解决简单故障的过程中，难度嵌套的问题往往也可能变得容易了；或在排除简单故障时受到启发，难题会比较容易地解决。

三、计算机维修的基本方法

1．观察法

所谓观察法，是指在故障检测过程中，通过眼望、鼻闻、手摸以及仪器测量等手段对故障机进行分析判断。这是故障定位的最基本方法，它不仅贯穿整个故障定位过程，也适用于故障处理过程。观察要做到认真、仔细和全面，观察的内容主要有以下几个：

（1）计算机周围的环境情况，如位置、电源、连接、其他设备、温度与湿度等。

（2）计算机所表现的现象、显示的内容及它们与正常情况下的异同。

（3）计算机内部的环境情况、灰尘、连接、器件的颜色、部件的形状、指示灯的状态等。

（4）计算机的软硬件配置，如安装了何种硬件、资源的使用情况；使用哪种操作系统，安装了哪些应用软件；硬件的设置及驱动程序版本等。

2．逐步添加法

这种方法的基本思想是：先使计算机工作于最小系统之下，然后再将各种扩展设备逐渐添加到该系统中，在逐次添加设备的过程中，自然会遇到故障设备，此时，故障必将再现，则故障位置基本确定。

最小系统包含硬件最小系统和软件最小系统。

（1）硬件最小系统。在计算机系统中，要使计算机能偶够运行，最基本的硬件配置为：电源、主板、CPU、内存、硬盘、显卡、显示器、键盘，其他都可认为是扩展设备，如光驱、网卡、打印机、扫描仪等。

（2）软件最小系统。一般来说，只要安装了操作系统和对应硬件最小系统中的驱动程序后，便是一台最基本的计算机系统了。

在实际应用中，最小系统并不是一成不变的。例如：对于启动类故障的定位，一般是先测试硬盘，然后再测试光驱、优盘。当测试光驱启动时，最小系统可以不包括硬盘，但必须有光驱。

3．拔插法

拔插法与逐步添加法正好相反，它是确定故障位置的另一种有效方法，该方法是在关机状态下，逐一将设备（或板卡）从系统中拔下，每拔下一个设备都重新开机观察故障机的运行状态，一旦拔出某个设备后，系统运行正常，则故障位置确定。

有时，利用拔插法可以解决接触不良类的故障。拔插法只适合用于检测扩展类设备故障的定位，对于最小系统之中的设备故障定位是不适用的。

4．替换法

替换法是故障定位中使用最多的方法。它是用确认为无故障的部件去替代被怀疑有故障的部件，无故障的部件可以是同型号的、也可以是不同型号的，如果换上无故障的部件后系统工作正常，则故障位置确定。如故障依旧，可继续替换其他设备。使用替换法时应遵循如下几个原则：

（1）按部件故障率的高低来确定替换顺序，故障率高的设备先替换，故障率低的设备后替换。

（2）先替换设备的外围附件，如电源线、信号线，然后再替换设备本身。

（3）对于先期替换上的设备，在替换后面设备中，可以暂时保留，也就是说，可以逐步地将故障机中的设备全部替换完。

替换法的另一种使用方法是：用被怀疑有故障的设备去替换另一台无故障计算机系统中的相同（或相近）设备，如出现故障，则可确认该设备有问题，反之，则该设备无故障。

四、计算机维修的基本步骤

计算机系统故障的检查诊断可大致按下列步骤进行。

1．排除假故障现象

平时常见的计算机故障现象中，有很多并不是真正的硬件故障，而是由于某些设置或系统特性不为人知而造成的假故障现象。计算机系统故障诊断的第一步就是要排除假故障现象，以避免做不必要的检查。

2．先区分是软件故障还是硬件故障

当加电启动时能进行自检，并能显示自检后的系统配置情况，则表明主机硬件基本上没有什么问题，故障的原因是软件引起的可能性比较大。

3．确定是系统软件还是应用软件故障

若为系统软件故障，应重新安装系统软件或者驱动程序；若为应用软件故障，应重新安装应用软件。

4．硬件故障的检查步骤

若是硬件故障，先要分清是主机故障还是外部设备故障，即从系统到设备，再由设备到部件。

由系统到设备是指计算机系统发生故障后，要确定是主机、键盘、显示器、打印机、硬盘和软盘等设备中的哪一个设备出问题。这里要注意关联部分的故障，如主机接口出现故障时，有可能表现为外部设备故障。

由设备到部件是指假如已确定主机有故障，则应进一步确定是内存、CPU、BIOS、显示卡等部件中的哪一个出问题。

总之，计算机系统故障的检查步骤是：由软到硬、由大到小、由表及里，循序渐进，严禁急于求成，随意操作，这样不但不能解决问题，还可能产生更大的人为故障。

对于计算机使用人员来说，只要能将故障确定到部件一级即可，这样可以避免大事小事都找维修人员解决，而且交给维修人员时也可以做到心中有数，减少可能的损失。目前，一般的维修人员也只能将故障定位在部件一级，至于从部件到器件的故障确定则往往由生产厂家来解决。

五、常见假故障现象

1．电源问题

很多外围设备都是独立供电的，运行微机时只打开计算机主机电源是不够的。例如：显示器电源开关未打开，会造成“黑屏”和“死机”的假象；外置式 MODEM 电源开关未打开或电源插头未插好则不能拨号、上网、传送文件，甚至连 MODEM 都不能被识别。打印机、扫描仪等都是独立供电设备，碰到独立供电的外设故障现象时，首先应检查设备电源是否正常、电源插头/插座是否接触良好、电源开关是否打开。

2．连线问题

外设跟计算机之间是通过数据线连接的，数据线脱落、接触不良均会导致该外设工作异常。如：显示器接头松动会导致屏幕偏色、无显示等故障；又如：打印机放在计算机旁并不意味着打印机连接到了计算机上，应检查各设备间的线缆连接是否正确。

3．设置问题

例如：显示器无显示很可能是行频调乱、宽度被压缩，甚至只是亮度被调至最暗；音箱放不出声音也许只是音量开关被关掉；硬盘不被识别也许只是主、从盘跳线位置不对等，要详细了解该外设的设置情况，并动手试一下，有助于发现一些原本以为非更换零件才能解决的问题。

4．系统新特性

很多“故障”现象其实是硬件设备或操作系统的新特性。如带节能功能的主机，在间隔一段时间无人使用计算机或无程序运行后会自动关闭显示器、硬盘的电源，在你敲一下键盘后就能恢复正常。如果你不知道这一特征，就可能会认为显示器、硬盘出了毛病。

5．其他易疏忽的地方

CD-ROM 的读盘错误也许只是无意中将光盘正、反面放倒了；软盘不能写入也许只是写保护滑到了“只读”的位置。发生了故障，首先应先判断操作是否有疏忽之处，而不要盲目断言某设备出了问题。

六、常见计算机软件故障的产生和判断

1．计算机软件故障产生的原因

计算机软件故障产生的原因主要是系统故障、应用程序故障和病毒引起的异常现象。有时也因用户对系统或应用软件配置不正确而引发错误。

（1）出现系统功能性错误。由于安装某些软件或增加设备及驱动程序覆盖了系统的文件，使得系统功能出现异常以至丧失部分功能。非正常卸载系统组件和关闭系统进程导致工作不正常。

（2）应用软件错误。安装了功能不全的应用软件和其他专用软件引起错误，即使卸载后故障也不能排除。这些软件改变了系统的某些设置，需要重新设置系统方可恢复，必要时应重新安装系统。

（3）病毒引发错误。系统未安装或未升级杀毒软件引起故障，有些病毒在安装了杀毒软件后可清除，如果是病毒已破坏了系统的某些文件则不可恢复。

2．计算机软件故障的判断

计算机出现了故障，应冷静分析、全面观察并做好记录。分析出现故障的起因，比如是由于做了哪些操作后产生异常，还是正常工作状态时产生的，分清是否是由硬件产生的故障。

（1）查看系统工作中出现出错信息。可根据出错信息判断故障部位，是系统故障还是应用软件故障，若是应用软件故障可卸载后再重新安装。

（2）工作出现死机现象并无出错信息。应重新启动后多次试验作出判断。确定是偶发死机还是频繁死机，偶发死机现象在重启后可恢复，频繁死机可能需重新安装系统。

（3）病毒引发的故障。多数故障是因为病毒引起，特别是安装了应用软件、游戏、浏览某些网站后产生，应及时查杀病毒。

（4）计算机意外断电产生故障。意外断电可使计算机工作失常，特别是硬盘读写时断电使写入信息丢失，即使重新启动后也不可恢复。对系统文件启动时会检测并自动恢复，应用软件的数据应重新处理恢复。

（5） CMOS 设置不当。可能引起某些设备不可使用或工作不正常，如禁用 USB 口则不能识别 USB 设备，板载网卡和 PCI 网卡冲突等。

七、常见计算机硬件故障的产生和判断

1．计算机硬件故障产生的原因

计算机的硬件故障的产生主要是以下几个方面：

（1）硬件设备老化、板卡及元器件损坏、非正常使用损坏等。

（2）由于温度的变化使板卡之间产生变形或出现接触不良，潮湿、灰尘使印刷电路板断线。

（3）外部设备连接错误也可能引起计算机工作不正常。

（4）CMOS 设置不当，同软件故障类似。

（5）供电不正常使板卡或元器件损坏。

2．计算机硬件故障的判断

计算机硬件故障是伴随着软件故障的现象而表现出来的，从计算机启动到系统运行都会

有其踪迹。对硬件故障的判断、检测、处理相对复杂，需要根据故障现象准确定位故障部位。

（1）开机故障。计算机不能开机或开机自检等不正常现象，常发生在安装了其他硬件设备和移动计算机后，应重点检查电源、主板、CPU、内存、显卡、其他可能的板卡的连接部分；BIOS 中的设置（可通过放电来回复到出厂状态）；开关及开关线、复位按钮及复位线线路等。

（2）自检故障。计算机自检遇到异常情况时会通过喇叭声音和显示器显示出错信息，根据这些信息可判断故障部位。

（3）系统运行故障。系统启动加载后某些功能不可用，如不能上网、音箱无声等，排除软件设置错误情况后即可确定故障部位。

（4）应用软件使用故障。应用软件工作不正常，比如串行通信错误、网络共享失败等，应检查串行口、网卡网线、交换机等设备。

（5）计算机异响。计算机启动、运行中出现异响，如硬盘、光驱、风扇等部件，应及时关机处理，以免造成大的损失。

（6）磁盘类故障。磁盘类故障有两个方面：一是硬盘、光驱、软驱及其介质等引起的故障；另一是影响对硬盘、光驱、软驱访问的部件（如主板、内存等）引起的故障。重点检查硬盘、光驱、软驱及其设置，主板上的磁盘接口、电源、信号线。

（7）显示类故障。显示类故障不仅包含显示设备或部件所引起的故障，而且包含其他部件不良所引起的在显示方面不正常的现象。也就是说，显示方面的故障不一定就是由于显示设备引起的，应全面进行观察和判断。重点检查显示器、显卡及设置；主板、内存、电源，以及其他相关部件。特别要注意计算机周边其他设备及磁场对计算机的干扰。

【任务实施】

故障现象 1

一批某品牌计算机，安装某财务管理软件。在使用过程中，当使用五笔字形汉字输入时死机。而该软件安装在兼容机上使用正常。

【判断思路】由于计算机在运行其他程序的时候不死机，所以可以判断计算机硬件运行正常，问题主要出在软件上。可能原因主要集中在财务管理软件和五笔汉字输入法的兼容性问题。可以尝试卸载掉某一个软件进行判断是否确实是软件兼容性问题导致的。

【解决方案】卸载五笔汉字输入法后发现财务软件在其他输入法状态下不会出现死机状况，于是重新安装五笔汉字输入法的更新版本，问题解决。

故障现象 2

一台新组装的计算机，开机后反复重启。

【判断思路】计算机开机后反复重新启动，我们首先应该考虑是否是因为市电环境影响，因为市电电压不稳定会造成计算机 ATX 电源无法保持正常工作状态。除了市电环境会导致计算机反复重启外，ATX 电源本身功率不够也可能导致计算机反复重新启动。

【解决方案】实际维修过程中，我们可以更换一个额定功率更大的电源来解决此类加电类故障。

故障现象 3

计算机安装 Windows XP Professional 操作系统，每次启动均蓝屏，报 Memory Error。

【判断思路】计算机可以启动到蓝屏界面，说明计算机各硬件均已经正常工作。根据计算机蓝屏报错提示为“Memory Error”我们应该优先检查内存条。如果计算机上插了 2 根以上的内存条还需要判断内存条的兼容性。

【解决方案】经询问，该计算机出现蓝屏前曾经加过一根内存条。于是判断可能是由于两根内存条不兼容造成。关机后拔下内存条，重新开机，仍旧蓝屏，但是不再报 Memory Error。考虑到其对硬件要求较高，而且故障是在加装内存后出现的故障，基本可以断定计算机的原配硬件和软件系统没有问题。再次重新启动计算机，开机时按下【F8】键，选择进入“VGA 模式”，此次计算机能够正常启动，并且登录正常。在进行了一次正常登录后，重新启动到标准模式，计算机启动正常，至此，故障排除。

故障现象 4

用户在市场上购买了一个 DVD 光驱，购买光驱时在店家的测试机上进行过测试，光驱没有任何问题，测试的数据盘和 VCD 等光盘都可以正常读出，但是回到家加装光驱后，开机进入系统，所有放入光驱中的碟片在驱动器的盘符上都只显示 CD 样的标记。用户回到购买处将光驱安装到测试机器上，问题复现。

【判断思路】根据故障经历以及现象，可以判断光驱刚购买的时候应该是好的，问题应该出在光驱的安装过程中。可以检查光驱的连线。

【解决方案】经过检查发现，光驱的数据接口上有一根数据线断开，导致驱动器中数据无法正常识别。更换光驱数据线以后问题解决。

故障现象 5

开机经常无显示（黑屏），有时能显示且进入系统，但使用 1～2 小时会出现死机。重启又无显示，只有等待很长时间再开机，才可以显示。

【判断思路】对于计算机间歇性故障，我们应该首先考虑主机箱内板卡是否有松动或接触不良。根据故障经历以及现象，我们应先检查显卡插槽是否松动或接触不良。

【解决方案】关机后拔掉显卡，重新插入显卡插槽，故障解决。

故障现象 6

一台计算机在使用过程中死机，而且不能重装系统，每次重装都死机，使用时间越长死机越频繁。

【判断思路】频繁性死机是计算机故障中比较常见的现象。首先我们考虑是计算机散热问题，天气越热，这种情况出现的概率越高。其次我们还应该考虑到 ATX 电源问题。

【解决方案】拆开机箱，观察 CPU 风扇，发现 CPU 风扇转速偏慢。更换 CPU 风扇，问题解决。引起故障原因是 CPU 风扇转速偏低，引起温度过高死机。

课题小结

本课题主要讲述了计算机使用环境的检测、计算机硬件的日常维护与保养、系统的备份与恢复和计算机病毒的防治。通过本课题的学习，读者应该了解计算机使用环境要求，并能够判断计算机使用环境是否良好；掌握计算机各部件日常维护与保养的基本方法；了解系统备份与恢复的意义，并掌握常用系统备份与恢复方法；了解计算机病毒的概念及分类，并掌握计算机病毒防治的基本方法。

课后练习

一、填空题

1．通常，电脑应工作在________温度环境下。

2．如果电脑长时间不用，每个月应______________。

3．清洁电脑需要准备的工具有________、________、________、________等。

4．电脑病毒实际上是一种____________或普通程序中的______________，它的功能是______________或______________等。

5．Ghost 能将硬盘分区，或整块硬盘制作成______________备份下来，在需要的时候再恢复。

二、简述题

1．什么是系统备份，为什么要进行系统备份？

2．系统备份和复制拷贝有什么区别？

3．如何使用 Ghost 备份和还原操作系统？

4．电脑病毒有哪些危害？如何预防病毒？

5．一台计算机，开机过程中机箱内有报警声，应按照什么顺序进行故障排查。排查过程中可以采用哪些维修方法？

6．如果一台计算机，开机正常，但安装完 Windows XP SP3 后，重新启动计算机，提示“C0000135 unknown hard error”错误信息，可以通过什么方式去排查。

三、实践题

1．利用系统还原功能，把系统恢复到上一次备份点状态。

2．用 GHOST 软件备份系统 C 盘到文件，然后删除部分 C 盘文件，再从刚才备份的文件中恢复 C 盘内容，对比恢复后的 C 盘和备份前 C 盘有无差别。

3．使用 NOD32 杀毒软件对计算机病毒进行全面查杀，并导出病毒报告。

4．使用相同的方法检测你家里的计算机使用环境是否符合要求。

5．使用相同的方法对家里的计算机进行清洁。